数字图像处理

王慧琴　编著

U0282513

北京邮电大学出版社
·北京·

内 容 简 介

本书重点介绍了数字图像处理的基本概念、基本理论、实用技术,以及用 Matlab 进行图像处理、编程的方法。全书共 7 章,主要内容包括图像及其数字处理、Matlab 图像处理工具箱、图像的变换、图像的增强、图像的复原、图像编码与压缩技术和数字图像的应用实例等。附录中给出了 6 个数字图像实验。

本书结构合理,叙述清晰、简练,理论与实践并重。使用 Matlab 作为实验平台,加入了大量的实验实例,并且有大量的实验结果图片,对读者理解利用 Matlab 软件进行数字图像处理有很大的帮助。

全书深入浅出、图文并茂,反映了近年来数字图像处理领域的最新发展情况,适合作为通信与信息类、计算机类及相关专业高年级本科生或低年级研究生学习数字图像处理课程的教材或教学参考书,也可作为从事图像处理、图像通信、多媒体通信、数字电视等领域科技人员的参考书。

图书在版编目(CIP)数据

数字图像处理/ 王慧琴编著. —北京:北京邮电大学出版社,2006(2023.12 重印)
ISBN 978-7-5635-1294-2

Ⅰ.数… Ⅱ.王… Ⅲ.数字图像处理 Ⅳ.TN911.73

中国版本图书馆 CIP 数据核字(2006)第 080601 号

书　　　名	数字图像处理
编　　　著	王慧琴
责任编辑	孙伟玲
出版发行	北京邮电大学出版社
社　　　址	北京市海淀区西土城路 10 号(100876)
发 行 部	电话:010-62282185　传真:010-62283578
E-mail	publish@bupt.edu.cn
经　　　销	各地新华书店
印　　　刷	北京虎彩文化传播有限公司
开　　　本	787 mm×1 092 mm　1/16
印　　　张	14
字　　　数	347 千字
版　　　次	2006 年 11 月第 1 版　2023 年 12 月第 14 次印刷

ISBN 978-7-5635-1294-2　　　　　　　　　　　　　　定价:29.00 元

前　言

　　数字图像处理是一个跨学科的前沿科技领域,在工程学、计算机科学、信息学、统计学、物理、化学、遥感、生物医学、地质、海洋、气象、农业、冶金等许多学科中得到了广泛的应用,并显示出广阔的前景,成为计算机科学、信息科学、生物学、医学等学科研究的热点。

　　本书重点介绍了数字图像处理的基本概念、基本理论、实用技术,以及用 Matlab 进行图像处理、编程的方法。本书结构安排合理,叙述清晰、简练,理论与实践并重,使用 Matlab 作为实验平台,将图像处理内容与 Matlab 有机结合,在每一部分的理论讲解后都附有 Matlab 函数功能和实现方法,并且加入了大量的实验实例,以及实验结果图片,对读者的理解有很大的帮助。全书深入浅出、图文并茂,文字描述力求简单易懂。选材上既注重基本概念、理论和方法的介绍,同时也反映了近年来数字图像处理领域的最新发展情况。在第 7 章介绍了数字指纹、车牌识别、图像型火灾探测以及图像数字水印等数字图像应用领域实例。每一章节后附有习题。

　　全书共 7 章,主要内容包括图像及其数字图像处理、Matlab 图像处理工具箱、图像的变换、图像的增强、图像的复原、图像编码与压缩技术以及数字图像的应用实例等。

　　本书适合作为通信与信息类、计算机类及相关专业高年级本科生或低年级研究生学习数字图像处理课程的教材或教学参考书,也可供从事图像处理、图像通信、多媒体通信、数字电视等领域的科技人员参考。

　　本书在编写过程中,参考了国内外出版的大量文献以及网站资料(这些资料在本书的参考文献中已尽量列出,若有遗漏深表歉意),在此对本书所引用文献的作者深表感谢。本书的内容也融入了作者所在课题组在数字图像处理教学和科研中的成果和经验,这里对课题组的全体人员一并表示感谢。此外,西安建筑科技大学的杜高峰、白梅同学参与了书中的部分程序的调试工作,余伟、刘莹、王振华、李虎胜、刘怡、贾雷刚等同学参与了部分插图的绘制、录入和校对工作,在此对以上人员表示衷心的感谢。

　　由于水平有限,书中难免有不足和不妥之处,恳请读者批评指正。

作　者

2006 年 7 月

目　　录

第1章 绪 论

随着人类社会的进步和科学技术的发展,人们对信息处理和信息交流的要求越来越高。

人类传递信息的主要媒介是语音和图像。在接受的信息中,听觉信息占 20%,视觉信息占 60%,其他如味觉、触觉、嗅觉总的加起来不超过 20%。图像信息处理是人类视觉延续的重要手段。人的眼睛只能看到波长为 380~780 nm 的可见光部分,而迄今为止人类发现可成像的射线已有多种(如 γ 射线、紫外线、红外线、微波),它们扩大了人类认识客观世界的能力。

数字图像处理是一个跨学科的前沿科技领域,在工程学、计算机科学、信息学、统计学、物理、化学、遥感、生物医学、地质、海洋、气象、农业、冶金等许多学科中的应用取得了巨大的成功和显著的经济效益。

1.1　图像的概念

图像是当光辐射能量照在物体上,经过它的反射或透射,或由发光物体本身发出的光能量,在人的视觉器官中所重现出的物体的视觉信息。图像一般用 Image 表示,是视觉景物的某种形式的表示和记录。通俗地说,图像是指利用技术手段把目标原封不动地再现。由于图像感知的主体是人类,所以不仅可以将图像看作是二维平面上或三维立体空间中具有明暗或颜色变化的分布,还可以包括人的心理因素对图像接收和理解所产生的影响。

与图像密切相关的两个基本概念是图片(picture)和图形(graphics)。一般认为,图片是图像的一种类型,在一些教科书中将其定义为"经过合适的光照后可见物体的分布",图片强调现实世界中的可见物体。图形是指人为的图形,如图画、动画等人造的二维或三维图形,它强调应用一定的数学模型生成图形。图形与图像的数据结构不同,图形采用矢量结构,图像则采用栅格结构。图形学(主要指计算机图形学)是研究应用计算机生成、处理和显示图形的一门科学。它涉及利用计算机将由概念或数学描述所表示的物体(而不是实物)图像进行处理和显示的过程,侧重点在于根据给定的物体描述数学模型、光照及想像中的摄像机的成像几何,生成一幅图像的过程。

而图像处理进行的却是与此相反的过程,它是基于画面进行二维或三维物体模型的重建,这在很多场合是十分重要的。如高空监视摄影、宇航探测器收集到的月球或行星的慢速扫描电视图像。从工业机器人的"眼"中测到的电视图像、染色体扫描、X 射线图像、断层、指纹分析等,都需要图像处理技术。图像处理包括图像增强、模式识别、景物分析和计算机视觉模型等领域。虽然计算机图形学和图像处理目前仍然是两个相对独立的学科分支,但它们的重叠之处越来越多(例如它们都是用计算机进行点、面处理,都使用光栅显示器等)。在图像处理中,需要用计算机图形学中的交互技术和手段输入图形、图像和控制相应的过程。在计算机图形学中,也经常采用图像处理操作帮助合成模型的图像。图形和图像处理算法的结合是促进计算机图形学和图像处理技术发展的重要趋势之一。

1.2　图像的分类

视觉是人类最重要的感觉,也是人类获取信息的主要来源。图像与其他的信息形式相比,具有直观、具体、生动等诸多显著的优点,可以按照图像的表现形式、生成方法等对其进行不同的划分。

1. 按照图像的存在形式分类

按照图像的存在形式分类,可分为实际图像与抽象图像。

(1) 实际图像。通常为二维分布,又可分为可见图像和不可见图像。可见图像指人眼能够看到并能接受的图像,包括图片、照片、图、画、光图像等。不可见图像如温度、压力、高度和人口密度分布图等。

(2) 抽象图像。如数学函数图像,包括连续函数和离散函数。

2. 按照图像亮度等级分类

按照图像亮度等级分类,可分为二值图像和灰度图像。

(1) 二值图像。只有黑白两种亮度等级的图像。

(2) 灰度图像。有多重亮度等级的图像。

3. 按照图像的光谱分类

按照图像的光谱特性分类,可分为彩色图像和黑白图像。

(1) 彩色图像。图像上的每个点有多于 1 个的局部特性,如在彩色摄影和彩色电视中重现的 3 基色(红、绿、蓝)图像,每个像点就有分别对应 3 个基色的 3 个亮度值。

(2) 黑白图像。每个像点只有一个亮度值分量,如黑白照片、黑白电视画面等。

4. 按照图像是否随时间变换分类

按照图像是否随时间变换分类,可分为静止图像与活动图像。

(1) 静止图像。不随时间而变换的图像,如各类图片等。

(2) 活动图像。随时间而变换的图像,如电影和电视画面等。

5. 按照图像所占空间和维数分类

按照图像所占空间和维数分类,可分为二维图像和三维图像。

(1) 二维图像:平面图像,如照片等。

(2) 三维图像:空间分布的图像,一般使用 2 个或者多个摄像头完成。

1.3　图像的表示

1.3.1　图像信号的表示

图像的亮度一般可以用多变量函数表示为

$$I = f(x, y, z, \lambda, t)$$

(1.3.1)

式中，x、y、z 表示空间某个点的坐标；λ 为光的波长；t 为时间轴坐标。当 $z=z_0$（常数）时，则表示二维图像；当 $\lambda=\lambda_0$ 时，则表示单色图像；当 $t=t_0$ 时，则表示静态图像。

由于 I 表示的是物体的反射、投射或辐射能量，因此它是正的、有界的，即

$$0 \leqslant I \leqslant I_{max} \tag{1.3.2}$$

式中，I_{max} 表示 I 的最大值，$I=0$ 表示绝对黑色。

式(1.3.1)是一个多变量的函数，不易分析，需要采用一些有效的方法进行降维。

由 3 基色原理知，I 可表示为 3 个基色分量的和，即

$$I = I_R + I_G + I_B \tag{1.3.3}$$

式中

$$\left.\begin{array}{l} I_R = f_R(x,y,z,\lambda_R) \\ I_G = f_G(x,y,z,\lambda_G) \\ I_B = f_B(x,y,z,\lambda_B) \end{array}\right\} \tag{1.3.4}$$

其中 λ_R、λ_G、λ_B 为 3 个基色波长。

由于式(1.3.4)中的每个彩色分量都可以看作一幅黑白图像，所以，所有对于黑白图像的理论和方法都适于彩色图像的每个分量。

1.3.2　数字图像的表示

一幅 $m \times n$ 的数字图像可用矩阵表示为

$$\boldsymbol{F} = \begin{bmatrix} f(0,0) & f(0,1) & \cdots & f(0,n-1) \\ f(1,0) & f(1,1) & \cdots & f(1,n-1) \\ \vdots & \vdots & & \vdots \\ f(m-1,0) & f(m-1,1) & \cdots & f(m-1,n-1) \end{bmatrix} \tag{1.3.5}$$

数字图像中的每个像素都对应于矩阵中相应的元素。把数字图像表示成矩阵的优点在于，能应用矩阵理论对图像进行分析处理。在表示数字图像的能量、相关等特性时，采用图像的矢量（向量）表示比用矩阵表示方便。若按行的顺序排列像素，使该图像后一行第 1 个像素紧接前一行最后一个像素，可以将该幅图像表示成 $1 \times mn$ 的列向量 $\boldsymbol{f}$，即

$$\boldsymbol{f} = (f_0, f_1, \cdots, f_{m-1})^T \tag{1.3.6}$$

式中，$f_i = (f(i,0), f(i,1), \cdots, f(i,n-1))^T$，$i=0,1,\cdots,m-1$。这种表示方法的优点在于，对图像进行处理时，可以直接利用向量分析的有关理论和方法。构成向量时，既可以按行的顺序，也可以按列的顺序。选定一种顺序以后，后面的处理都要与之保持一致。

灰度图像是指每个像素由一个量化灰度来描述的图像，没有彩色信息，如图 1.1 所示。若图像像素灰度只有两级（通常取 0（黑色）或 1（白色）），这样的图像称为二值图像，如图 1.2 所示。

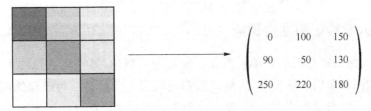

$$\begin{pmatrix} 0 & 100 & 150 \\ 90 & 50 & 130 \\ 250 & 220 & 180 \end{pmatrix}$$

图 1.1　灰度图像

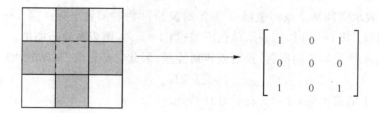

图 1.2　二值图像

彩色图像是指每个像素由红、绿、蓝(分别用 R、G、B 表示)3 原色构成的图像,其中 R、G、B 是由不同的灰度级描述的。

$$R=\begin{bmatrix} 255 & 240 & 240 \\ 255 & 0 & 80 \\ 255 & 0 & 0 \end{bmatrix} \quad G=\begin{bmatrix} 0 & 160 & 80 \\ 255 & 255 & 160 \\ 0 & 255 & 0 \end{bmatrix} \quad B=\begin{bmatrix} 0 & 80 & 160 \\ 0 & 0 & 240 \\ 255 & 255 & 255 \end{bmatrix} \tag{1.3.7}$$

表 1.1 给出了各类图像的表示形式。

表 1.1　不同类别的图像的表示形式

类　别	形　式	备　注
二值图像	$f(x,y)=0,1$	文字、线图形、指纹等
灰度图像	$0 \leqslant f(x,y) \leqslant 2^n-1$	普通照片,$n=6 \sim 8$
彩色图像	$\{f_i(x,y)\},i=R,G,B$	用彩色 3 基色表示
多光谱图像	$\{f_i(x,y)\},i=1,2,\cdots,m$	用于遥感
立体图像	f_L,f_R	用于摄影测量,计算机视觉
运动图像	$f_t(x,y),t=t_1,t_2,\cdots,t_n$	动态分析,视频影像制作

1.4　人类的视觉

为了有效地设计图像系统,尤其是输出供人们观察的照片或屏幕显示这样一些图像系统,必须充分研究人的视觉系统,因为人的视觉系统才是这类图像系统的最后终端,即图像信息的信宿,而且此类系统输出图像最终总是由人的视觉系统评价。另一方面,从某种意义上讲,人的视觉系统本身就是一个结构复杂、性能优越的图像系统。从仿生学角度出发,视觉原理、视觉特性以及视觉模型的研究,对于图像工程技术人员来讲,是很有启发性和吸引力的。

视觉研究可分为视觉生理、视觉特性、视觉模型 3 个方面。

1.4.1　人眼构造和视觉现象

图 1.3 为人眼的横截面的简单示意图。前部为一圆球,其平均直径约为 20 mm 左右,由 3 层薄膜包着,即角膜和巩膜外壳、脉络膜和视网膜。角膜是一种硬而透明的组织,盖着眼睛的前表面;巩膜与角膜连在一起,是一层包围着眼球剩余部分的不透明的膜。脉络膜位于巩膜的里边,这层膜包含有血管网,它是眼睛的重要滋养源,脉络膜外壳着色很重,因此有

助于减少进入眼内的外来光和眼球内的回射。脉络膜的最前面又分为睫状体和虹膜。睫状体的收缩和扩张控制着允许进入眼内的光亮。虹膜的中间开口处是瞳孔,它的直径是可变的,大约可由 2 mm 变到 8 mm,用以控制进入眼球内部的光通量;虹膜的前部含有明显的色素,而后部则含有黑色素。

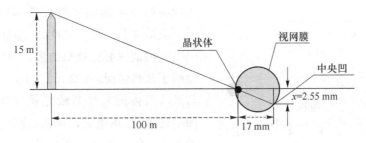

图 1.3　人眼截面示意图

眼睛最里层的膜是视网膜,布满在整个眼球后部的内壁上,当眼球适当聚焦,从眼睛的外部物体来的光就在视网膜上成像。整个视网膜表面上分布的分离的光接收器造成了图案视觉。这种光接收器可分为 2 类:锥状体和杆状体。每只眼睛中锥状体的数目在 600~700 万之间,主要位于视网膜的中间部分,叫做中央凹,它对颜色很敏感。人们用这些锥状体能充分地识别图像的细节,因为每个锥状体都被接到其本身的神经的一端,控制眼睛的肌肉使眼球转动,从而使人所感兴趣物体的像落在视网膜的中央凹上。锥状视觉又叫做白昼视觉。

杆状体数目更多,约有 7 500 万到 1.5 亿个,分布在视网膜表面上,因为分布面积较大,并且几个杆状体接到一根神经的末端上,因此使接收器能够识别细节的量减少。杆状体用来给出视野中大体的图像,它没有色彩的感觉但对照明度的景物比较敏感。例如,在白天呈现鲜明颜色的物体,在月光之下却没有颜色,这是因为只有杆状体受到了刺激,而杆状体没有色彩的感觉,杆状视觉因此又叫做夜视觉。

眼睛中的晶状体与普通的光学透镜之间的主要区别在于前者的适应性强,如图 1.3 所示,晶状体前面的曲率半径大于后表面的曲率半径。晶状体的形状由睫状体韧带的张力控制。为了对远方的物体聚集,肌肉就使晶状体变得较厚。

当晶状体的折射能力由最小变到最大时,晶状体的聚集中心与视网膜之间的距离由 17 mm 缩小到 14 mm,当眼睛聚焦到远于 3 m 的物体时,晶状体的折射能力最弱;当聚焦到非常近的物体时,其折射能力最强。利用这一数据,将易于计算出任何物体在视网膜上形成的图像大小。

1.4.2　人类视觉特性

人眼除了处理一般的视觉功能外,还具有一些其他特性,了解这些特性,对图像信号的处理是很有用处的。

1. 亮度适应能力

当一个人从一个明亮的大厅步入一个较黑暗的房间后,开始感到一片漆黑,什么也看不清,但经过一段时间的适应就逐渐能够看清物体,这种适应能力称为暗光适应。同样,当从暗的房屋步入明亮的大厅时,开始也是什么都看不清,但渐渐地又能分辨物体,这种适应能力称为亮光适应。亮光适应所需时间比暗光适应短的多,它仅需要 $1\sim2\,\mathrm{s}$,而暗光适应需 $10\sim30\,\mathrm{s}$。

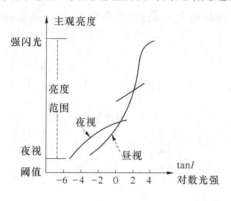

图 1.4　眼睛亮度的适应能力

人能适应亮度的范围是很宽的,由暗视阈值到强闪光之间的光强度差别约为 10^{10} 级。当然人的眼睛并不能同时适应这样宽的光强范围。一个人适应某一平均亮度时,能够同时鉴别出光强变化的范围要比这窄的多。图 1.4 中短交叉线说明了这种情况,在交叉点以上,主观感觉亮度与进入眼内的外界刺激光强并非成线性关系。图中还表明,在很大范围内,主观亮度与光强度的对数成线性关系。图中曲线的下部表明了白昼视觉的暗视觉的不同。

2. 同时对比度

由于人眼对亮度有很强的适应性,因此很难精确判断刺激的绝对亮度。即使有相同亮度的刺激,由于其背景亮度不同,人眼所感受的主观亮度是不一样的。图 1.5 可用来证明同时对比的刺激,图中小方块实际上有着相同的物理亮度,但因为与它们的背景强度相关很大,故它们的主观亮度显得大不一样,这种效应就叫做同时对比度。同时对比效应随着背景面积增大而显著,这种效应与后面要讨论的 Mach 带现象相类似,但是 Mach 带现象是对亮暗分界部分而言的,同时对比是由面积上亮度差产生的现象。

图 1.5　同时对比度示例

由于同时对比是由亮度差别引起,所以也可称为亮度对比。相应的还有色度对比,例如同样的灰色物体,背景为红时看起来带绿色;反过来,绿背景时看起来带红色。

3. 对比灵敏度

眼睛的对比灵敏度可以由实验测得。在均匀照度背景 I 上设有一照度为 $\Delta I+I$ 的光斑,如图 1.6 所示,眼睛刚能分辨出的照度差 ΔI 是 I 的函数,当背景照度 I 增大时,能够分辨出光斑的 ΔI 也需要增大,在相当宽的强度范围内 $\Delta I/I$ 的数值为一常数,约等于 0.02。这个比值称为韦伯(Weber)比。但是在亮度很强或很弱时,这个比值就不再保持为常数。

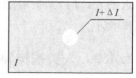

图 1.6　对比灵敏度的测定

4. 分辨率

对于空间上或者时间上两相邻的视觉信号,人们刚能鉴别出二者存在的能力称为视觉系统的分辨率。这一特性显然与视网膜上单位面积内分布的视细胞数有关。如果把视网膜看成由许多感光单元镶嵌在其上的视细胞镶嵌板,则单位面积内感光单元的减少,对图像的分辨能力也随之减少。

　　分辨率可用视觉锐度或调制传递函数表示,前者表示能够鉴别最小空间模式的一种测度,后者表示视觉对不同频率的正弦光栅刚能鉴别所要求的信号对比度。这两种测度实际上是相互补充的。第①种定义在空间域,第②种则定义在相应的频率域。

　　最为常见的是 1 种由一组黑白相间的线条组成的测试卡。其中 1 条白线和 1 条同样宽度的黑线组成 1 线对,当线对的宽度越来越窄,直到眼睛不能区分黑白线时,就用 1 mm 内的线对数定义分辨率。当然也可用刚能辨别出的试验模式视角的倒数 $1/\alpha$ 定义锐度,这里 α 以分为单位。

　　当照度太低时,只有杆状细胞起作用,故分辨率很低。当照度增加时分辨率增加。但当照度太强时,背景亮度和物体亮度相接近。此时,受抑制作用,分辨率反而又降低。分辨率还与刺激位置有关。当刺激落在中央凹时分辨率最高,在中央凹的四周分辨率迅速下降,在这之外则缓慢减小。而在视网膜的四周分辨率最低。

　　调制传递函数(MTF)是另一种表示分辨率的测度,它是导出单色视觉模型的依据。如果把人眼看成一个精密的光学系统,那么可用分析光学系统的方法研究人的视觉特性。令输入图像的强度是沿水平方向按正弦方式变化的线栅。测试视觉 MTF 的过程是给观察者在一定距离处观看 2 张变化的正弦光栅,一张图片作为参考图,其对比度和空间频率是固定的;另一张是测试图片,它的对比度和空间频率是可变的。测试图片在一定的空间频率下改变其对比度,直到观察者对 2 张图片的亮度感觉相同为止,然后测试图换一频率,重复以上步骤。这样就可得到视觉的 MTF。采用其他试验方法也可得到类似的结果,如图 1.7 所示。从图中可以看出,MFT 具有带通滤波特性,它的最灵敏空间频率在 2~5 Hz 的范围内。

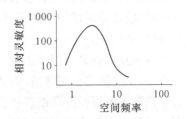

图 1.7　调制传递函数 MTF 的特性

　　实验还发现,当输入信号的对比度改变时,系统的 MTF 也会变化。而且当输入光栅相对于人眼的光轴旋转后,系统的 MTF 也有所变化。因此可以断言,人的视觉系统是非线性和各向异性的。

5. Mach 带

　　人们在观察一条由均匀黑和均匀白的区域形成的边界时,可能会认为人的主观感受是与任一点的强度有关的。但实际情况并不是这样,人感觉到的是在亮度变化部位附近的暗区和亮区中分别存在一条更黑和更亮的条带,这就是所谓的 Mach 带,如图 1.8 所示。Mach 在 1865 年观察并讨论了这种现象。当亮度为阶跃变化时,图像中显示出竖条灰度梯级图像。主观亮度中增加了一个分量,它相当于对原图进行了二阶导数的操作。这是因为在阶跃边界处主观的反差显著地增强了。

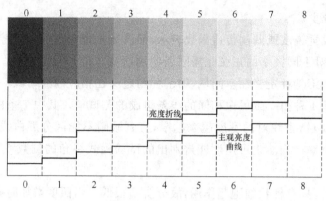

图 1.8　Mach 带效应示意图

1.5　图像质量的评价方法

图像质量的评价研究是图像信息学科的基础研究之一。对于图像处理或者图像通信系统,其信息的主体是图像,衡量这个系统的重要指标,就是图像的质量。例如在图像编码中,就是在保持被编码图像一定质量的前提下,以尽量少的码字表示图像,以便节省信道和存储容量。而图像增强就是为了改善图像的主体视觉显示质量。再如图像复原,则用于补偿图像的降质,使复原后的图像尽可能接近原始图像质量。所有这些都要求有一个合理的图像质量评价方法。

图像质量的含义包括 2 方面,一个是图像的逼真度,即被评价图像与原标准图像的偏离程度;另一个是图像的可懂度,是指图像能向人或机器提供信息的能力。尽管最理想的情况是能够找出图像逼真度和图像可懂度的定量描述方法,以作为评价图像和设计图像系统的依据。但是由于目前对人的视觉系统性质还没有充分理解,对人的心理因素还找不出定量描述方法,因而用得较多、最具权威性的还是所谓主观评价方法。

1. 图像的主观评价

图像的主观评价就是通过人来观察图像,对图像的优劣作主观评定,然后对评分进行统计平均,得出评价的结果。这时评价出的图像质量与观察者的特性及观察条件等因素有关。为保证主观评价在统计上有意义,选择观察者时既要考虑有未受过训练的"外行"观察者,又要考虑有对图像技术有一定经验的"内行"观察者。另外,参加评分的观察者至少要 20 名,测试条件应尽可能使用条件相匹配。表 1.2 是几个国家和地区所采用过的对电视图像评价的观察条件。

表 1.2　图像质量主观评价的观察条件

观察条件	英国	欧洲	德国	日本	美国	推荐值
最高亮度/(cd/m²)	50	41～54	50	400	70	50[注]
管面亮度/(cd/m²)	<0.5	0.5	<0.5	5	2	<0.5
背景亮度/(cd/m²)	1	/	2.5	/	/	/
室内照度/lx	3	/	/	30～100	6.5[注]	/
对比度	/	/	/	30	/	/
视距/画面高	6	4～6	6	8	6～8	6

注:只对 50 场/s 而言。

在图像质量的主观评价方法中又分为 2 种评价计分方法,就是国际上通行的 5 级评分的质量尺度和妨碍尺度,如表 1.3 所示。它是由观察者根据自己的经验,对被评价图像作出质量判断。在有些情况下,也可以提供一组标准图像作为参考,帮助观察者对图像质量作出适合的评价。一般来说,对非专业人员多采用质量尺度,对专业人员则使用妨碍尺度为宜。

表 1.3　2 种尺度的图像 5 级评分

尺度		得分	尺度		得分
妨碍尺度	无觉察	5	质量尺度	非常好	5
	刚觉察	4		好	4
	觉察但不讨厌	3		一般	3
	讨厌	2		差	2
	难以观看	1		非常差	1

2. 图像的客观评价

尽管主观质量的评价是最权威的方式,但是在一些研究场合,或者由于试验条件的限制,也希望对图像质量有一个定量的客观描述。图像质量的客观评价由于着眼点不同而有多重方法,这里介绍的是一种经常使用的所谓的逼真度测量。对于彩色图像逼真度的定量表示是一个十分复杂的问题。目前应用得较多的是对黑白图像逼真度的定量表示。合理的测量方法应与主观实验结果一致,而且要求简单易行。

对于连续图像场合,设 $f(x,y)$ 为一定义在矩形区域 $-L_x \leqslant x \leqslant L_x$、$-L_y \leqslant y \leqslant L_y$ 的连续图像,其降质图像为 $\hat{f}(x,y)$,它们之间的逼真度可用归一化的互相关函数 K 来表示

$$K = \frac{\int_{-L_x}^{L_x} \int_{-L_y}^{L_y} f(x,y)\hat{f}(x,y)\mathrm{d}_x\mathrm{d}_y}{\int_{-L_x}^{L_x} \int_{-L_y}^{L_y} f^2(x,y)\mathrm{d}_x\mathrm{d}_y} \tag{1.5.1}$$

对于数字图像场合,设 $f(j,k)$ 为原参考图像,$\hat{f}(j,k)$ 为其降质图像,逼真度可定义为归一化的均方误差值(NMSE)N 为

$$N = \frac{\sum_{j=0}^{N-1} \sum_{k=0}^{M-1} \{Q[f(j,k)] - Q[\hat{f}(j,k)]\}}{\sum_{j=0}^{N-1} \sum_{k=0}^{M-1} \{Q[f(j,k)]\}^2} \tag{1.5.2}$$

式中,运算符 $Q[\cdot]$ 表示在计算逼真度前,为使测量值与主观评价的结果一致而进行的某种预处理,如对数处理、幂处理等,常用的 $Q[\cdot] = K_1 \log_b[K_2 + K_3 f(j,k)]$,其中 K_1、K_2、K_3、b 均为常数。

另外一种常用的为峰值均方误差(PMSE)P 为

$$P = \frac{\sum_{j=0}^{N-1} \sum_{k=0}^{M-1} \{Q[f(j,k)] - Q[\hat{f}(j,k)]\}^2}{MNA^2} \tag{1.5.3}$$

式中,A 为 $Q[f(j,k)]$ 的最大值。实用中还常采用简单的形式 $Q[f] = f$。此时,对于 8 bit

精度的图像，$\Lambda = 255$，M、N 为图像尺寸。

对数字图像的评价方法仍然是一个有待进一步研究的课题。在定量的逼真度描述和主观评价之间并没有取得真正的一致性，除非对于已经达到一定显示精度的图像，例如：彩色数字电视、高清晰度电视，或者是高码率的会议电视图像等，这时两者之间比较统一。但在多数情况下，逼真度的测量往往与实际观察效果不一致。这时采用的就可能是多种评价方法和测量参数，比如主观评分、PMSE 测量，有时甚至还要加上对画面的动感（帧频）评价等。

3. 其他方法

除了前面介绍的 2 种基本的图像评价方法以外，由于应用场合的不同，还有其他一些评价方法。例如，ISO（国际标准化组织）在制定 MPEG-4 标准时提出采用 2 种方式进行视频图像质量的评价，一种称为基于感觉的质量评价（perception-based quality assessment）；另一种称为基于任务的质量评价（task-based quality assessment）。根据具体的应用情况，可以选择其中 1 种或 2 种方式。

（1）基于感觉的质量评价

其基本方法相当于前面的主观质量评价，但同时考虑到声音、图像的联合感觉效果也可能影响图像的质量。例如，人们对呈现于优美的音乐环境中的同一幅画面的感觉，一般会比它处于恶劣噪声环境中要好。

（2）基于任务的质量评价

通过使用者对一些典型的应用任务的执行情况判别图像的适宜性。比较典型的是脸部识别、表情识别、符号语言阅读、盲文识别、物体识别、手势语言、手写文件阅读，以及机器自动执行某些工作等。此时对图像质量的评价并不完全建立在观赏的基础上，更重要的是考虑图像符号的功能，如对哑语手势图像，主要看它是否能正确表达适当的手势。

1.6 数字图像处理

对图像进行一系列的操作，以达到预期目的的技术称作图像处理。图像处理可分为模拟图像处理和数字图像处理。利用光学、照相方法对模拟图像的处理称为模拟图像处理。光学图像处理方法已有很长的历史，在激光全息技术出现后，得到了进一步的发展。尽管光学图像处理理论日臻完善，且处理速度快，信息容量大，分辨率高，又非常经济，但处理精度不高、稳定性差、设备笨重、操作不方便和工艺水平不高等原因限制了它的发展速度，从 20 世纪 60 年代起，随着电子计算机技术的进步，数字信号处理取得了突破性发展，数字图像处理技术获得了飞跃发展。

数字信号处理（DSP，Digital Signal Processing）技术通常是指利用采集、滤波、检测、均衡、变换、调制、压缩、去噪、估计等处理，以得到符合人们需要的信号形式。图像信号的数字处理是指将图像作为图像信号的数学处理技术，按照人们通常的习惯，也称为数字图像处理技术。最常见的是用计算机对图像进行处理，它是在以计算机为中心的包括各种输入、输出、存储及显示设备在内的数学图像处理系统上进行的。

1.6.1 图像信号的数字化

从广义上说，图像是自然界景物的客观反映。以照片形式或初级记录介质保存的图像是连续的,计算机只接收和处理数字图像,无法接收和处理这种空间分布和亮度取值均连续分布的图像。因此需要通过电视摄像机、转鼓、CCD 电荷耦合器件和密度计等装置采样,将一幅灰度连续变化的图像 $f(x,y)$ 的坐标 (x,y) 及幅度 f 进行离散化。对图像 $f(x,y)$ 的空间位置坐标 (x,y) 离散化以获取离散点的函数值的过程称为图像的采样。各离散点又称为样本点,离散点的函数值称为样本。对幅度(灰度值)的离散化过程称为量化。取样和量化的总过程称为数字化,被数字化后的图像 $f(x,y)$ 称为数字图像。一般数字图像 $f(x,y)$ 被排成一个 $M \times N$ 的数阵,每个阵元的函数值 $f(i,j)$ 称为样本、像素或像元。

对采样和量化过程中,采样密度(频率)取多大合适? 以多少个等级表示样本的亮度值为最好? 这些都将影响到离散图像能否保持连续图像信息的问题。

1. 采样

图像的采样是将在空间上连续的图像转换成离散的采样点(即像素)集的操作,就是把一幅连续图像在空间上分割成 $M \times N$ 个网格,每个网格对应为一个像素点,用一亮度值表示。由于结果是一个样点值阵列,故又叫做点阵取样。由于图像是二维分布的信息,所以采样是在 x 轴和 y 轴 2 个方向上进行的。采样使连续图像在空间上离散化,但采样点上图像的亮度值还是某个幅度区间内的连续分布。根据采样定义,每个网格上只能用一个确定的亮度值表示。下面介绍图像的采样过程的数学表示。

设对 $f(x,y)$ 按网格均匀采样,x、y 方向上的采样间隔分别为 Δx、Δy,则采样点的位置为 $x = m\Delta x, y = n\Delta y (m,n = 0, \pm 1, \pm 2, \cdots)$。

定义采样函数

$$s(x,y) = \sum_{m=-\infty}^{+\infty} \sum_{n=-\infty}^{+\infty} \delta(x - m\Delta x, y - n\Delta y) \tag{1.6.1}$$

采样函数如图 1.9 所示。

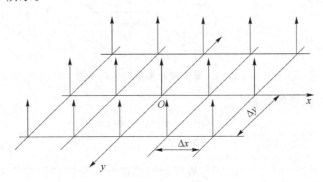

图 1.9　采样函数

由 δ 函数定义,采样后的图像 $f_s(x,y)$ 等于原模拟图像 $f(x,y)$ 与采样函数的乘积,即

$$f_s(x,y) = f(x,y)s(x,y) \tag{1.6.2}$$

对上式两边作傅里叶变换,令

$$f(x,y) \Leftrightarrow F(u,v), \quad s(x,y) \Leftrightarrow S(u,v), \quad f_s(x,y) \Leftrightarrow F_s(u,v) \tag{1.6.3}$$

根据卷积定理有

$$F_s(u,v) = F(u,v) * S(u,v) \tag{1.6.4}$$

写成卷积运算的具体形式有

$$F_s(u,v) = \frac{1}{\Delta x \Delta y} \int_{-\infty}^{+\infty}\!\!\int F(\alpha,\beta) \sum_{m=-\infty}^{+\infty} \sum_{n=-\infty}^{+\infty} \delta(u-a-m\Delta u, v-\beta-n\Delta v)\,d\alpha d\beta$$

$$(1.6.5)$$

经交换积分与求和运算次序,同时利用 δ 函数的卷积性质及 $\Delta u = \dfrac{1}{\Delta x}$、$\Delta v = \dfrac{1}{\Delta y}$,则有

$$F_s(u,v) = \frac{1}{\Delta x \Delta y} \sum_{m=-\infty}^{+\infty} \sum_{n=-\infty}^{+\infty} F\left(u-\frac{m}{\Delta x}, v-\frac{n}{\Delta y}\right) \qquad (1.6.6)$$

从式(1.6.5)可见,采样图像的频谱是由原连续图像频谱及无限多个它的平移频谱组成的,只是幅度上差一个因子 $\dfrac{1}{\Delta x \Delta y}$,重复周期在 u 轴和 v 轴方向上分别为 $\dfrac{1}{\Delta x}$ 和 $\dfrac{1}{\Delta y}$。若 $f(x,y)$ 的频谱是有限带宽的,设 u_c 和 v_c 为其在 u 轴和 v 轴方向频谱宽度,则当 $|u| > u_c$ 或 $|v| > v_c$ 时,$F(u,v) = 0$,这时只要采样间隔满足条件 $\dfrac{1}{\Delta u} \geqslant 2u_c$ 和 $\dfrac{1}{\Delta v} \geqslant 2v_c$,$f_s(x,y)$ 的频谱中的 $\dfrac{1}{\Delta x \Delta y} F(u,v)$ 就与它的相邻平移频谱不重叠,如图 1.10 所示。

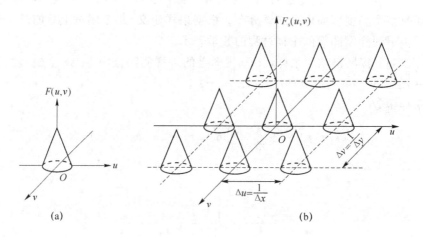

图 1.10　原图像和采样图像的频谱

在这种情况下,可用低通滤波器

$$L(u,v) = \begin{cases} 1 & |u| \leqslant u_c \text{ 和 } |v| \leqslant v_c \\ 0 & \text{其他} \end{cases} \qquad (1.6.7)$$

滤除其他部分而只保留 $\dfrac{1}{\Delta x \Delta y} F(u,v)$,最后通过傅里叶反变换便可无失真地求得 $f(x,y)$。反之,如果上述采样条件不能满足,则 $f_s(x,y)$ 的频谱会产生混叠,通过傅里叶反变换求得 $f(x,y)$ 便有失真。

于是有如下的采样定理。

采样定理　若函数 $f(x,y)$ 的傅里叶变换 $F(u,v)$ 在频域中的一个有限区域外处处为 0,设 u_c 和 v_c 为其频谱宽度,只要采样间隔满足条件 $\Delta x \leqslant \dfrac{1}{2u_c}$ 和 $\Delta y \leqslant \dfrac{1}{2v_c}$,就能由 $f(x,y)$ 的采样值 $f_s(x,y)$ 精确地、无失真地重建 $f(x,y)$。通常称 $\Delta x \leqslant \dfrac{1}{2u_c}$ 和 $\Delta y \leqslant \dfrac{1}{2v_c}$ 为奈奎斯特条件。

采样定理反映了图像的频谱与采样间隔(频率)之间的关系。

一个连续图像经过采样以后变成离散形式的图像,采样点称为像素,各像素排列成 $M \times N$ 的阵列。对于同一图像而言,x、y 方向上的采样间隔 Δx、Δy 越小,M、N 就越大,由采样图像 $f_s(x,y)$ 重建图像 $f(x,y)$ 的失真就越小,采样图像的分辨率就越高。一般把映射到图像平面上的单个像素的景物元素的尺寸称为图像的空间分辨率,简称图像的分辨率,单位为像素/英寸或像素/厘米;有时也用测量和再现一定尺寸的图像所必需的像素个数表示图像的分辨率,常用像素×像素表示,如 800 像素×640 像素。一般来说,分辨率越高图像质量越好,所占用的存储容量也越大。但由于人眼的视觉效应,分辨率高到一定程度时,图像已经足够好了,再提高分辨率,图像质量也不会有显著改善,但所占的存储量却随 M 或 N 成平方地增加。

2. 量化

把采样点上对应的亮度连续变化区间转换为单个特定数码的过程,称为量化,即采样点亮度的离散化。

采样后的图像只是在空间上被离散化,成为样本的阵列,但是由于原图像 $f(x,y)$ 是连续图像,因此每个像素还是可能取值为无穷多个值。为了进行计算机处理,必须把无穷多个离散值约简为有限个离散值,即量化,这样才便于赋予每一个离散值互异的编码以进入计算机。这个过程是把每一个离散样本的连续灰度值只分成有限多的层次,称分层量化。把原较低灰度层次从最暗至最亮均匀分为有限个层次,称为均匀量化;如果说采用不均匀分层就称为非均匀量化。用有限个离散灰度值表示无穷多个连续灰度的量必然引起误差,称为量化误差,有时也称为量化噪声。量化分层越多,则量化误差越小;而分层越多则编码进入计算机所需位数越多,相应地影响运算速度及处理过程。另外,量化分层的约束来自图像源的噪声,即最小的量化分层应远大于噪声,否则太细的分层将被噪声所淹没而无法体现分层的效果。也就是说,噪声大的图像,分层太细是没有意义的。反之,要求很细分层的图像才强调极小的噪声,如某些医用图像系统把减少噪声作为主要设计指标,是因为其分层数要求2 000层以上,而一般电视图像的分层用 200 多层已经满足要求。

(1) 均匀量化

均匀量化最简单,最易于实现。图 1.11 是均匀量化的示意图。图中设原图像的灰度变化范围从 $r_0 \sim r_k$,r_0 为最暗,r_k 为最亮。把这个灰度动态变化范围均匀分为 k 等份。每一层赋予 1 个固定的码字 $q_0 \sim q_{k-1}$,凡像素的灰度落在 r_0 和 r_1 之间,就赋予 q_0 码字……落在 r_{k-1} 和 r_k 之间,则赋予 q_{k-1} 码字。其量化过程就是把图像像素的样本灰度与各层灰度的判决值 r_0,r_1,$\cdots$,r_k 相比较,凡落在相邻 2 层之间的像素即赋予该层的值 q_i。

设采样之后的离散图像 $f_s(x,y)$ 的灰度值即为 $f(x,y)$ 的幅度,且灰度值取在 $[r_0, r_k]$ 范围内,并设该幅图像的所有像素的取值均匀分布在各量化层,即其概率 $p(r)=p$。在这种条件下采用均匀量化效果最佳,即总量化误差最小。把整个取值范围 $[r_0, r_k]$ 分为 k 个子区间 $[r_i, r_{i-1}]$,$i=0,1,2,\cdots,k-1$。计算机图像处理中 k 常取 2^n,如 $64,128,256,\cdots$。每个子区间赋予唯一确定的 q_i 值,每个 q_i 值在计算机内用 1 个码字表示。每个 $f(x,y)$ 离散值相应赋予 1 个 q_i 值,其中 $i=0,1,2,\cdots,k-1$。对应关系是,当 $r=f(x,y)\in[r_i, r_{i-1}]$ 时,

$$f(x,y)=q_i \tag{1.6.8}$$

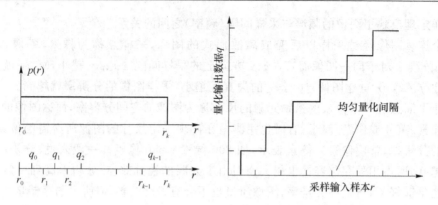

图 1.11　均匀量化

实际上,设计 k 个电压比较器,各个电压比较器基准电压为 $r_i(i=0,1,2,\cdots,k)$。$f(x,y)$ 依次送入各像素值与 k 个比较器比较,$f(x,y)$ 落入哪个子区间就以该子区间的代码 q_i 为 $f(x,y)$ 的量化值。这种赋予 q_i 值的物理意义可理解为一个灰度值或电平值、采样值、编码 值等,随上下文意义来判别。对 q_i 指定一个唯一的码字,称为编码。

对于由量化而引入的量化误差 $\varepsilon=r-q_i$ 而言,一般其均值为 0。若在 $[r_i,r_{i-1}]$ 区间内 采样值为 r 的概率密度为 $p(r)$,则在此区间内统计意义上,量化误差 ε 的方差为

$$E = \int_{r_i}^{r_{i+1}} (r-q_i)^2 p(r)\mathrm{d}r \tag{1.6.9}$$

一般来讲,q_i 是小区 $[r_i,r_{i+1}]$ 的代表点,可以取区内任意值。若在小区内 $p(r)$ 为常数, 可以找到唯一的一个 q_i 值使其量化误差 ε 的方差最小。可以证明 $p(r)$ 为常数时,当 q_i 满足

$$q_i=(r_i+r_{i+1})/2, \quad i=0,1,2,\cdots \tag{1.6.10}$$

时量化误差 ε 的方差最小,这样,由于 r_i 也是均匀分区的,所以

$$r_i=(q_i+q_{i-1})/2, \quad i=0,1,2,\cdots \tag{1.6.11}$$

它说明在各小区内,图像像元的灰度概率分布 $p(r)$ 为常数时,q_i 取区间的中间值,总的量 化误差为最小。若灰度均匀分布,各区宽度都是 L,各区 $p(r)$ 为常数,则 q_i 选取各小区的中 值,其总误差为 $L^2/12$。它说明灰度量化层次越多,则 L 越小。总误差减小,对保持原模拟 图像的信息有利。

(2) 非均匀量化

若各小区的 $p(r)$ 不是均匀的,则总误差为最小的解,不再是 $q_i=(r_i+r_{i+1})/2$。由于 积分中 $p(r)$ 为变量,可得出其解为

$$\left.\begin{array}{c} q_i = \dfrac{\displaystyle\int_{r_i}^{r_{i+1}} rp(r)\mathrm{d}r}{\displaystyle\int_{r_i}^{r_{i+1}} p(r)\mathrm{d}r} \quad i=0,1,2,\cdots,k-1 \\[2em] r_i=(q_i+q_{i-1})/2 \end{array}\right\} \tag{1.6.12}$$

此式说明各小区最好也是不均匀的,即 $[r_i,r_{i+1}]$ 不是均匀间隔才能使总的误差为最小。 $p(r)$ 不均匀时,可按以下 2 点来考虑。

① 若 $p(r)$ 在小区 $[r_i,r_{i+1}]$ 内均匀,而各区的 $p(r)$ 值不同,这时各区的间隔应不等, 即 $p(r)$ 大的用小间隔,$p(r)$ 小的用宽间隔。

② 若 $p(r)$ 在各小区中也不均匀时，q_i 应选在小区内形心点，才能使总误差减少。

实际上第 2 点是当间隔逐渐缩小时第 1 点的结果。总之，应用式（1.6.12）可以用数值计算法逐次求解。已知 r_0，可设一 q_0，用式（1.6.11）求出 r_1，即不断改变 r_{i+1} 上限，使积分结果凑成 q_0 而得到 r_1。r_1 已知，用式（1.6.11）求出 q_1。q_1、r_1 已知，再用式（1.6.11），以数值逼近法求出 r_2，用式（1.6.12）求出 q_2，如此不断重复直到求出 q_{k-1}。把 q_{k-1} 再代回式（1.6.12）验证。若不满足则重新预计 q_0，重新计算。

非均匀量化的计算，当 $p(r)$ 为常数时就是均匀量化的计算，因此均匀量化是非均匀量化的特殊情况。这种方法的计算需反复凑算，既复杂又费机时，因而常采用均匀量化。但是如果 $p(r)$ 本来就不均匀，用均匀量化必然引起较大的误差。为了解决这个问题，可用另一种方法——压扩法。首先通过某种变换（常用非线性变换，如在量化前采用一个对数器）使 $p(r)$ 变为 $p(s)$，而 $p(s)$ 是均匀的，这时用均匀量化，在重建原图像时反变换变为不均匀量化的最终结果。非均匀量化示意图如图 1.12 所示。

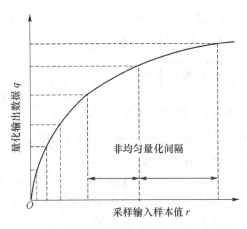

图 1.12　非均匀量化

3. 空间和灰度级分辨率

采样值是决定 1 幅图像空间分辨率的主要参数，基本上空间分辨率是图像中可辨别的最小细节。灰度级分辨率是指在灰度级别中可分辨的最小变化。但是，在灰度级中，测量分辨率的变化是一个高度主观的过程。这里考虑了用于产生数字图像采样数目的判断方法，但是，对于灰度级数，这种方法却不可行。由于硬件方面的考虑，灰度级数通常是 2 的整数次幂。大多数情况该值取 8 bit，在某些特殊的灰度值增强的应用场合可能用到 16 bit。有时，也会用到 10 或 12 bit 精度数字化 1 幅图像的系统，但这些系统都是特例而不是常规系统。当没有必要对涉及像素的物理分辨率进行实际度量和在原始场景中分析细节等级时，通常就把大小为 $M \times N$、灰度为 L 级的数字图像称为空间分辨率为 $M \times N$ 像素、灰度级分辨率为 L 的数字图像。为清晰起见，在以后的讨论中将经常使用这一术语，仅在需要时参照实际分辨率细节。

1.6.2　数字图像文件的存储格式

数字图像在计算机中是以文件的形式存储的。常见的图像数据格式包括 BMP 格式、TIFF 格式、TGA 格式、GIF 格式、PCX 格式以及 JPEG 格式等。

1. BMP 格式的图像文件

BMP 是 Bitmap 的缩写，意为"位图"。BMP 格式的图像文件是微软公司特意为 Windows 环境应用图像设计的。

BMP 格式的主要特点如下。

（1）BMP 格式的图像文件以 . bmp 作为文件扩展名。

（2）根据需要，使用者可选择图像数据是否采用压缩形式存放。一般情况下，BMP 格式的图像是非压缩格式。

（3）当使用者决定采用压缩格式存放 BMP 格式的图像时,使用游程编码 RLE4 压缩方式,可得到 16 色模式的图像;若采用 RLE8 压缩方式,则得到 256 色的图像。

（4）可以多种彩色模式保存图像,如 16 色、256 色、24 bit 真彩色,最新版本的 BMP 格式允许 32 bit 真彩色。

图 1.13　BMP 格式的图像文件结构

（5）数据排列顺序与其他格式的图像文件不同,从图像左下角为起点存储图像,而不是以图像的左上角作为起点。

（6）调色板数据结构中,RGB 3 基色数据的排列顺序恰好与其他格式文件的顺序相反。

BMP 格式的图像文件结构可以分为文件头、调色板数据以及图像数据 3 部分,如图 1.13 所示。

图像文件大小为

$$灰度图像文件大小 \approx 文件头 + 像素个数 \times 灰度级数$$
$$彩色图像文件大小 \approx 文件头 + 像素个数 \times 颜色数$$

颜色数(用于表示颜色的位数):

16 色(2^4)色	4 bit
256 色(2^8)色	8 bit = 1 B
65 526(2^{16})色	16 bit = 2 B
1 677 万(2^{24})色	24 bit = 3 B

2. TIFF 格式的图像文件

TIFF 是 Tag Image File Format 的缩写,它由 Aldus 公司 1986 年推出,后来与微软公司合作,进一步发展了 TIFF 格式。

TIFF 格式的图像文件具有如下特点。

（1）TIFF 格式图像文件的扩展名是.tif。

（2）支持从单色模式到 32 bit 真彩色模式的所有图像。

（3）不针对某一个特定的操作平台,可用于多种操作平台和应用软件。

（4）适用于多种机型,在 PC 计算机和 Macintosh 计算机之间,可互相转换和移植 TIFF 图像文件。

（5）数据结构是可变的,文件具有可改写性,使用者可向文件中写入相关信息。

（6）具有多种数据压缩存储方式,使解压缩过程变得复杂化。

TIFF 格式的图像文件结构如图 1.14 所示。

文件头由 8 B 组成。该文件头必须位于与 0 相对的位置,并且位置不能移动,在标志信息区(IFD)目录中,有很多由 12 个字节组成的标志信息,标志的内容包括指示标志信息的代号、数据类型说明、数据值、文件数据量等。图像数据区是真正存放图像数据的部分,该区的数据指明了图像使用何种压缩方法、如何排列数据、如何分割数据等内容。

图 1.14　TIFF 格式图像文件的
数据结构

3. GIF 格式的图像文件

GIF 是 Graphics Interchange Format 的缩写,它是 CompuServe 公司于 1987 年推出的,主要是为了网络传输和 BBS 用户使用图像文件而设计的。

GIF 格式的图像文件具有如下特点。

(1) GIF 格式图像文件的扩展名是.gif。

(2) 对于灰度图像表现最佳。

(3) 具有 GIF87a 和 GIF89a 2 个版本。GIF87a 版本是 1987 年推出的,1 个文件存储 1 个图像;GIF89a 版本是 1989 年推出的很有特色的版本,该版本允许 1 个文件存储多个图像,可实现动画功能。

(4) 采用改进的 LZW( )压缩算法处理图像数据。

(5) 调色板数据有通用调色板和局部调色板之分,有不同的颜色取值。

(6) 不支持 24 bit 彩色模式,最多存储 256 色。

GIF 格式的图像文件结构如图 1.15 所示。

文件头是一个带有识别 GIF 格式数据流的数据块,用以区分早期版本和新版本。逻辑屏幕描述区定义了与图像数据相关的图像平面尺寸、彩色深度,并指明后面的调色板数据属于全局调色板还是局部调色板。若使用的是全局调色板,则生成一个24 bit的 RGB 全局调色板,其中 1 个基色占用 1 个字节。

图像数据区的内容有 2 类,一类是纯粹的图像数据;一类是用于特殊目的的数据块(包含专用应用程序代码和不可打印的注释信息)。在 GIF89a 格式的图像文件中,如果 1 个文件中包含多个图像,图像数据区将依次重复数据块序列。结束标志区的作用主要是标记整个数据流的结束。

图 1.15 GIF 格式图像文件的数据结构

4. JPEG 格式的图像文件

JPEG 是 Joint Photographic Expert Group 的缩写,该标准是 ISO 的下属专家小组提出的。该格式文件采用有损编码方式,原始图像经过 JPEG 编码,使 JPEG 格式的图像文件与原始图像发生很大差别,但不易觉察。

JPEG 格式的图像文件具有如下特点。

(1) JPEG 格式图像文件的扩展名是.jpg。

(2) 适用性广泛,大多数图像类型都可以进行 JPEG 编码。

(3) 对于使用计算机绘制的具有明显边界的图形,JPEG 编码方式的处理效果不佳。

(4) 对于数字化照片和表达自然景观的色彩丰富的图片,JPEG 编码方式具有非常好的处理效果。

(5) 使用 JPEG 格式的图像文件时,需要解压缩过程。

JPEG 格式的图像文件一般有 2 种内部格式,1 种是目前被广泛使用的 JFIF 格式,它包含一个常驻的 JPEG 数据流,其作用是提供解码所需的数据,而不是要使用外部数据;另一种是 JPEG-in——TIFF 格式,该格式把 JPEG 图像压缩保存到 TIFF 格式的文件中,它在保存和读出时,很容易受外部条件的限制和影响,目前还未得到广泛的应用。

5. TGA 格式的图像文件

TGA 格式的图像文件由 Truevision 公司开发,最初的目的是支持本公司生产的 Targa 图形卡。该图形卡可以不借助调色板而直接显示 16 M 种颜色(24 bit 真彩),是一流的计算机显示设备。TGA 格式的图像文件目前的版本是 2.0,其具有如下特点。

(1) TGA 格式图像文件的扩展名是.tga。

(2) 支持任意尺度的图像。

(3) 支持 1 bit 单色到 32 bit 真彩色模式的所有图像,具有很强的颜色表达能力,特别适合影视广播级的动画制作。

(4) 图像的存储具有可选择性,图像数据既可以按照从上到下、从左到右的顺序进行存储,也可以相反的顺序存储。

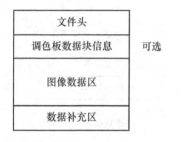

图 1.16　TGA 格式图像文件
的数据结构

(5) TGA 格式的图像对硬件的依赖性强,如果显示卡不具备 24 bit 或 32 bit 的显示能力,该格式的图像将不能正确显示。

TGA 格式的图像文件结构如图 1.16 所示。图中,文件头主要用于说明 TGA 文件的出处、颜色映像表类型、图像数据存储类型、图像数据存储顺序等内容;调色板数据块信息包括调色板数据块构成方式、图像数据的组织方式等;图像数据区用于存储大量的图像数据,是描述图像的重要区域;数据补充区是 2.0 版本新增加的区域。其存储顺序为开发者相关数据、开发者目录、扩充数据、数据块指针以及文件注脚。

6. PCX 格式的图像文件

PCX 由 PC Paintbrush 而得名,它由 Zsoft 公司推出,主要用于该公司开发的 PC Paintbrush 绘图软件。美国 Microsoft 公司后来将该绘图软件移植到 Windows 中,成为一个重要的功能模块。

PCX 格式的图像文件具有如下特点。

(1) PCX 格式的图像文件的扩展名是.pcx。

(2) 采用 RLE 压缩方式存储数据。

(3) 拥有不同版本,分别用于处理不同显示模式下的数据。文件分为 3 类:单色文件、不超过 16 色的文件和 256 色文件。单色文件和 16 色文件可不携带调色板数据,但 256 色文件则必须包含调色板数据。

(4) 除了最新版本外,其他版本不支持 24 bit 真彩色模式。

(5) 图像显示与计算机硬件设备的显示模式有关。

PCX 格式的图像文件结构如图 1.17 所示。图中,文件头包含各种识别信息,其中包括 PCX 文件的特征信息、图像的大小和规模、调色板设置等;图像数据区用于表示图像,如果图像是 256 色模式,图像数据区的后面将存储 256 色调色板数据。

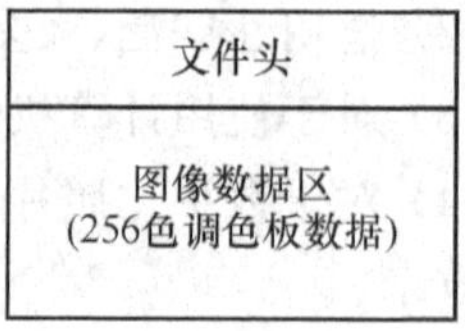

图 1.17　PCX 格式图像文件
的数据结构

1.6.3　数字图像处理主要的研究内容

在计算机处理出现以前,图像处理都是光学照相处理和视频信号等模拟处理。随着计算机技术和图像处理技术的发展,用计算机或专用信号处理芯片进行数字图像处理已经越来越显示出它的优越性。除了内存有要求以外,数字图像处理无论在灵活性、精度、调整和再现性方面都有模拟图像处理无法比拟的优点。在模拟处理中,要提高一个数量级的精度,就必须对装置进行大幅度改进。相比而言数字处理就有很大的优越性,它能利用程序自由地进行各种处理,并且能达到较高的精度。另外,由于半导体技术的不断进步,已经开发出普遍使用的图像处理专用高速处理器,以集成电路存储器为基础的图像显示也达到可行的程度,这些都进一步加快了数字图像处理技术的发展和实用化。

1. 数字图像信息的特点

(1) 信息量大。例如 1 幅电视图像取 512 行、512 列,像素数为 512 像素×512 像素,若其灰度级用 8 bit 的二进制来表示,则有 $2^8=256$ 个灰度级,那么 1 幅图像的信息量即为 512 像素×512 像素×8 bit＝2 097,152 bit＝256 KB。若每秒有 25 帧图像,则每秒的信息量为 256 KB×25＝6 400 KB＝6.25 MB 要对这样大信息量的图像进行处理,必须用具有相当大内存的电子计算机才能胜任。

(2) 数字图像占用的频带较宽。图像信息与语言信息相比,占用的频带要大几个数量级。如电视图像的带宽为 5.6 MHz,而语言带宽仅为 4 kHz 左右。频带越宽,技术实现的难度就越大,成本亦越高,为此对频带压缩技术提出了较高的要求。

(3) 数字图像中各个像素之间相关性很大。例如在电视画面中,同一行中相邻 2 个像素或相邻 2 行间的像素,具有相同和相近灰度的可能性很大,即相关性很大,据统计其相关系数可达 0.9 以上;而相邻 2 帧之间的相关性比帧内相关性还要大一些。因此图像信息压缩的潜力很大。

(4) 数字图像处理系统受人的因素影响较大。这是因为处理后的数字图像是需要给人观察和评价的。由于人的视觉系统很复杂,受环境条件、视觉性能、人的主观意识的影响很大,因此要求系统与人有良好的配合,这还是一个很大的研究课题。

2. 数字图像处理研究的内容

数字图像处理学科所涉及的知识面非常广泛,具体的方法种类繁多,应用也极为普遍,但从学科研究内容上可以分为以下 9 个方面。

(1) 图像数字化。其目的是将模拟形式的图像通过数字化设备变为数字计算机可用的离散图像数据。

(2) 图像变换。为了便于后续的工作,改变图像的表示域和表示数据。

(3) 图像增强。改善图像的质量和视觉效果,或突出感兴趣的部分,以便分析、理解图像内容。增强往往考虑图像的某些方面效果,而不追求其退化的原因。

(4) 图像复原。按照严格的计算机模型和计算程式,对退化的图像进行处理,使处理结果尽量接近原始的未失真的图像。复原是对图像的整体考虑,处理时必须追求图像退化的原因,以便应用相应的数学模型作有针对性的处理。

(5)图像分割。根据灰度或几何特性选定的特征,将图像划分成几个有意义的部分,从而使原图像在内容表达上更为简单明了。对分割出的有意义的部分进行处理分析,从中提取有用信息,以便进一步用作模式识别及其视觉等处理。

(6)图像描述和分析。也称图像理解,是对给定的或已分割图像区域的属性及各区域之间的关系用更为简单明确的数值、符号或图形表征。按一定的概念和公式从原图像中产生的这些数值、符号或图形成为图像特征,它们反映原图像的重要信息和主要特征,有利于人对原图像的分析和理解。用这些特征表征图像称为图像描述。

(7)图像数据压缩。减少图像数据量(bit 数),以便节省传输和处理时间及存储容量。压缩可以在不失真的前提下获得,也可以在允许的失真限度内进行,编码是压缩技术中最重要且比较成熟的方法。

(8)图像分类。分类是图像处理技术的深入和发展,也可以认为是模式识别的一个分支。其主要内容是在图像经过某些预处理(如几何校正、大气辐射光谱校正、大气模糊复原和压缩等)后,再进行特征提取、分割,进而按一定的判据进行判决分类。

(9)图像重建。重建是图像处理的另一个发展方向。它利用 γ 射线、X 射线或超声波在三维物体中的投射或散射信息,应用一定的算法(如 Radon 变换)构造物体某断层面的二维图像或由多个端面构造的三维图像。最成功的实际应用例子是计算机断层扫描成像技术,俗称 CT(Computer Tomography)技术。

1.6.4 数字图像处理系统

图像处理技术的发展很快,图像数据量也越来越大,对计算机的要求也越来越高。计算机图像处理系统是各种各样的,尽管各种系统大小不一,其处理能力也各有所长,但其基本硬件结构则都是由图 1.18 所示的几个部分组成,即由主机、输入设备、输出设备和存储器组成。其应用领域有通用的,也有专用的。它们的主要差别在于处理精度、处理速度、专用软件和存储容量等几个方面的性能指标不同。

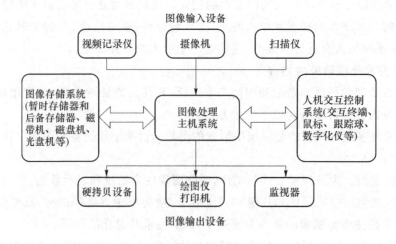

图 1.18　图像处理系统的构成

1.6.5 图像处理、图像分析和图像理解

狭义图像处理是对输入图像进行某种变换得到输出图像,是一种从图像到图像的过程。狭义图像处理主要指对图像进行各种操作以改善图像的视觉效果,或对图像进行压缩编码以减少所需存储空间或传输时间、传输通路的要求。

图像分析主要是对图像中感兴趣的目标进行检测和测量,从而建立对图像的描述。图像分析是一个从图像到数值或符号的过程。

图像理解则是在图像分析的基础上,基于人工智能和认知理论,研究图像中各目标的性质和它们之间的相互联系,对图像内容的含义加以理解及对原来客观场景加以解译,从而指导和规划行动。如果说图像分析主要是以观察者为中心研究客观世界(主要研究可观察到的对象),那么图像理解在一定程度上是以客观世界为中心,借助知识、经验等来把握整个客观世界。

可见,狭义图像处理、图像分析和图像理解是相互联系又相互区别的。狭义图像处理是低层操作,主要在图像像素级上进行处理,处理的数据量非常大;图像分析则进入了中层,经分割和特征提取,把原来以像素构成的图像转变成比较简洁的非图像形式的描述;图像理解是高层操作,它是对描述中抽象出来的符号进行推理,其处理过程和方法与人类的思维推理有许多类似之处。由图 1.19 可见,随着抽象程度的提高,数据量逐渐减少。一方面,原始图像数据经过一系列的处理逐步转化为更有组织和用途的信息,在这个过程中,语义不断引入,操作对象发生变化,数据量得到了压缩;另一方面,高层操作对低层操作有指导作用,能提高低层操作的效能。

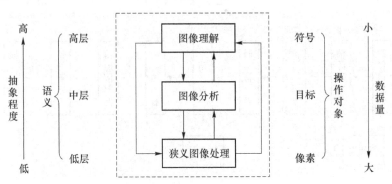

图 1.19 数字图像处理 3 层次示意图

1.6.6 图像通信系统

图像通信系统和话音通信系统的组成结构基本相同。按照所传输图像信号的性质,基本的图像通信系统可分为模拟系统和数字系统 2 种。

1. 模拟图像通信系统的组成框图

目前大多数国家和地区的广播电视系统都是这种模拟系统。在模拟图像通信系统中,图像信源是以一定的扫描方式产生的电信号,模拟调制器通常有模拟调幅、调频、调相等方式,实际的系统通常还有对图像信号的滤波、电平调整等处理电路,以及产生载波的振荡电

路和对已调波的放大电路等。一个典型的模拟图像通信系统的组成框图如图 1.20 所示。

2. 数字图像通信系统的组成框图

在数字图像通信系统中,作为信源的输入图像是数字式的,然后由信源编码器进行压缩编码,以减少其数据量。信道编码器则是为了提高图像在信道上的传输质量,减少误码率而采取的有冗余的编码。由于数字图像通信系统具有传输质量好、频带利用率高、易于小型化、稳定性好和可靠性强等特点,正在逐步取代模拟式的图像通信系统。一个典型的数字图像通信系统的组成框图如图 1.21 所示。

和以往的模拟系统相比,数字图像传输具有以下优点。

(1)可以多次中继传输而不致引起噪声的严重积累,因此适合于需多次中继的远距离图像通信或在存储中的多次复制。

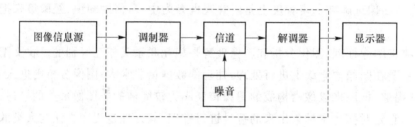

图 1.20 模拟图像通信系统的组成框图

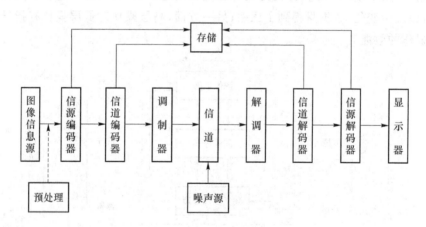

图 1.21 数字图像通信系统的组成框图

(2)有利于采用压缩编码技术。虽然数字图像的基带信号的传输需要占用很高的频带,但采用数字图像处理和压缩编码技术后,可在一定的信道带宽条件下获得比模拟传输更高的通信质量,甚至在窄带条件下,也能实现一定质量的图像传输。

(3)易于与计算机技术相结合,实现图像、声音、数据等多种信息内容的综合视听通信业务。

(4)可采用数字通信中的信道编码技术,以提高传输中的抗干扰能力。

(5)易于采用数字的方法实现保密通信,实现数据隐藏,加强对数字图像信息的内容或知识产权的保护。

（6）采用大规模集成电路，可以降低功耗，减小体积与重量，提高可靠性，降低成本，便于维护。

正是由于具有上述优点，数字图像通信技术得到了越来越广泛的应用。

1.6.7 数字图像处理的主要应用

计算机图像处理和计算机、多媒体、智能机器人、专家系统等技术的发展密切相关。近年来计算机识别、理解图像的技术发展很快，图像处理除了直接供人观看外，还发展了与计算机视觉有关的应用，如邮件自动分拣、车辆自动驾驶等。表 1.4 仅列举一些典型应用实例，实际应用远远超出表中介绍的内容。

表 1.4　数字图像处理的主要应用

领 域	应 用	领 域	应 用
生物医学	显微图像处理 DNA(脱氧核糖核酸)显示分析 红、白血球分析计数 虫卵及组织切片的分析 癌细胞识别 染色体分析 DSA(心血管数字减影)及其他减影技术 内脏大小形状及异常检查 微循环的分析判断 心脏活动的动态分析 热像分析、红外像分析 X 光照片增强、冻结及伪彩色增强 超声图像成像、冻结、增强及伪彩色处理 CT、MRI、γ射线照相机、正电子和质子 CT 的应用 专家系统如手术 PLANNING 规划的应用 生物进化的图像分析	工 业	CAD 和 CAM 技术用于模具、零件制造、服装、印染业 零件、产品无损检测,焊缝及内部缺陷检查 流水线零件自动检测识别(供装配流水线用) 邮件自动分拣、包裹分拣识别 印制板质量、缺陷的检查 生产过程的监控 交通管制、机场监控 纺织物花型、图案设计 密封元器件内部质量检查 光弹性场分析 标志、符号识别如超级市场算帐、火车车皮识别 支票、签名、文件识别及辨伪 运动车、船的视觉反馈控制
遥感航天	军事侦察、定位、引导、指挥等应用 多光谱卫星图像分析 地形、地图、国土普查 地质、矿藏勘探 森林资源探察、分类、防火 水利资源探察,洪水泛滥监测 海洋、渔业方面如温度、渔群的监测预报 农业方面如谷物估产、病虫害调查 自然灾害、环境污染的监测 气象、天气预报图的合成分析预报 天文、太空星体的探测及分析 交通、空中管理、铁路选线等	军 事 公 安	巡航导弹地形识别 指纹自动识别 罪犯脸形的合成 雷达地形侦察 遥控飞行器的引导 目标的识别与制导 警戒系统及自动火炮控制 反伪装侦察 手迹、人像、印章的鉴定识别 过期档案文字的复原 集装箱的不开箱检查
		其 他	图像的远距通信 多媒体计算机系统及应用 电视电话 服装试穿显示 理发发型预测显示 电视会议 办公自动化、现场视频管理 文字、图像电视广播

习 题

1. 什么是图像？什么是数字图像？数字图像与模拟图像有哪些异同？

2. 图像亮度函数 $I = f(x, y, \lambda, t)$ 的各个参数的具体含义,它反映的图像类型有多少？

3. 人眼的主要特性有哪些？

4. 阐述对图像视觉研究的认识和想法。

5. 图像数字化包括哪 2 个过程？每个过程对数字化图像质量有何影响？

6. 什么是图像的像素？什么是图像的灰度级？

7. 数字图像的文件存储格式有哪些？分别列出其主要特点。

8. 什么是数字图像处理？数字图像处理系统有哪几部分组成？各部分的主要功能和常见设备有哪些？

9. 图像处理、图像分析和图像理解各有什么特点？它们之间有哪些联系和区别？

10. 数字图像处理主要应用有哪些？举例说明。

第 2 章　Matlab 图像处理工具箱

2.1　Matlab 简介

Matlab 是 Matrix Laboratory 的缩写,是当今很流行的科学计算软件。信息技术、计算机技术发展到今天,科学计算在各个领域得到了广泛的应用,在诸如控制论、时间序列分析、系统仿真、图像信号处理等方面产生了大量的矩阵及其他计算问题,自己编写大量的繁复的计算程序,不仅会消耗大量的时间和精力,减缓工作进程,而且往往质量不高。也正是如此,Matlab 软件的适时推出,为人们提供了一个方便的数值计算平台。

Matlab 软件主要由主包、Simulink 和工具箱 3 部分组成。

1. Matlab 主包

(1) Matlab 语言

Matlab 语言是一种基于矩阵/数组的高级语言,它具有流程控制语句、函数、数据结构、输入输出,以及面向对象的程序设计特性。用 Matlab 语言可以迅速地建立临时性的小程序,也可以建立复杂的大型应用程序。

(2) Matlab 工作环境

Maltlab 工作环境集成了许多工具和程序,用户用工作环境中提供的功能完成他们的工作。Matlab 工作环境给用户提供了管理工作空间内的变量和输入、输出数据的功能,并给用户提供了不同的工具用以开发、管理、调试 M 文件和 Matlab 应用程序。

(3) 句柄图形

句柄图形是 Matlab 的图形系统,它包括一些高级命令,用于实现二维和三维数据可视化、图像处理、动画等功能;还有一些低级命令,用来定制图形的显示,以及建立 Matlab 应用程序的图形用户界面。

(4) Matlab 数学函数库

Matlab 数学函数库是数学运算的一个巨大集合,该函数库既包含了诸如求和、正弦、余弦、复数运算之类的简单函数;也包含了矩阵转置、特征值、贝塞尔函数、快速傅里叶变换等复杂函数。

(5) Matlab 应用程序接口(API)

Matlab 应用程序接口是一个 Matlab 语言向 C 和 Fortran 等其他高级语言进行交互的库,包括读写 Matlab 数据文件(MAT 文件)。

2. Simulink

Simulink 是用于动态系统仿真的交互式系统。Simulink 允许用户在屏幕上绘制框图模拟一个系统,并能够动态地控制该系统。Simulink 采用鼠标驱动方式,能够处理线性、非线性、连续、离散、多变量以及多级系统。此外,Simulink 还为用户提供了 Simulink Extensions(扩展)和 Blocksets 3(模块集)2 个附加项。

Simulink Extensions 是一些可选择的工具,支持在 Simulink 环境中开发的系统的具体实现,包括:

- Simulink Accelerator
- Real-Time Workshop
- Real-Time Windows Target
- Stateflow

Blocksets 是为特殊应用领域中设计的 Simulink 模块集合,包括 4 个领域的模块集:

- DSP(数字信号处理)
- Fixed-Point(定点)
- Nonlinear Control Design(非线性控制设计)
- Communications(通信)

3. Matlab 工具箱

Matlab 工具箱是 Matlab 用来解决各个领域特定问题的函数库,它是开放式的,可以应用,也可以根据需要进行扩展。

Matlab 提供的工具箱为用户提供了丰富而实用的资源,工具箱的内容非常广泛,涵盖了科学研究的很多门类。目前,已有涉及数学、控制、通信、信号处理、图像处理、经济、地理等多种学科的 20 多种 Matlab 工具箱投入应用。这些工具箱的作者都是相关领域的顶级专家,从而确定了 Matlab 的权威性。应用 Matlab 的各种工具箱可以在很大程度上减小用户编程时的复杂度。而 Mathworks 公司也是一直致力于追踪各学科的最新进展,并及时推出相应功能的工具箱。毫无疑问,Matlab 能在数学应用软件中成为主流离不开各种功能强大的工具箱。

2.2　Matlab 常用的基本命令

1. 常用矩阵的生成

(1) 全 0 矩阵

A=zeros(n):生成 n×n 的全 0 矩阵。

A=zeros(m,n):生成 m×n 的全 0 矩阵。

A=zeros(a1,a2,a3,…):生成 a1×a2×a3×…的全 0 矩阵。

A=zeros(size(B)):生成与矩阵 B 大小相同的全 0 矩阵。

(2) 全 1 矩阵

A=ones(n):生成 n×n 的全 1 矩阵。

A=ones(m,n):生成 m×n 的全 1 矩阵。

A=ones([m,n]):生成 m×n 的全 1 矩阵。

A=ones(a1,a2,a3,…):生成 a1×a2×a3×…的全 1 矩阵。

A=onse(size(B)):生成与矩阵 B 大小相同的全 1 矩阵。

(3) 单位矩阵

A=eye(n):生成 n×n 的单位矩阵。

A＝eye(m,n)：生成 m×n 的单位矩阵。

A＝eye([m,n])：生成 m×n 的单位矩阵。

A＝eye(size(B))：生成与矩阵 B 大小相同的单位矩阵。

（4）均匀分布的随机矩阵

A＝rand(n)：生成 n×n 的随机矩阵。

A＝rand(m,n)：生成 m×n 的随机矩阵。

A＝rand([m,n])：生成 m×n 的随机矩阵。

A＝rand(a1,a2,a3,…)：生成 a1×a2×a3×…的随机矩阵。

A＝rand(size(B))：生成与矩阵 B 大小相同的随机矩阵。

说明：rand 函数产生 0、1 之间均匀分布的随机数。

（5）正态分布的随机矩阵

A＝randn(n)：生成 n×n 的随机矩阵。

A＝randn(m,n)：生成 m×n 的随机矩阵。

A＝randn([m,n])：生成 m×n 的随机矩阵。

A＝randn(a1,a2,a3,…)：生成 a1×a2×a3×…的随机矩阵。

A＝randn(size(B))：生成与矩阵 B 大小相同的随机矩阵。

说明：randn 函数产生-1、1 之间均匀分布的随机数。

2. 简单矩阵的生成

在 Matlab 中,可以采用多种不同的方式生成矩阵。

（1）直接输入矩阵元素

对于较小的简单矩阵,从键盘上直接输入矩阵是最常用的、最方便和最好的数值矩阵创建方法。需要遵循以下几个基本原则。

① 矩阵每行的元素必须用空格或逗号分开；

② 在矩阵中,采用分号或回车表明每行的结束；

③ 整个输入矩阵必须包含在方括号中。

例 2.1　生成一个 3×3 的矩阵只要输入

$$A＝[1,4,7;2,2,4;3,6,2]$$

输出结果如下：

$$A＝$$
$$\begin{matrix} 1 & 4 & 7 \\ 2 & 2 & 4 \\ 3 & 6 & 2 \end{matrix}$$

或者输入

$$A＝\begin{bmatrix} 1 & 4 & 7 \\ 2 & 2 & 4 \\ 3 & 6 & 2 \end{bmatrix}$$

输出结果和上面相同。

（2）从外部数据文件调入矩阵元素

用 Matlab 生成的矩阵存储成二进制文件或包含数值数据的文本文件可以生成矩阵。

文本文件中,数据必须排成一个数据表,数据之间用空格分隔,文件的每行包含矩阵的一行,并且每行的元素个数必须相等。

例 2.2 名为 dad.dat 的文件,包含以下数据:

$$
\begin{matrix}
4 & 5 & 2 & 9 \\
5 & 9 & 6 & 7 \\
4 & 4 & 6 & 8 \\
6 & 9 & 5 & 1
\end{matrix}
$$

用 Matlab 将此文件的数据调入工作空间并生成变量 dzd。语句为

```
load dad.dat          % 将 dzd.dat 中的内容调入工作空间
dad                   % 显示变量
```

输出结果如下:

$$
dzd=
\begin{matrix}
4 & 5 & 2 & 9 \\
5 & 9 & 6 & 7 \\
4 & 4 & 6 & 8 \\
6 & 9 & 5 & 1
\end{matrix}
$$

说明:采用本方法可以创建和保存矩阵的大小没有限制,还可以将其他程序生成的矩阵直接调入 Matlab 中进行处理。

(3) 利用用户文件创建的 M 文件矩阵

用户可以使用 M 文件生成自己的矩阵。M 文件是一种包含 Matlab 代码的文本文件,这种文件的扩展名为.m,所包含的内容就是把在 Matlab 的命令行上输入的矩阵生成命令存入一个文件。下面举例说明 M 文件的创建过程。

例 2.3 创建 eda.m 文件输入矩阵。

① 使用编辑器输入 eda.m 文件所需内容,或在 Matlab 的命令行中输入如下的语句 edit eda.m;启动 Matlab 编辑器窗口,并新建文件 eda.m。

② 在编辑器窗口输入矩阵 A,并将文件保存为 eda.m。

③ 运行文件 eda.m,即在命令窗口输入 eda 生成一个变量 A,包含上面生成的矩阵如图 2.1 所示。

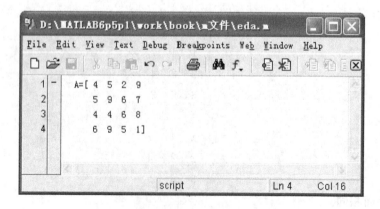

图 2.1　在编辑器窗口输入矩阵

（4）利用小矩阵生成大矩阵

例 2.4　用矩阵 A 生成大矩阵 B。

$$A=$$

$$\begin{matrix} 4 & 5 & 2 & 9 \\ 5 & 9 & 6 & 7 \\ 4 & 4 & 6 & 8 \\ 6 & 9 & 5 & 1 \end{matrix}$$

$$B=[A \quad A+32；A+48 \quad A+16]$$

输出结果如下：

$$B=$$

$$\begin{matrix} 4 & 5 & 2 & 9 & 36 & 37 & 34 & 41 \\ 5 & 9 & 6 & 7 & 37 & 41 & 38 & 39 \\ 4 & 4 & 6 & 8 & 36 & 36 & 38 & 40 \\ 6 & 9 & 5 & 1 & 38 & 41 & 37 & 33 \\ 52 & 53 & 50 & 57 & 20 & 21 & 18 & 25 \\ 53 & 57 & 54 & 55 & 21 & 25 & 22 & 23 \\ 52 & 52 & 54 & 56 & 20 & 20 & 22 & 24 \\ 54 & 57 & 53 & 49 & 22 & 25 & 21 & 17 \end{matrix}$$

由 4 个 4×4 的子矩阵组合成一个 8×8 的矩阵 B。

3．向量的生成

Matlab 可以采用多种不同的方式生成向量。

（1）利用冒号“：”生成向量

冒号“：”是 Matlab 中常用算子之一，不仅可以作数组下标，对数组元素进行引用、增加和删除，还可以用来生成向量。

冒号“：”使用下列格式生成均匀等分向量：

- x＝j：k

如果 j＜k，则生成向量 x＝[j,j+1,j+2,…,k]；

如果 j＞k，则生成空向量 x＝[ ]；

- x＝j：i：k

如果 i＞0 且 j＜k 或 i＜0 且 j＞k，则生成向量 x＝[j,j+i,j+2i,…,k]；

如果 i＞0 且 j＞k 或 i＜0 且 j＜k，则生成空向量 x＝[ ]；

例2.5　输入语句

$$x1 = 1：6$$

$$x2 = 1：0.5：3$$

$$x1 = 6：-1：1$$

输出结果如下：

$$x1 =$$

$$1 \quad 2 \quad 3 \quad 4 \quad 5 \quad 6$$

$$x2 =$$

$$1.0000 \quad 1.5000 \quad 2.0000 \quad 2.5000 \quad 3.0000$$

$$x3 =$$

$$6 \quad 5 \quad 4 \quad 3 \quad 2 \quad 1$$

（2）利用 linspace 函数生成向量

linspace 函数生成线性等分向量,它的功能类似冒号算子,但它直接给出元素的个数,从而给出各个元素的值。其格式如下:

- x＝linspace(a,b)

生成有 100 个元素的行向量 x,它的元素在 a～b 之间线性分布。

- x＝linspace(a,b,n)

生成有 n 个元素的行向量 x,它的元素在 a～b 之间线性分布。

（3）利用 logspace 函数生成向量

logspace 函数生成对数等分向量,直接给出元素的个数,从而给出各个元素的值。其格式如下:

- x＝logspace(a,b)

生成有 50 个元素的对数等分向量 x,它的元素在 10^a～10^b 之间。

- x＝logspace(a,b,n)

生成有 n 个元素的对数等分向量 x,它的元素在 10^a～10^b 之间。

- x＝logspace(a,pi,n)

生成有 n 个元素的对数等分向量 x,它的元素在 10^a～10^{pi} 之间。

例2.6 利用 linspace 和 logspace 生成向量。语句为

```
x1 = linspace(1.2,5,4);
x2 = logspace(1,2,4);
```

输出结果如下:

$$x1 =$$

$$1.2000 \quad 2.4667 \quad 3.7333 \quad 5.0000$$

$$x2 =$$

$$10.0000 \quad 21.5443 \quad 46.4159 \quad 100.0000$$

2.3　图像处理工具箱简介

　　Matlab 是一种基于向量(数组)而不是标量的高级程序语言,因而 Matlab 从本质上就提供了对图像的支持。从图像的数字化过程可以知道,数字图像实际上就是一组有序离散的数据,使用 Matlab 可以对这些离散数据形成的矩阵进行一次性的处理。较其他标量语言而言,这是非常有优势的一点。

1. 图像采集与导出

　　图像采集工具箱提供了大量的函数用于采集图像和视频信号。该工具箱支持的硬件设备包括工业标准的 PC 图像采集卡和相应的设备。包括 Matrox 和 Data Translation 公司提供的视频采集设备,同时在 Windows 平台下还支持 USB 或者火线(IEEE.1394)技术的视

频摄像头等设备。

Matlab 的 Image Processing Toolbox 支持多种图像数据格式，包括医药卫生、遥感遥测和天文领域应用的特殊图像文件格式，这些图像文件格式主要有 JPEG、TIFF、HDF、HDF.EOS 和 DICOM。同时，Matlab 中还可以导入/导出 AVI 格式的数据文件。此外，Matlab 本身还支持其他工业标准的数据文件格式，例如 Microsoft 公司的 Excel 电子表格文件，还能够读写具有特殊格式的 ASCII 文本文件。对于一般的二进制文件，也提供了低级 I/O 函数。正是这样，Matlab 可以读取功能更丰富的数据文件。

2. 图像分析与增强

Matlab 的 Image Processing Toolbox 提供了大量的用于图像处理的函数，利用这些函数，可以分析图像数据，获取图像细节信息，并且设计相应的滤波算子，滤除图像数据所包含的噪声。当然，滤波器的设计是通过 Matlab 产品提供的交互式工具完成的，这些工具还能够完成选取图像区域、测量图像误差和获取、统计像素信息等功能。

图像处理工具箱还提供了 Radon 变换（常用在 X 射线断层拍摄领域）来重构图像，而离散余弦变换（JPEG 图像压缩核心算法）可以作为实现新的压缩算法的核心。工具箱还包含了边缘检测算法，用于表示图像中具体物体的边缘，如 Canny、Sobel 和 Roberts 方法等。

在图像处理工具箱中还包含了众多数学形态学函数，这些函数可以用于处理灰度图像或者二值图像，可以快速实现边缘检测、图像去噪、骨架提取（skeletonization）和粒度测定（granulometry）等算法。此外还包含一些专用的数学形态学函数，例如填充处理、峰值检测、分水岭分割等，且所有的数学形态学函数都可以处理多维图像数据。

3. 图像处理

图像处理工具箱提供了很多高层次的图像处理函数，这些函数包括排列、变换和锐化等操作。同样，利用这些函数能够完成裁减图像和尺寸变换等操作。

4. 数据可视化

Matlab 本身就是功能强大的数据可视化工具，可以通过各种形式显示分析数据，例如灰度直方图、等高线、蒙太奇混合、像素分析、图层变换及材质贴图等。利用可视化的图形，不仅能够评估图形图像的特性，还能够分析图像中的色彩分布情况。

5. 算法开发与发布

Matlab 允许用户自己开发算法，并且将其封装起来，不断扩展到工具箱函数中。其中包括内置的图形用户界面开发工具、可视化调试器以及算法性能调试器等。此外，也可以在支持 Matlab 的平台上共享用户所开发的算法，并将算法同已有的 C 代码结合在一起，完成算法的发布工作。除此之外，Matlab 还可以将用户开发的 GUI、图像处理算法等应用程序发布为 C 或者 C++源代码，进而编译生产 COM 组件或者 Java 接口，将 Matlab 开发的算法同其他开发工具结合起来。

图像处理相关工具箱主要包括：

- Image Acquisition Toolbox
- Image Processing Toolbox
- Signal Processing Toolbox
- Wavelet Toolbox

- Statistics Toolbox
- Bioinformatics Toolbox
- Matlab Compiler
- Matlab COM Builder

图像处理工具箱是由一系列支持图像处理操作的函数组成。这些操作主要有几何操作、区域操作和块操作、线性滤波和滤波器的设计、变换(DCT 变换)、图像分析和增强、二值图像操作等。本书主要介绍的图像处理操作就是基于该工具箱。

图像处理工具箱函数,按具体功能可以分为以下几类:

- 图像显示(Displaying and Printing Images)
- 几何操作(Spatial Transformations)
- 图像注册(Image Registration)
- 领域和块操作(Neighborhood and Block Operations)
- 线性滤波和滤波器的设计(Linear Filtering and Filter Design)
- 图像变换(Transforms)
- 形态学分析(Morphological Operations)
- 图像分析与增强(Image analysis and Enhancement)
- 区域操作(Region based Processing)
- 图像恢复(Image Deblurring)
- 颜色映射和颜色空间转换(Color)

和其他工具箱一样,还可以根据需要编写自己的函数以满足特定的需要,也可以将这个工具箱和信号处理工具箱、小波工具箱等其他工具箱结合起来使用。

2.4　Matlab 中的图像类型及类型转换

2.4.1　图像和图像数据

Matlab 中的数字图像是由一个或多个矩阵表示的。这意味着 Matlab 强大的矩阵运算功能完全可以应用于图像,那些适用于矩阵运算的语法对 Matlab 中的数字图像同样适用。

在缺省的情况下,Matlab 将图像中的数据存储为双精度类型(double),即 64 bit 浮点数。这种存储方法的优点在于,使用中不需要数据类型的转换,因为几乎所有的 Matlab 及其工具箱函数都可以使用 double 作为参数类型。然而对于图像存储来说,用 64 bit 表示图像数据会导致巨大的存储量,所以 Matlab 还支持图像数据的另一种类型无符号整型(uint8),即图像矩阵中的每个数据占用 1 个字节。Matlab 及工具箱中的大多数操作及函数(比如最基本的矩阵相加)都不支持 uint8 类型。uint8 的优势仅在于节省存储空间,在涉及运算时将其转换成 double 型。

因为存在 2 种图像数据类型,所以在使用工具箱函数时一定要注意函数所要求的参数类型。另外,由于 uint8 与 double 2 种类型数据的值域不同,编程时还要注意值域转换。

表 2.1 和表 2.2 是常用的数据转换语句。

表 2.1　从 uint8 到 double 的转换

图 像 类 型	Matlab 语 句
索引色	B＝double(A)＋1
索引色或真彩色	B＝double(A)/255
二值图像	B＝double(A)

表 2.2　从 double 到 uint8 的转换

图 像 类 型	Matlab 语 句
索引色	B＝uint8(round(A－1))
索引色或真彩色	B＝uint8(round(A×255))
二值图像	B＝logical(uint8(round(A)))

2.4.2　图像处理工具箱所支持的图像类型

图像处理工具箱支持 4 种图像类型,它们是:

- 真彩色图像(RGB images)
- 索引色图像(index images)
- 灰度图像(intensity images)
- 二值图像(binary images)

此外,Matlab 还支持由多帧图像组成的图像序列。

1. 真彩色图像

真彩色图像用 R、G、B 3 个分量表示 1 个像素的颜色,所以对 1 个尺寸为 $m×n$ 的真彩色图像来说,其数据结构就是一个 $m×n×3$ 的多维数组。如果要读取图像中(100,50)处的像素值,可以查看三元组(100,50,1:3)。

真彩色图像可用双精度存储,此时亮度值的范围是[0,1],这与一般的 Windows 编程习惯不同。

比较符合习惯的存储方法是用无符号整型存储,亮度值的范围为[0,255]。图 2.2 是一幅 RGB 图像的结构。

图 2.2　真彩色图像的结构

2. 索引色图像

Matlab 中的索引色图像包含 2 个结构,一个是调色板;另外一个是图像数据矩阵。调色板是一个有 3 列和若干行的色彩映像矩阵,矩阵的每行都代表一种色彩,通过 3 个分别代表红、绿、蓝颜色强度的双精度数,形成一种特定的颜色。

需要注意的是 Matlab 中的调色板的色彩强度是 $[0,1]$ 中的浮点数，0 代表最暗，1 代表最亮，这一点与 Windows 编程习惯不同。表 2.3 是一些常用颜色的 R、G、B 值。

表 2.3　常用颜色的 R、G、B 值

颜色	R	G	B	颜色	R	G	B
黑	0	0	0	洋红	1	0	1
白	1	1	1	青蓝	0	1	1
红	1	0	0	天蓝	0.67	0	1
绿	0	1	0	橘黄	1	0.5	0
蓝	0	0	1	深红	0.5	0	0
黄	1	1	0	灰	0.5	0.5	0.5

Matlab 还提供了 10 个用于产生预存的标准调色板，见表 2.4。

表 2.4　产生标准调色板的函数

函数名	调色板	函数名	调色板
Hsv	色彩饱和度，以红色开始并以红色结束	Bone	带蓝色的灰度
Hot	黑色——红色——黄色——白色	Jet	Hsv 的一种变形，以蓝色开始并以蓝色结束
Cool	青蓝和洋红的色度	Copper	线性铜色度
Pink	粉红的色度	Prim	三棱镜，交替为红、橘黄、黄、绿和天蓝
Gray	线性灰度	Flag	交替为红、白、蓝和黑

缺省情况下，调用上面的调色板函数会产生一个 64×3 的调色板；当然，用户也可指定调色板的大小。如 $hot(m)$ 产生一个 $m \times 3$ 的调色板，其颜色范围从黑经过红、橘红、黄到白。

与真彩色图像相同，索引色图像的数据类型也有 double 和 uint8 两种。当图像数据为 double 类型时，值 1 代表调色板中的第 1 行，值 2 代表第 2 行……如果图像数据是 uint8 类型，0 代表调色板的第 1 行，1 代表第 2 行……，这一区别一定要注意。图 2.3 是一幅索引色图像的结构。

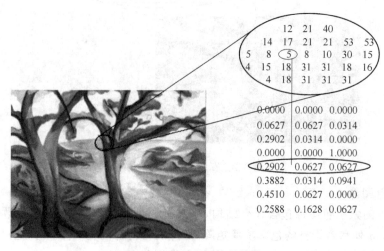

图 2.3　索引色图像的结构

3. 灰度图像

存储灰度图像只需要一个数据矩阵,数据类型可以是 double,值域为[0,1],也可以是 uint8,值域[0,255]。图 2.4 是一幅灰度图像的结构。

图 2.4　灰度图像的结构

4. 二值图像

与灰度图像相同,二值图像只需一个数据矩阵,每个像素只有 2 个灰度值。二值图像可以采用 uint8 或 double 类型存储,工具箱中以二值图像作为返回结果的函数都使用 uint8 类型。图 2.5 是一幅二值图像的结构。

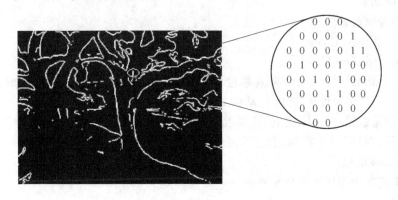

图 2.5　二值图像的结构

5. 图像序列

图像处理工具箱支持将多帧图像连接成图像序列。图像序列是一个四维的数组,图像帧的序号在图像的长、宽、颜色深度之后构成第四维。比如一个包含了 5 幅 400×300 真彩色图像的序列,其大小为 400×300×5。

要将分散的图像合并成图像序列可以使用 Matlab 的 cat 函数,前提是各图像的尺寸必须相同,如果是索引色图像,调色板也必须是一样的。比如要将 A1、A2、A3、A4、A5 五幅图

像合并成一个图像序列 Λ，Matlab 语句为

$$A=cat(4,A1,A2,A3,A4,A5)$$

也可以从图像序列中抽出 1 帧，比如语句

$$FRM3=MULTI(:,:,:,3)$$

是将序列 MULTI 中的第 3 帧抽出来赋给矩阵 FRM3。

2.4.3 Matlab 图像类型转换

许多图像处理工作都对图像类型有特定的要求。比如要对一幅索引色图像滤波，首先必须将它转换成真彩色图像，否则结果是毫无意义的。

工具箱中提供了许多图像类型转换的函数，从这些函数的名称就可以看出它们的功能，见表 2.5。

表 2.5　图像类型转换函数

函数名	函数功能
dither	图像抖动，将灰度图变成二值图，或将真彩色图像抖动成索引色图像
gray2ind	将灰度图像转换成索引色图像
grayslice	通过设定阈值将灰度图像转换成索引色图像
im2bw	通过设置亮度阈值将真彩色、索引色、灰度图转换成二值图
ind2gray	将索引色图像转换成灰度图像
ind2rgb	将索引色图像转换成真彩色图像
mat2gray	将一个数据矩阵转换成一幅灰度图
rgb2gray	将一幅真彩色图像转换成灰度图像
rgb2ind	将真彩色图像转换成索引色图像

1. dither 函数

功能：图像抖动。

格式：X=dither(I1,map)

bw=dither(I2)

说明：X=dither(I1, map)将真彩色图像 I1 按指定的调色板 map 抖动成索引色图像 X；bw=dither(I2)将灰度图像 I2 抖动成二值图像 bw。

输入图像可以是 double 或 uint8 类型。输出图像若是二值图像或颜色种类不超过 256 的索引色图像，则是 uint8 类型；否则为 double 型。

2. gray2ind 函数

功能：将灰度图像转换成索引图像。

格式：[X, map]=gray2ind(I, n)

说明：按指定的灰度级数 n 和调色板 map 将灰度图像 I 转换成索引色图像 X，n 的缺省值为 64。

3. grayslice 函数

功能：通过设定阈值将灰度图像转换成索引色图像。

格式：X=grayslice(I, n)

X=grayslice(I, v)

说明：X=grayslice(I, n)将灰度图像 I 均匀量化为 n 个等级，然后转换为索引色图像

$X;X=$grayslice(I, v)按指定的阈值向量 v(其每个元素都在 $0\sim1$ 之间)对图像 I 的值域进行划分,而后转换成索引色图像 X。

输入图像 I 可以是 double 或 uint8 类型。如果阈值数量小于 256 则返回图像 X 的数据类型是 uint8,X 的值域为$[0, n]$或$[0, length]$;否则,返回图像 X 为 double 类型,值域为$[1, n+1]$或$[1, length(v)+1]$。

例2.7　将一幅灰度图像转换成索引色图像,结果如图 2.6 所示。

```
I = imread('ngc4024m.tif');
X = grayslice(I,16);
imshow(I)
figure,imshow(X,hot(16))
```

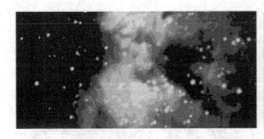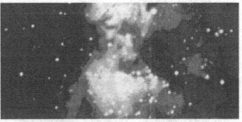

图 2.6　灰度图像转换成索引色图像

4. imb2bw 函数

功能:将灰度图像、索引色图像和真彩色图像转化成二值图像。

格式:BW＝im2bw(I, level)

　　　BW＝im2bw(X, map, level)

　　　BW＝im2bw(RGB, level)

说明:BW＝im2bw(I, level)、BW＝im2bw(X, map, level)和 BW＝im2bw(RGB, level)分别将灰度图像、索引色图像和真彩色图像 I 二值化为图像 BW。level 是归一化阈值,取值在$[0,1]$之间。

输入图像可以是 double 或 uint8 类型,输出图像为 uint8 类型。

例2.8　对一幅图像进行二值化处理,结果如图 2.7 所示。

图 2.7　图像的二值化

```
load trees
BW = im2bw(X,map,0.4);
imshow(X,map)
figure,imshow(BW)
```

5. ind2gray 函数

功能:将索引图像转换成灰度图像。

格式:I= Ind2gray(X, map)

说明:将具有调色板 map 的索引色图像 I 转换成灰度图像 I。

输入图像可以是 double 或 uint8 类型,输出图像为 double 类型。

例2.9 将一幅索引色图像转换成灰度图像,结果见图 2.8。

```
load trees
I = ind2gray(X,map);
imshow(X,map)
figure,imshow(I)
```

图 2.8　索引色图像转换成灰度图像

6. ind2rgb 函数

功能:将索引色图像转换成真彩色图像。

格式:RGB=ind2rgb(X, map)

说明:将具有调色板 map 的索引色图像 X 转换成真彩色图像 RGB。

输入图像 X 可以是 double 或 uint8 类型,输出图像 RGB 为 double 类型。

7. mat2gray 函数

功能:将一个数据矩阵转换成一幅灰度图像。

格式:I=mat2gray(A, [amin amax])

I=mat2gray(A)

说明:I=mat2gray(A, [amin amax])按指定的取值区间[amin amax]将数据矩阵 A 转化为灰度图像 I,amin 对应灰度 0(最暗),amax 对应 1(最亮)。如果不指定区间[amin amax],则 Matlab 自动将 A 阵中的最小元设为 amin,最大元设为 amax。

例2.10 用 Sobel 算子对图像滤波,将滤波得到的数据矩阵转换为灰度图像,结果如图 2.9 所示。

```
I = imread('rice.tif');
```

```
J = filter2(fspecial('sobel'),I);
K = mat2gray(J);
imshow(J)
figure,imshow(K)
```

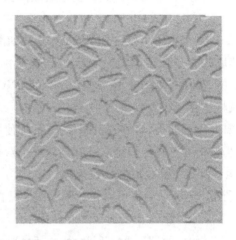

图 2.9　将数据矩阵转换成灰度图像

8．rgb2gray 函数

功能：将一幅真彩色图像转换成灰度图像。

格式：I＝ rgb2gray(RGB)

　　　newmap＝ rgb2gray(map)

说明：I＝ rgb2gray(RGB)将真彩色图像 RGB 转换成灰度图像 I；newmap＝ rgb2gray(map)将彩色调色板 map 转换成灰度调色板。

如果输入的是真彩色图像，则可以是 uint8 或 double 类型，输出图像 I 与输入图像类型相同；如果输入的是调色板，则输入、输出都是 double 类型。

9．rgb2ind 函数

功能：将真彩色图像转换成索引色图像。

格式：RGB＝rgb2ind(X，map)

说明：RGB＝ind2rgb(X，map)将具有调色板 map 的索引图像 X 转换成真彩色图像 X。输入图像可以是 double 或 uint8 类型，输出图像 RGB 为 double 类型。

2.4.4　图像文件的读写和查询

Matlab 为用户提供了特殊的函数，用于从图像格式的文件中读写图像数据。其中，读取图形文件格式的图像需要用 imread 函数，写入一个图形文件格式的图像需要调用 imwrite 函数；而获取图形文件格式的图像的信息需要调用 imfinfo\ind2rgb 函数，以 Mat 文件加载或保存矩阵数据用 load\save 函数，显示加载到 Matlab 中的图像用 image\imagesc。

1．图形图像文件的读取

利用函数 imread 可以完成图形图像文件的读取操作，其语法如下：

```
A = imread(filename, fmt)
[X, map] = imread(filename, fmt)
```

```
[···] = imrcad(filename)
[···] = imread(filename, idx)（只对 TIF 格式的文件）
[···] = imread(filename, ref)（只对 HDF 格式的文件）
```

其中第一种为最常用的形式。例如读取图像 ngc6543a.jpg 的代码如下：

```
RGB = imread('ngc6543a.jpg')
```

imread 函数可以从任何 Matlab 支持的图形文件中以特定的位宽读取图像。通常情况下，读取的大多数图像均为 8 bit。当这些图像加载到内存中时，Matlab 就将其存储在类 uint8 中。此外，Matlab 还支持 16 bit 的 PNG 和 TIF 图像，所以，当读取这类文件时，Matlab 就将其存储在类 uint16 中。

需要注意的是，对于索引图像来说，即使图像阵列的本身为类 uint8 或类 uint16，imread 函数仍然将颜色映像表读取并存储到一个双精度的浮点类型的阵列中。

2. 图形图像文件的写入(保存)

利用 imwrite 函数可以完成图形图像文件的写入操作，其语法如下：

```
imwrite(A, filename, fmt)
imwrite(X, map, filename, fmt)
imwrite(..., filename)
imwrite(..., parameter, value)
```

例如，可以通过下面的语句实现保存图像：

```
imwrite(X,'flowers.hdf'...
            'Compressio','none',...
            'WriteMode','append'...)
```

当利用 imwrite 函数保存图像时，Matlab 缺省的保存方式就是将其简化到 uint8 的数据格式。在 Matlab 中使用的许多图像都是 8 bit，并且大多数的图像文件并不需要双精度的浮点数据。与读取图形图像文件类似，Matlab 就将其存储在 16 bit 的数据中。例如，下面的代码就可以将图像数据写入一个 16 bit 的 PNG 文件中。

```
Imwrite(I,'clown.png','BitDepth', 16);
```

3. 图形图像文件信息的查询

Matlab 提供了 imfinfo 函数用于从图像文件中查询其信息。所获取的信息依文件类型的不同而不同。但是不管哪种类型的图像文件，至少包含下面的内容。

- 文件名。如果该文件不在当前路径下，还包含该文件的完整路径。
- 文件格式。
- 文件格式的版本号。
- 文件修改时间。
- 文件的字节大小。
- 图像的宽度(像素)。
- 图像的长度(像素)。
- 每个像素的位数。

- 图像类型。即该图像是 RGB(真彩)图像、灰度图像还是索引图像。

例 2.11　在 Matlab 的命令行中输入

　　　　inf = imfinfo('lena.bmp')

语句,查询文件 lena.bmp 的信息。回车执行后,结果如下:

　　　　info =

　　　　　　　　　　Filename:C:\fusion\.Lena.bmp'

　　　　　　　　　FileModDate:'10-Mar-2000 21:42:16'

　　　　　　　　　　FileSize:66616

　　　　　　　　　　　Format:'bmp'

　　　　　　　　FormatVersion:'Version 3 (Microsoft Windows 3.x)'

　　　　　　　　　　　Width:256

　　　　　　　　　　　Height:256

　　　　　　　　　　BitDepth:8

　　　　　　　　　ColorType:indexed

　　　　　　　FormatSignature:'BM'

　　　　NumColormapEntries:256

　　　　　　　　　Colormap:[256 × 3double]

　　　　　　　　　RedMask:[]

　　　　　　　GreenMask:[]

　　　　　　　　BlueMask:[]

　　　　　ImageDataOffset:1078

　　　　BitmapHeaderSize:40

　　　　　　　NumPlanes:1

　　　　CompressionType:'none'

　　　　　　BitmapSize:0

　　　　　HorzResolution:2934

　　　　VertResolution:2834

　　　　　NumColorsUsed:0

　　　NumImportantColors:0

2.4.5　图像文件的显示

在 Matlab 7.0 中,显示一幅图像可以用 image 函数,这个函数将创建一个图形对象句柄,语法格式为:

- image(C)
- image(x, y, C)
- image('PropertyName', Property Value,…)
- image('PropertyName', Propety Value,…)

- handle＝image(…)

其中,x,y 分别表示图像显示位置的左上角坐标,C 表示所需显示的图像。imagesc 函数与 image 函数类似,但是它可以自动标度输入数据。图 2.10 示出了用 image 函数显示的一幅小丑图像,图像的左上角坐标为(10,10)。

```
load clown
image(10,10,X)
colormap(map)
```

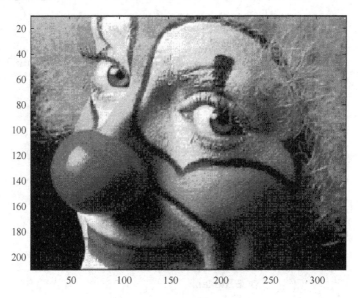

图 2.10　image 函数显示图像

Matlab 7.0 图像处理工具箱提供了一个高级的图像显示函数 imshow。其语法格式为

- imshow(I, n)
- imshow(I, [low high])
- imshow(BW)
- imshow(X, map)
- imshow(RGB)
- imshow(…,display_option)
- imshow(x,y,A,…)
- imshow filename
- h＝imshow(…)

第一和第二种调用格式用来显示灰度图像,其中 n 为灰度级数目,缺省值为 256。[low high]为图像数据的值域。调用 imshow 函数显示图像,如图 2.11 所示。

```
I = imread('rice.png')
J = filter2([1 2;-1 -2],I)
%用模板[1 2;-1 -2]对图像滤波
imshow(I)
```

```
figure,imshow(J,[ ])
```
%由于滤波后图像灰度范围与滤波之前不同,所以用[ ]作为参考

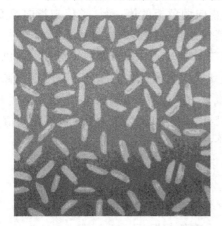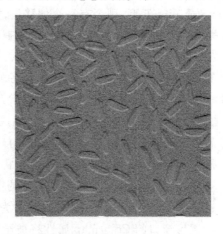

图 2.11　用 imshow 显示滤波前后的图像

需要注意的是,某些工具箱选项的设置会对 imshow 的显示产生一定影响,这些设置选项包括:

- imshowBorder:图像显示时在图像坐标轴和窗口边界之间是否留有边框。
- inshowAxesVisible:是否显示图像的坐标轴及其标记。
- imshowTruesize:是否调用 Truesize 函数给每一个图像像素分配一个单独的屏幕像素,也就是说,一个 200 像素×300 像素的图像显示为 200 个屏幕像素高、300 个屏幕像素宽。
- truesizewarn:当图像超过屏幕大小时是否发出警告信息。

2.4.6　不同类型的图像显示方法

1. 索引图像及其显示

索引图像包括一个数据矩阵 X,一个颜色映像矩阵 map。其中 map 是一个 m×3 的数据矩阵,其每个元素的值均为[0, U]之间双精度浮点型数据。map 矩阵的每一行分别表示红色、绿色和蓝色的颜色值。在 Matlab 7.0 中,索引图像是从像素值到颜色映像表值的“直接映射”。

像素颜色内数据矩阵 X 作为索引值向矩阵 map 进行索引。例如,值 1 指向矩阵 map 中的第 1 行,2 指向第 2 行,以此类推。

可以用下面的代码显示一幅索引图像:

```
image(X)
colormap(map)
```

颜色映像表通常和索引图像保存在一起。当用户调用函数 imread 时,Matlab 7.0 自动同时加载颜色映像表与图像。在 Matlab 7.0 中可以选择所需要的颜色映像表,而不必局限于使用缺省的颜色映像表。可以使用属性 CDataMapping 选取其他的颜色映像表,包括用户自定义的颜色映像表。

使用 imshow 命令显示索引图像,则需要指定图像矩阵和调色板:

```
imshow(X, map)
```

对于 X 的每个像素,imshow 显示存储在 map 相应行中的颜色。图像矩阵中数值和调

色板之间的关系依赖于图像矩阵的类型（double、uint8 或 uint16）。如果图像矩阵是双精度类型的，那么数值 1 将指向调色板的第 1 行，数值 2 指向第 2 行，以此类推。如果图像矩阵是 uint8 或 uint16 型，则会有一个偏移量；数据 0 指向调色板的第一行，数值 1 指向第 2 行，以此类推。偏移量是由图像对象自动掌握的，不能使用句柄图形属性进行控制。

索引图像的每一个像素都直接映射为调色板的一个入口。如果调色板包含的颜色数目多于图像颜色数目，那么额外的颜色都将被忽略；如果调色板包含的颜色数目少于图像颜色数目，则超出调色板颜色范围的图像像素都将被设置为调色板中的最后一个颜色。例如，如果一幅包含 256 色的 uint8 索引图像，使用一个仅有 16 色的调色板显示，则所有数值大于或等于 15 的像素都将被显示为调色板的最后一个颜色。

显示一幅索引图像时，imshow 函数将设置以下句柄图形属性控制颜色显示方式。

- 图像 CData 属性将设置为 X 中的数据。
- 图像 CDataMapping 属性将设置为 direct（并使坐标轴的 CLim 属性无效）。
- 图形窗口的 Colormap 属性将被设置为 map 中的数据。
- 图像的 Map 属性设置为 map 中的数据。

2. 灰度图像及其显示

在 Matlab 7.0 中，灰度图像即 Windows 下常说的灰度图像。一幅灰度图像是一个数据矩阵 I，其中数据均代表了在一定范围内的颜色灰度值。Matlab 7.0 把灰度图像用数据矩阵的形式进行存储，每个元素则表示了图像中的每个元素。矩阵元素可以是 doudle、uint8 或 uint16 的整数类型。多数情况下，灰度图像很少和颜色映像表一起保存，但在显示灰度图像时，Matlab 7.0 仍然在后台使用系统预定义的缺省灰度颜色映像表。

Matlab 7.0 中，要显示一幅灰度图像，可以调用函数 imshow 或 imagesc（即 imagescale，图像缩放函数）。

（1）imshow 函数显示灰度图像

灰度图像显示最基本的调用格式如下：

```
imshow(I)
```

imshow 函数通过将灰度值标度为灰度级调色板的索引来显示图像。如果 I 是 double型，若像素值为 0.0，则显示为黑色，1.0 则显示为白色，0.0 和 1.0 之间的像素值将显示为灰影。如果 I 为 uint16 类型，则像素值为 65 535 将被显示为白色。

灰度图像与索引图像在使用 m×3 大小的 RGB 调色板方面是相似的，正常情况下无需指定灰度图像的调色板，而 Matlab 7.0 使用一个灰度级系统调色板（R＝G＝B）来显示灰度图像。缺省情况下，24 bit 颜色系统中调色板包含 256 个灰度级，其他颜色系统则包括 64 或32 个灰度级。

imshow 函数显示灰度图像的另一种调用格式是使用明确指定的灰度级数目。例如，以下语句将显示一幅 32 个灰度级的图像 I：

```
imshow(I, 32)
```

由于 Matlab 7.0 自动对灰度图像进行标度以适合调色板的范围，因而可以使用自定义大小的调色板。某些情况下，还可能将一些超出数据惯例范围（对于 double 型数组为[0，1]，对于 uint8 型数组为[0,255]，对于 uint16 型数组为[0,65535]）的数据显示为一幅灰度图像。例如,用户对一幅灰度图像进行滤波,输出数据的部分值将超过原始图像的数据范围。为了将这些超过范围的数据显示为图像,可以直接指定数据的范围。其调用格式如下:

```
imshow(I, [low high])
```

其中,参数 low 和 high 分别为数据数组的最小值和最大值。如果使用另一空矩阵得到超出惯例范围的数据,然后使用空矩阵调用 imshow 函数显示所得到的数据,显示结果如图 2.12 所示。

```
I = imread('testpat1.png');
J = filter2([1 2; -1 -2],I);
imshow(J,[ ]);
```

图 2.12　灰度图像显示效果

使用这种调用格式,imshow 将坐标轴的 CLim 属性设置为 $[\min(J(:)) \ \max(J(:))]$。对于灰度图像,CDataMapping 总是取值 scaled。数值 $\min(J(:))$ 将使用调色板的第一个颜色来显示,$\max(J(:))$ 将使用调色板的最后一个颜色来显示。

imshow 函数通过以下图形属性控制灰度图像的显示方式。

- 图像的 CData 属性设置为 I 中的数据。
- 图像的 CDataMapping 属性设置为 scaled。
- 如果图像矩阵是 double 类型,则坐标轴的 CLim 属性设置为 $[0,1]$;如果是 uint8 类型的,则坐标轴设置为 $[0,65\,535]$。
- 图形窗口的 Colormap 属性设置为数据范围从黑到白的灰度级调色板。

(2) imagesc 函数显示灰度图像

下面的代码是用具有两个输入参数的 imagesc 函数显示一幅灰度图像。

```
imagese(1,[0 1]);
colormap(gray);
```

imagesc 函数中的第二个参数确定灰度范围。灰度范围中的第一个值(通常是 0),对应于颜色映像表中的第一个值(颜色),第二个值(通常是 1)则对应于颜色映像表中的最后一个值(颜色)。灰度范围中间的值则线性对应于颜色映像表中剩余的值(颜色)。

当然也可以使用其他颜色映像表。例如,用系统缺省的灰色显示一幅灰度图像,显示结果如图 2.13 所示,程序代码如下:

```
load clown
clims = [10 60];
imagesc(X,clims)
colormap(gray)
```

而使用浅蓝绿色显示该图像则是另外一番效果,如图 2.14 所示,程序代码如下:

```
load clown
clims = [10 60];
```

```
imagesc(X,clims)
colormap(winter)
```

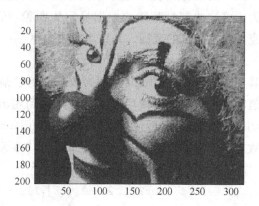

图 2.13　系统缺省灰色强度图像　　　　图 2.14　浅蓝绿色颜色映射表显示的图像效果

在调用 imagesc 函数时,若只使用一个参数,可以用任意灰度范围显示图像。在该调用方式下,数据矩阵中的最小值对应于颜色映像表中的第一个颜色值,数据矩阵中的最大值对应于颜色映像表中的最后一个颜色值。

3. RGB 图像及其显示

RGB 图像有 8 位和 6 位两种数据格式,8 位 RGB 图像的颜色数据是[0,255]范围之内的整数,而不是[0,1]之间的浮点值。所以,在 8 位 RGB 图像中,颜色值为(255,255,255)的像素点显示为白色。不管 RGB 图像的类型是 double 浮点型,还是 uint8 或 uint16 无符号整数型,Matlab 都能通过 image 函数将其正确显示出来。例如:

```
image(RGB)
```

当然,将 RGB 图像从 double 浮点型转换为 uint8 无符号整数型时,则必须乘以 255;相反,如果将 uint8 无符号整数型的 RGB 图像转换为 double 浮点型,必须除以 255。命令为

```
RGB8 = uint8(round(RGB64 × 255));
RGB64 = double(RGB8)/255
```

此外,如果将 RGB 图像从 double 浮点型换为 uint16 无符号整数型时,必须乘以 65 535.将 uint16 无符号整数型 RGB 图像转换为 double 浮点型,则必须除以 65 535。命令形式为

```
RGB16 = uint16(round(RGB64 × 65535));
RGB64 = double(RGB16)/65535;
```

用 imshow 函数显示 RGB 图像基本的调用格式如下:

```
imshow(RGB)
```

参数 RGB 是一个 m×n×3 的数组。对于 RGB 中的每一个像素(r,c),imshow 显示数值(r,c,1:3)所描述的颜色。每个屏幕像素使用 24 位颜色系统能够直接显示真彩图像,系统给每个像素的红、绿、蓝颜色分量分配 8 位(256 级)。在颜色较少的系统中,Matlab 7.0 将综合使用图像近似和抖动技术显示图像。

imshow 函数可以设置句柄图像属性控制颜色的显示方式。

• 图像的 CData 属性设置为 RGB 中的三维数值,Matlab 将数组理解为真彩数据。

- 忽略图像的 CDataMapping 属性。
- 忽略坐标轴的 CLim 属性。
- 忽略图形窗口 Colormap 属性。

4. 二进制图像及其显示

显示二进制图像,可用下面方法:

```
BW = imread('circles.png');
imshow(BW);
```

显示效果如图 2.15(a)所示。

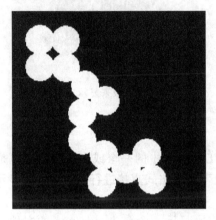 

(a) 原始二进制图像　　　　　　　　　　　　　(b) 取反后二进制图像

图 2.15　二进制图像显示效果

在 Matlab 7.0 中,二进制图像是一个逻辑类,仅包括 0 和 1 两个数值,像素 0 显示为黑色,像素 1 显示为白色。

在显示时,也可以通过 NOT(～)命令,对二进制图像进行取反,使数值 0 显示为白色,1 显示为黑色。例如使用

```
imshow(～BW)
```

命令形式,显示的结果如图 2.15(b)所示。

此外,还可以使用一个调色板显示一幅二进制图像。如果图形是 uint8 数据类型,则数值 0 将显示为调色板的第一个颜色,数值 1 将显示为第二个颜色。例如用

```
imshow(BW,[1 0 0;0 0 1]) or imview(BW,[1 0 0;0 0 1])
```

命令形式,数值 0 显示为红色,数值 1 显示为蓝色,显示效果如图 2.16 所示。

在某些文件格式下,二进制图像也可以用 1 位图像格式进行存储。当读取 1 位二进制图像时,Matlab 7.0 在工作空间中以逻辑阵列的形式进行表示。

对于 1 位图像格式,Matlab 7.0 将图像显示为二进制形式。

```
imwrite(BW,'test.tif');
% Matlab 7.0 支持读写 1 位 TIFF 文件
```

可以通过调用函数 imfinfo 检查 test.tif 图像的位深度。

其中 BitDepth 域说明该图像保存为 1 位图像格式。由上可知,二进制图像的 Color-Type 域的查询结果为 grayscale,Matlab 7.0 检测 BitDepth 和 ColorType 两个域的数值判

断图像的类型。

imshow 通过以下设置控制图像显示颜色的属性。

• 图像的 CData 属性设置为 BW 中的数值。

• 图像的 CDataMapping 属性设置为 direct。

• 坐标轴的 CLim 属性设置为[0,1];

• 图形窗口的 Colormap 属性设置为一个数值范围从黑到白的灰度级调色板。

需要说明的是,以上图像属性设置是由 imshow 函数自动完成的,以上说明仅供了解。

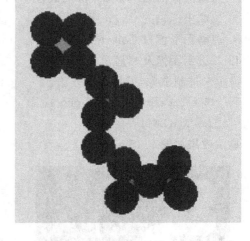

图 2.16　用调色板来显示二进制图像

5. 直接从磁盘显示图像

通常,在显示一幅图像前首先要调用 imread 函数装载图像,将数据存储为 Matlab 7.0 工作平台中的一个或多个变量。但是,如果不希望在显示图像之前装载图像,则可以使用以下命令格式直接进行图像文件的显示:

　　　　imshow filename

其中,filename 为要显示的图像文件的文件名。例如,显示一个名为 rice.png 的文件,命令形式如下:

　　　　imshow rice.png

如果图像是多帧的,那么 imshow 将仅显示第一帧。这种直接显示调用格式对于图像扫描非常有用。但需要注意的是,在使用这种方式时,图像数据没有保存在 Matlab 7.0 工作平台。如果希望将图像装入工作平台中,则需使用 getimage 函数,从当前的句柄图形图像对象中获取图像数据,命令形式为

　　　　rgb = getimage;

如果显示 rice.png 的图形窗口被激活,那么该语句就会将图像赋给变量 rgb。

习　　题

1. 应用 Matlab 语言编写显示一幅灰度图像和彩色图像的程序。
2. 应用 Matlab 语言完成一幅索引色图像文件信息查询和显示。
3. 将一幅图像写入指定的目录文件夹。

第3章 图像的变换

数字图像处理的方法分为两类：空间域处理法（或者称为空域法）和频域法（或者称为变换域法）。一般数字图像处理的计算方法本质上都可看成是线性的，处理后的输出图像阵列可看作输入图像阵列的各个元素经加权线性组合而得到，这种空间线性处理要比非线性处理简单。但图像阵列一般都很大，如果没有有效的算法，计算上比较复杂、费时。图像的频域处理最突出的特点是其运算速度高，并可采用已有的二维数字滤波技术进行所需要的各种图像处理，因此得到了广泛的应用。

图像变换可以将图像从空间域转换到频率域，然后在频率域对图像进行各种处理，再将所得到的结果进行反变换，即从频率域变换到空间域，从而达到图像处理的目的。

3.1 图像的正交变换

正交变换是图像处理技术的一种重要工具，在图像处理中，如图像增强、复原、编码、描述和特征提取等方面，都有着广泛的应用。通过正交变换改变图像的表示域及表示数据，给后续处理工作带来了极大的方便。

正交变换可分为3大类型，即正弦型变换、方波型变换和基于特征向量的变换。正弦型变换主要包括傅里叶变换、余弦变换和正弦变换；方波型变换主要包括哈达玛（Hadamarn）变换、沃尔什（Walsh）变换、斜变换和 Haar 变换；基于特征向量的变换主要包括 Hotelling 变换、K-L（离散卡胡南-洛夫 Karhunen-Lovev）变换和 SVD 变换。

对于数字图像或图像块 $\{f(x,y),x=0,1,\cdots,M-1;y=0,1,\cdots,N-1\}$，其二维离散线性变换的一般形式为

$$F(u,v) = \sum_{x=0}^{M-1} \sum_{y=0}^{N-1} f(x,y)p(u,v,x,y) \tag{3.1.1}$$

式中，$u=0,1,\cdots M-1;v=0,1,\cdots,N-1;p(u,v,x,y)$ 称为正变换核。同样，对应的反变换的一般形式为

$$f(x,y) = \sum_{u=0}^{M-1} \sum_{v=0}^{N-1} F(u,v)q(u,v,x,y) \tag{3.1.2}$$

式中，$x=0,1,\cdots M-1;y=0,1,\cdots,N-1;q(u,v,x,y)$ 称为反变换核。

在大部分已有的变换中，变换核都可以表示为

$$p(u,v,x,y)=p_1(u,x)p_2(v,y)$$
$$q(u,v,x,y)=q_1(u,x)q_2(v,y)$$

这时的变换称为变换核可分离的，并可进一步写成

$$F(u,v) = \sum_{x=0}^{M-1} \left[\sum_{y=0}^{N-1} f(x,y) p_2(u,y) \right] p_1(u,x) \tag{3.1.3}$$

$$f(x,y) = \sum_{u=0}^{M-1} \left[\sum_{v=0}^{N-1} F(u,v) q_2(v,y) \right] q_1(u,x) \tag{3.1.4}$$

这表明,一个变换核可分离的二维离散线性变换,可通过分别对于 2 个变量的一维离散线性变换来实现,对于正反变换都是如此。

将数字图像或图像块及其变换表示成矩阵形式,有

$$\boldsymbol{f} = \begin{bmatrix} f(0,0) & f(0,1) & \cdots & f(0,N-1) \\ f(1,0) & f(1,1) & \cdots & f(1,N-1) \\ \vdots & \vdots & & \vdots \\ f(M-1,0) & f(M-1,1) & \cdots & f(M-1,N-1) \end{bmatrix} \tag{3.1.5}$$

$$\boldsymbol{F} = \begin{bmatrix} F(0,0) & F(0,1) & \cdots & F(0,N-1) \\ F(1,0) & F(1,1) & \cdots & F(1,N-1) \\ \vdots & \vdots & & \vdots \\ F(M-1,0) & F(M-1,1) & \cdots & F(M-1,N-1) \end{bmatrix} \tag{3.1.6}$$

同样,变换核的矩阵形式——变换矩阵为

$$\boldsymbol{P}_1 = \begin{bmatrix} p_1(0,0) & p_1(0,1) & \cdots & p_1(0,N-1) \\ p_1(1,0) & p_1(1,1) & \cdots & p_1(1,N-1) \\ \vdots & \vdots & & \vdots \\ p_1(M-1,0) & p_1(M-1,1) & \cdots & p_1(M-1,N-1) \end{bmatrix} \tag{3.1.7}$$

$$\boldsymbol{P}_2 = \begin{bmatrix} p_2(0,0) & p_2(0,1) & \cdots & p_2(0,N-1) \\ p_2(1,0) & p_2(1,1) & \cdots & p_2(1,N-1) \\ \vdots & \vdots & & \vdots \\ p_2(M-1,0) & p_2(M-1,1) & \cdots & p_2(M-1,N-1) \end{bmatrix} \tag{3.1.8}$$

即变换矩阵是由变换核分别按照第一个变量和第二个变量作为行数和列数取值得到的。于是,对于变换核可分离的变换,其正变换式的矩阵形式为

$$\boldsymbol{F} = \boldsymbol{P}_1 \boldsymbol{f} \boldsymbol{P}_2^{\mathrm{T}} \tag{3.1.9}$$

同样,反变换式可表示为

$$\boldsymbol{f} = \boldsymbol{Q}_1^{\mathrm{T}} \boldsymbol{F} \boldsymbol{Q}_2 \tag{3.1.10}$$

当图像及其变换分别用堆叠构成的矢量表示时,可由式(3.1.1)和(3.1.2)得到以下矢量形式的正反变换式:

$$\boldsymbol{F} = \boldsymbol{P} \boldsymbol{f} \tag{3.1.11}$$

及

$$\boldsymbol{f} = \boldsymbol{Q}^{\mathrm{T}} \boldsymbol{F} \tag{3.1.12}$$

式中,$\boldsymbol{F}$ 和 $\boldsymbol{f}$ 均为 $M \times N$ 维矢量,而 $\boldsymbol{P}$ 和 $\boldsymbol{Q}$ 为 $MN \times MN$ 的变换矩阵。显然有

$$\boldsymbol{Q} = \boldsymbol{P}^{-1} \tag{3.1.13}$$

如果变换为变换核可分离的,且有式(3.1.7)和(3.1.8)的矩阵形式,则变换矩阵 $\boldsymbol{P}$ 和 $\boldsymbol{Q}$ 可由下式求得:

$$P = P_1 \otimes P_2 \tag{3.1.14}$$

$$Q = Q_1 \otimes Q_2 \tag{3.1.15}$$

式中符号 $\otimes$ 表示矩阵的直积运算。例如,当

$$A = \begin{pmatrix} a_{00} & a_{01} \\ a_{10} & a_{11} \end{pmatrix} \tag{3.1.16}$$

$$B = \begin{pmatrix} b_{00} & b_{01} \\ b_{10} & b_{11} \end{pmatrix} \tag{3.1.17}$$

时,有

$$C = A \otimes B = A = \begin{pmatrix} a_{00}B & a_{01}B \\ a_{10}B & a_{11}B \end{pmatrix} \tag{3.1.18}$$

根据直积运算的如下性质:

$$(A \otimes B)^{-1} = (A^{-1} \otimes B^{-1}) \tag{3.1.19}$$

可得

$$Q = P^{-1} = (P_1 \otimes P_2)^{-1} = (P_1^{-1} \otimes P_2^{-1}) \tag{3.1.20}$$

上式说明,若反变换存在,则 P^{-1} 存在,从而 P_1^{-1} 和 P_2^{-1} 存在,因而可令

$$P_1^{\mathrm{T}} = P_1^{-1}, \quad Q_2^{\mathrm{T}} = P_2^{-1} \tag{3.1.21}$$

对于上述变换,若满足

$$(P^*)^{\mathrm{T}} = P^{-1} \tag{3.1.22}$$

则称 P 为酉矩阵(上标" $*$ "表示复共轭),并且,这时 Q 也一定是酉矩阵,所以,可称相应的变换为酉变换。若酉矩阵为实阵,则称为正交矩阵,相应的变换称为正交变换。

于是,对于变换核可分离的酉变换,根据式(3.1.5)和(3.1.6),变换矩阵 P_1、P_2、Q_1 和 Q_2 均为酉矩阵,且反变换为

$$f = QFQ_2^{\mathrm{T}} = (P_1)^{\mathrm{T}}FP_2 \tag{3.1.23}$$

若 P_1 和 P_2 都为对称矩阵,则上式可进一步写成

$$f = P_1FP_2 \tag{3.1.24}$$

即反变换和正变换的计算公式完全相同。

3.2　傅里叶变换

1807 年,傅里叶提出了傅里叶级数的概念,即任一周期信号可分解为复正弦信号的叠加。1822 年,傅里叶又提出了傅里叶变换。傅里叶变换是一种常用的正交变换,它的理论完善,应用程序多。在数字图像应用领域,傅里叶变换起着非常重要的作用,用它可完成图像分析、图像增强及图像压缩等工作。

傅里叶变换主要分为连续傅里叶变换和离散傅里叶变换,在数字图像处理中经常用到的是二维离散傅里叶变换。

3.2.1　连续函数的傅里叶变换

令 $f(x)$ 为实变量 x 的连续函数,$f(x)$ 的傅里叶变换以 $F\{f(x)\}$ 表示,则表达式为

$$F\{f(x)\} = F(u) = \int_{-\infty}^{+\infty} f(x)\mathrm{e}^{-\mathrm{j}2\pi ux}\,\mathrm{d}x \tag{3.2.1}$$

$$e^{-j2\pi ux} = \cos(2\pi ux) - j\sin(2\pi ux) \qquad (3.2.2)$$

傅里叶变换中出现的变量 u 通常称为频率变量。这个名称是这样来的:用欧拉公式将式(3.2.1)中的指数项表示成式(3.2.2),如果将式(3.2.1)中的积分解释为离散项的和的极限,则显然 $F(u)$ 包含了正弦和余弦项的无限项的和,而且 u 的每一个值确定了它所对应的正弦-余弦对的频率。

若已知 $F(u)$,则傅里叶反变换为

$$f(x) = F^{-1}\{F(u)\} = \int_{-\infty}^{+\infty} F(u)e^{j2\pi ux}\,\mathrm{d}u \qquad (3.2.3)$$

式(3.2.1)和(3.2.2)称为傅里叶变换对。如果 $f(u)$ 是连续和可积的,且 $F(u)$ 是可积的,可证明此傅里叶变换对存在。事实上这些条件总是可以满足的。

这里 $f(x)$ 是实函数,它的傅里叶变换 $F(u)$ 通常是复函数。$F(u)$ 的实部、虚部、振幅、能量和相位分别表示如下:

实部
$$\mathrm{Re}(u) = \int_{-\infty}^{+\infty} f(x)\cos(2\pi ux)\,\mathrm{d}x \qquad (3.2.4)$$

虚部
$$\mathrm{In}(u) = -\int_{-\infty}^{+\infty} f(x)\sin(2\pi ux)\,\mathrm{d}x \qquad (3.2.5)$$

振幅
$$|F(u)| = [R^2(u) + I^2(u)]^{\frac{1}{2}} \qquad (3.2.6)$$

能量
$$E(u) = |F(u)|^2 = R^2(u) + I^2(u) \qquad (3.2.7)$$

相位
$$\phi(u) = \arctan\frac{I(u)}{R(u)} \qquad (3.2.8)$$

傅里叶变换很容易推广到二维的情况。如果 $f(x,y)$ 是连续和可积的,且 $F(u,v)$ 是可积的,则存在如下的傅里叶变换对:

$$F\{f(x,y)\} = F(u,v) = \iint_{-\infty}^{+\infty} f(x,y)e^{-j2\pi(ux+vy)}\,\mathrm{d}x\mathrm{d}y \qquad (3.2.9)$$

$$F^{-1}\{F(u,v)\} = f(x,y) = \iint_{-\infty}^{+\infty} F(u,v)e^{j2\pi(ux+vy)}\,\mathrm{d}u\mathrm{d}v \qquad (3.2.10)$$

式中 u、v 是频率变量。

与一维的情况一样,二维函数的傅里叶谱、能量和相位谱为

$$|F(u,v)| = [R^2(u,v) + I^2(u,v)]^{\frac{1}{2}} \qquad (3.2.11)$$

$$\phi(u,v) = \arctan\frac{I(u,v)}{R(u,v)} \qquad (3.2.12)$$

$$E(u,v) = R^2(u,v) + I^2(u,v) \qquad (3.2.13)$$

图 3.1(a)所示矩形函数的傅里叶变换为

$$\begin{aligned}
F(u,v) &= \iint_{-\infty}^{+\infty} f(x,y)e^{-j2\pi(ux+vy)}\,\mathrm{d}x\mathrm{d}y \\
&= A\int_0^Y e^{-j2\pi ux}\int_0^X f(x,y)e^{-j2\pi vy}\,\mathrm{d}x\mathrm{d}y \\
&= AXY \cdot \frac{\sin(\pi uX)e^{-j2\pi uX}}{\pi uX} \cdot \frac{\sin(\pi vY)e^{-j2\pi vY}}{\pi vY} \qquad (3.2.14)
\end{aligned}$$

其傅里叶谱为

$$|F(u,v)| = AXY \cdot \frac{\sin(\pi u X) \mathrm{e}^{-\mathrm{j}2\pi u X}}{\pi u X} \cdot \frac{\sin(\pi v Y) \mathrm{e}^{-\mathrm{j}2\pi v Y}}{\pi v Y} \tag{3.2.15}$$

矩形函数的傅里叶谱如图 3.1(b)所示。其他的二维函数的例子和它们的谱如图 3.2 所示，这里 $f(x,y)$ 和 $F(u,v)$ 都表示为图像。

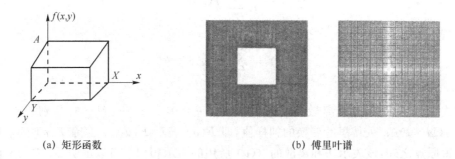

　　(a) 矩形函数　　　　　　　　　　　　(b) 傅里叶谱

图 3.1　矩形函数的傅里叶变换及其相位谱

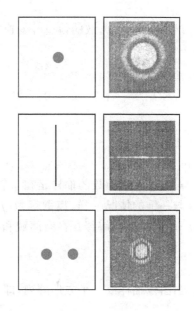

图 3.2　其他的二维函数及其相位谱

　　需要说明的是，傅里叶谱通常用 $\lg(1+|F(u,v)|)$ 的图像显示，而不是 $F(u,v)$ 的直接显示。因为傅里叶变换中 $F(u,v)$ 随 u 或 v 的增加衰减太快，这样只能表示 $F(u,v)$ 高频项很少的峰，其余都难以表示清楚。而采用对数形式显示，就能更好地表示 $F(u,v)$ 的高频，这样便于对图像频谱的视觉理解；其次，利用傅里叶变换的平移性质，将 $f(u,v)$ 傅里叶变化后的原点移到频率域窗口的中心显示，这样显示的傅里叶谱图像中，窗口中心为低频，向外为高频，从而便于分析。

3.2.2　离散函数的傅里叶变换

　　假定以间隔 Δx 对一个连续函数 $f(x)$ 均匀采样，离散化为一个序列 $\{f(x_0), f(x_0+\Delta x), \cdots, f[x_0+(N-1)\Delta x]\}$（如图 3.3 所示），则将序列表示成

$$f(x) = f(x_0+\Delta x) \tag{3.2.16}$$

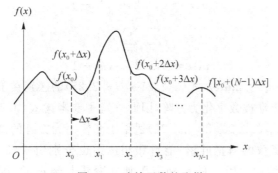

图 3.3　连续函数的取样

式中 x 假定为离散值 $0,1,2,\cdots,N-1$。换句话说,序列 $\{f(0),f(1),f(2),\cdots,f(N-1)\}$ 表示取自该连续函数 N 个等间隔的抽样值。

被抽样函数的离散傅里叶变换定义为

$$F(u) = \frac{1}{N}\sum_{x=0}^{N-1} f(x)\mathrm{e}^{-\mathrm{j}2\pi ux/N} \qquad (3.2.17)$$

式中 $u=0,1,2,\cdots,N-1$。反变换为

$$f(x) = \sum_{u=0}^{N-1} F(u)\mathrm{e}^{\mathrm{j}2\pi ux/N} \qquad (3.2.18)$$

式中 $x=0,1,2,\cdots,N-1$。

在式(3.2.17)给出的离散傅里叶变换中,$u=0,1,2,\cdots,N-1$ 分别对应 $0,\Delta u$, $2\Delta u,\cdots,(N-1)\Delta u$ 处傅里叶变换的抽样值,即 $F(u)$ 表示 $F(u\Delta u)$。除 $F(u)$ 的抽样始于频率抽得原点之外,该表示法和离散的 $f(u)$ 所用的表示相似。可以证明 Δu 和 Δx 的关系为

$$\Delta u=1/(N\Delta x) \qquad (3.2.19)$$

在二维的情况下,离散的傅里叶变换对表示为

$$F(u,v) = \frac{1}{MN}\sum_{x=0}^{M-1}\sum_{y=0}^{N-1} f(x,y)\mathrm{e}^{-\mathrm{j}2\pi\left(\frac{ux}{M}+\frac{vy}{N}\right)} \qquad (3.2.20)$$

$$u=0,1,2,\cdots,M-1;\ v=0,1,2,\cdots,N-1$$

$$f(x,y) = \frac{1}{MN}\sum_{u=0}^{M-1}\sum_{v=0}^{N-1} F(u,v)\mathrm{e}^{\mathrm{j}2\pi\left(\frac{ux}{M}+\frac{vy}{N}\right)} \qquad (3.2.21)$$

$$x=0,1,2,\cdots,M-1;\ y=0,1,2,\cdots,N-1$$

对二维连续函数的抽样是在 x 轴和 y 轴上分别以宽度 Δx 和 Δy 等间距分为若干格网点。与一维的情况一样,离散函数 $f(x,y)$ 表示函数在 $x_0+x\Delta x$、$y_0+y\Delta y$ 点的抽样,对 $F(u,v)$ 有类似的解释。在空间域和频率域中的抽样间距关系为

$$\Delta u=1/(M\Delta x) \qquad (3.2.22)$$
$$\Delta v=1/(N\Delta y) \qquad (3.2.23)$$

当图像抽样成一个方形阵列,即 $M=N$ 时,则傅里叶变换可表示为

$$F(u,v) = \frac{1}{N}\sum_{x=0}^{N-1}\sum_{y=0}^{N-1} f(x,y)\mathrm{e}^{-\mathrm{j}2\pi(ux+vy)/N} \qquad (3.2.24)$$

$$u,v=0,1,2,\cdots,N-1$$

$$f(x,y) = \frac{1}{N}\sum_{x=0}^{N-1}\sum_{y=0}^{N-1} F(u,v)\mathrm{e}^{-\mathrm{j}2\pi(ux+vy)/N} \qquad (3.2.25)$$

$$x,y=0,1,2,\cdots,N-1$$

注意,式(3.2.20)与(3.2.24)、式(3.2.21)与(3.2.25)的区别在于这些常数倍乘项的组合式不同。实际中图像常被数字化为方阵,因此这里主要考虑式(3.2.24)和(3.2.25)给出的傅里叶变换对。而式(3.2.20)和(3.2.21)适用于图幅不为方阵的情形。

一维和二维离散函数的傅里叶谱、能量和相位谱也分别由式(3.2.6)~(3.2.8)和式(3.2.11)~(3.2.13)给出。唯一的差别在于独立变量是离散的,因为在离散的情况下,$F(u)$ 或 $F(u,v)$ 总是存在,因此与连续的情况下不同的是不必考虑离散傅里叶变换的存在性。

数字图像的二维离散傅里叶变换所得结果的频率成分的分布示意图如图 3.4 所示。即变换结果的左上、右上、左下、右下四个角的周围对应于低频成分,中央部位对应于高频成分。为使直流成分出现在变换结果数组的中央,可采用图示的换位方法。但应注意,当换位后的数组再进行反变换时,得不到原图。也就是说,在进行反变换时,必须使用四角代表低频成分的变换结果,使画面中央对应高频部分。

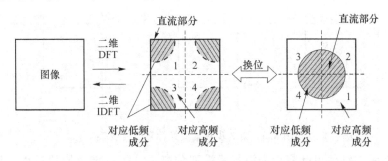

图 3.4　二维离散傅里叶变换结果中频率成分分布示意图

一般来说,对一幅图像进行傅里叶变换运算量很大,不直接利用公式计算。现在都采用快速傅里叶变换(FFT)法,这样可以大大减少计算量。为提高傅里叶变换算法的速度,从软件角度来讲,要不断改进算法;另一种途径为硬件化,它不但体积小而且速度快。限于篇幅,关于快速傅里叶变换算法在此从略。

3.2.3　离散傅里叶变换的若干性质

离散傅里叶变换建立了函数在空间域与频率域之间的转换关系,把空间域难以显现的特征在频域中十分清楚地显现出来。在数字图像处理中,经常要利用这种转换关系及其转换规律。二维离散傅里叶变换与二维连续傅里叶变换有相似的性质。

1. 周期性和共轭对称性

若离散傅里叶变换和它的反变换周期为 N,则有

$$F(u,v)=F(u+N,v)=F(u,v+N)=F(u+N,v+N) \qquad (3.2.26)$$

共轭对称性可表示为

$$F(u,v)=F(-u,-v) \qquad (3.2.27)$$

$$|F(u,v)|=|F(-u,-v)| \qquad (3.2.28)$$

离散傅里叶变换对的周期性说明,正变换后得到的 $F(u,v)$ 或反变换后得到的 $f(x,y)$ 都是具有周期为 N 的周期性重复离散函数。但是,为了完全确定 $F(u,v)$ 或 $f(x,y)$,只需变换一个周期中每个变量的 N 个值。也就是说,为了在频域中完全地 $F(u,v)$,只需要变换一个周期;在空域中,对 $f(x,y)$ 也有类似的性质。共轭对称性说明变换后的幅值是以原点为中心对称。利用此特性,在求一个周期内的值时,只需求出半个周期,另半个周期也就知道了,这就大大地减少了计算量。

2. 分离性

一个二维傅里叶变换可由连续 2 次一维傅里叶变换来实现。式(3.2.26)可分成下面两式:

$$F(x,v) = M\left[\frac{1}{MN}\sum_{y=0}^{N-1} f(x,y)\mathrm{e}^{-\mathrm{j}2\pi\frac{vy}{N}}\right] \qquad v = 0,1,\cdots,N-1 \qquad (3.2.29)$$

此式表示对每一个 x 值，$f(x,y)$ 先沿每一行进行一次一维傅里叶变换；然后将 $F(x,v)$ 沿每一列再进行一次一维傅里叶变换，就可得到二维傅里叶变换 $F(u,v)$，即

$$F(u,v) = \frac{1}{M}\sum_{x=0}^{M-1}F(x,v)e^{-j2\pi\frac{ux}{M}} \qquad u,v = 0,1,\cdots,N-1 \qquad (3.2.30)$$

上式分离过程可用图 3.5 表示。

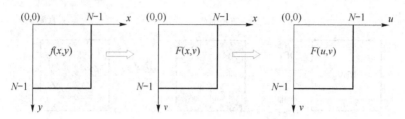

图 3.5　由 2 步一维变换计算二维变换

图 3.5 表示二维傅里叶变换先沿行后沿列分离为 2 个一维变换的过程。显然，改为先沿列后沿行分离为 2 个一维变换，其结果也是一样。

3. 平移性质

傅里叶变换对的平移性可表示为

$$f(x,y)e^{j2\pi(u_0x+v_0y)/N} \Leftrightarrow F(u-u_0,v-v_0) \qquad (3.2.31)$$

和

$$f(x-x_0,y-y_0) \Leftrightarrow F(u,y)e^{-j2\pi(u_0x+v_0y)/N} \qquad (3.2.32)$$

式(3.2.31)表明，将 $f(x,y)$ 与一个指数相乘就相当于把其变换后的频域中心移动到新的位置 (u_0,v_0)。类似地，式(3.2.32)表明将 $f(u,v)$ 与一个指数项相乘就相当于把其反变换后的空域中心移动到新的位置 (x_0,y_0)。另外，从式(3.2.32)可知，对 $f(x,y)$ 的平移不影响其傅里叶变换的幅值。

4. 旋转性质

首先借助极坐标变换 $x=r\cos\theta,y=r\sin\theta,u=w\cos\phi,v=w\sin\phi$ 将 $f(x,y)$ 和 $F(u,v)$ 转换为 $f(r,\theta)$ 和 $F(w,\phi)$，直接将它们代入傅里叶变换对得到

$$f(r,\theta+\theta_0) \Leftrightarrow F(w,\phi+\theta_0) \qquad (3.2.33)$$

上式表明，对 $f(x,y)$ 旋转 θ_0 的傅里叶变换对应于其傅里叶变换 $F(u,v)$ 也旋转 θ_0。类似地，对 $F(u,v)$ 旋转 θ_0 也对应于将其傅里叶反变换 $f(x,y)$ 旋转 θ_0。

5. 分配律

根据傅里叶变换对的定义可得到

$$F\{f_1(x,y)+f_2(x,y)\}=F\{f_1(x,y)\}+F\{f_2(x,y)\} \qquad (3.2.34)$$

上式表明傅里叶变换和反变换对加法满足分配律，但对乘法则不满足。

6. 尺度变换(缩放)

给定 2 个标量 a 和 b，可证明傅里叶变换有以下 2 式成立：

$$af(x,y) \Leftrightarrow aF(u,v) \qquad (3.2.35)$$

$$f(ax,by) \Leftrightarrow \frac{1}{|ab|}F\left(\frac{u}{a},\frac{v}{b}\right) \qquad (3.2.36)$$

7. 平均值

对二维离散函数 $f(x,y)$，其平均值可用下式表示：

$$\overline{f}(x,y) = \frac{1}{MN} \sum_{x=0}^{M-1} \sum_{y=0}^{N-1} f(x,y) \tag{3.2.37}$$

如将 $u=v=0$ 代入式(3.2.20),得

$$F(0,0) = \frac{1}{MN} \sum_{x=0}^{M-1} \sum_{y=0}^{N-1} f(x,y) = \overline{f}(x,y) \tag{3.2.38}$$

8. 离散卷积定理

设 $f(x,y)$、$g(x,y)$ 分别是 $A \times B$ 和 $C \times D$ 的 2 个离散函数,则它们的离散卷积定义为

$$f(x,y) * g(x,y) = \sum_{x=0}^{M-1} \sum_{y=0}^{N-1} f(m,n)g(x-m,y-n) \tag{3.2.39}$$

式中 ,$x=0,1,\cdots,M-1$;$y=0,1,\cdots,N-1$;$M=A+C-1$;$N=B+D-1$ 。

对式(3.2.63)两边进行傅里叶变换有

$$
\begin{aligned}
F\{f(x,y) * g(x,y)\} &= \sum_{x=0}^{M-1} \sum_{y=0}^{N-1} \left[\sum_{m=0}^{M-1} \sum_{n=0}^{N-1} f(m,n)g(x-m,y-n) \right] e^{-j2\pi(\frac{ux}{M}+\frac{vy}{N})} \\
&= \sum_{m=0}^{M-1} \sum_{n=0}^{N-1} f(m,n) e^{-j2\pi(\frac{ux}{M}+\frac{vy}{N})} \sum_{m=0}^{M-1} \sum_{n=0}^{N-1} g(x-m,y-n) e^{-j2\pi(\frac{u(x-m)}{M}+\frac{v(y-n)}{N})} \\
&= F(u,v)G(u,v) \tag{3.2.40}
\end{aligned}
$$

这就是空间域卷积定理。

9. 离散相关定理

大小为 $A \times B$ 和 $C \times D$ 的 2 个离散函数 $f(x,y)$、$g(x,y)$ 的互相关定义为

$$f(x,y) \circ g(x,y) = \sum_{x=0}^{M-1} \sum_{y=0}^{N-1} f(m,n)g(x+m,y+n) \tag{3.2.41}$$

式中, $M=A+C-1$;$N=B+D-1$ 。则相关定理为

$$F\{f(x,y) \circ g(x,y)\} = F(u,v)G(u,v) \tag{3.2.42}$$

利用与卷积定理相似的证明方法,可以证明互相关和自相关定理。

利用相关定理可以计算函数的相关,但和计算卷积一样,有循环相关问题。为此,也必须将求相关的函数延拓成周期为 M 和 N 的周期函数,并对要延拓的函数添加适当的 0,即

$$f_e(x,y) = \begin{cases} f(x,y) & 0 \leqslant x \leqslant A-1, 0 \leqslant y \leqslant B-1 \\ 0 & A \leqslant x \leqslant M-1, B \leqslant y \leqslant N-1 \end{cases} \tag{3.2.43}$$

$$g_e(x,y) = \begin{cases} g(x,y) & 0 \leqslant x \leqslant C-1, 0 \leqslant y \leqslant D-1 \\ 0 & C \leqslant x \leqslant M-1, D \leqslant y \leqslant N-1 \end{cases} \tag{3.2.44}$$

式中, $M \geqslant A+C-1$;$N \geqslant B+D-1$。

3.2.4   离散傅里叶变换的 Matlab 实现

Matlab 函数 fft、fft2 和 fftn 分别可以实现一维、二维和 N 维 DFT 算法,而函数 ifft、ifft2 和 ifftn 则用来计算反 DFT,它们是以需要进行反变换的图像作为输入参数,计算得到的输出图像。这些函数的调用格式如下:

A=fft (X, N, DIM)

其中,X 表示输入图像;N 表示采样间隔点,如果 X 小于该数值,那么 Matlab 将会对 X 进行

零填充,否则将进行截取,使之长度为 N;DIM 表示要进行离散傅里叶变换的维数;A 为变换后的返回矩阵。

A＝fft2(X, MROWS, NCOLS)

其中,MROWS 和 NCOLS 指定对 X 进行零填充后的 X 大小。

A＝fftn(X,SIZE)

其中,SIZE 是一个向量,它们每一个元素都将指定 X 相应维进行零填充后的长度。

函数 ifft、ifft2 和 ifftn 的调用格式与对应的离散傅里叶变换函数一致。

例 3.1　图像矩阵数据的显示及其傅里叶变换。

为了说明怎样根据图像矩阵进行图像的傅里叶变换,本例构造一个函数的矩阵 f,然后使用一个二进制图像显示矩阵 f(数值 1 表示图 3.6 所示矩形的内部,0 表示其他位置)。

```
f = zeros (30, 30);
f(5:24, 13:17) = 1;
imshow (f,′notruesize′)
```

使用

```
F = fft2 (f);
F2 = log (abs (F));
imshow (F2, [－1, 5],′notruesize′); colormap(jet);
```

命令计算并可视化 f 的 DFT 振幅谱。可视化结果如图 3.6 所示。

图 3.7 所示的傅里叶变换结果,首先可以看出其傅里叶变换采样较为粗糙;其次,零频率系数显示在图形的左上角,而不是传统的中心位置。

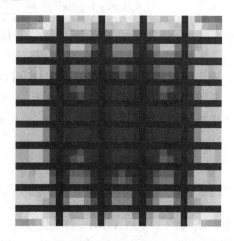

图 3.6　矩阵 f 的二进制显示结果　　　　图 3.7　矩阵 f 二进制图像的傅里叶变换结果

造成第一点不同的原因是,快速傅里叶变换算法只能处理大小为 2 的幂次的矩阵(其他大小的矩阵可以采用其他非基 2 的混合基算法),而本例中的矩阵维数并不是 2 的幂次。为了解决这一问题,在计算 DFT 时可以通过对 f 进行零填充获得较好的傅里叶变换采样。零填充和DFT 的计算可以使用下面的语句完成。首先对 f 进行零填充,得到一个 256×256 的矩阵;然后再计算 DFT 并显示其幅值谱,即

```
F = fft2 (f, 256,256);
```

```
imshow (log(abs(F)),[ - 1,5]);colormap(jet);
```

其傅里叶变换结果如图 3.8 所示。

由图 3.8 可见,零频率系数仍然显示在图形的左上角而不是中心位置,这是因为在计算图中所示函数的傅里叶变换时,坐标原点在函数图形的中心位置处,而计算机系统在执行傅里叶变换算法时是以图像的左上角为坐标原点的。通常可以使用函数 fftshift 对这个问题进行修正变换,使零频率系数位于图形的中心,其命令如下:

```
F = fft2 (f, 256,256);
F2 = fftshift (F);
imshow (log (abs (F2)),[ - 1,5]);
colormap(jet);
```

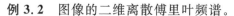

图 3.8 矩阵零填充后的傅里叶变换结果

例 3.2 图像的二维离散傅里叶频谱。

```
% 读入原始图像
I = imread ('lena.bmp');
imshow (I)
% 求离散傅里叶频谱
J = fftshift(fft2(I));    % 对原始图像进行二维傅里叶变换,并将其中心移到零点
figure;
imshow (log (abs(J)), [8,10])
```

其结果如图 3.9 所示。

(a) 原始图像

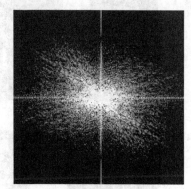

(b) 离散傅里叶频谱

图 3.9 二维图像及其离散傅里叶频谱的显示

例 3.3 二维离散傅里叶变换的旋转性。

```
% 构造原始图像
I = zeros (256, 256);
I(28:228, 108:148) = 1;
imshow (I)
```

```
% 求原始图像的傅里叶频谱
J = fft2(I);
F = abs(J);
J1 = fftshift(F);figure
imshow (J1,[5 50])


% 构造原始图像
I = zeros (256, 256);
I(28:228, 108:148) = 1;
% 对原始图像进行旋转
J = imrotate(I,315,'bilinear','crop');
figure
imshow(J)
% 求旋转后图像的傅里叶频谱
J1 = fft2(J);
F = abs(J1);
J2 = fftshift(F);figure
imshow(J2,[5 50])
```

其结果如图 3.10 所示。

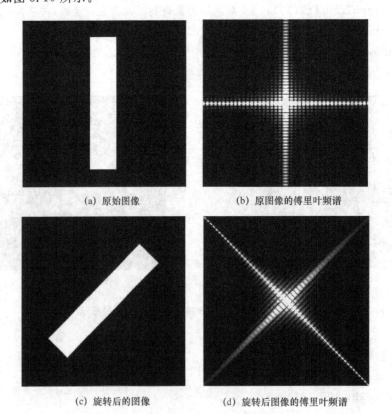

(a) 原始图像　　　　　　　　(b) 原图像的傅里叶频谱

(c) 旋转后的图像　　　　　　(d) 旋转后图像的傅里叶频谱

图 3.10　二维离散傅里叶变换的旋转性

例 3.4 比例尺度展宽。

```
clc;
clear;
I = zeros (256, 256);
I(8:248,110:136) = 5;
imshow(I)
a = 0.1;
b = 0.5;

%原始图像的傅里叶频谱

J3 = fft2(I);
F2 = abs(J3);
J4 = fftshift(F2);figure
imshow(J4,[5 30])

%乘以比例尺度
for i = 1 : 256
    for j = 1 : 256
        I(i,j) = I(i,j) * a;

    end
    end
%比例尺度展宽后的傅里叶频谱
J2 = fft2(I);
F1 = abs(J2);
J3 = fftshift(F1);figure
imshow(J3,[5 30])
```

其结果如图 3.11 所示。

 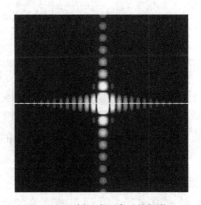

　　(a) 比例尺度展宽前的频谱　　　　　　　　(b) 比例尺度展宽后的频谱

图 3.11　傅里叶变换的比例性

3.3　离散余弦变换

离散余弦变换(DCT,Discrete Cosine Transform)的变换核为实数的余弦函数,因而 DCT 的计算速度要比变换核为指数的 DFT 快得多,已广泛应用到图像压缩编码、语音信号处理等众多领域。

3.3.1　一维离散余弦变换

函数 $f(x)$ 的一维 DCT 为

$$F(0) = \frac{1}{\sqrt{N}} \sum_{x=0}^{N-1} f(x) \tag{3.3.1}$$

$$F(u) = \sqrt{\frac{2}{N}} \sum_{x=0}^{N-1} f(x) \cos \frac{2(x+1)u\pi}{2N} \tag{3.3.2}$$

式中,$u=1, 2, 3, \cdots N-1$;$x=0, 1, 2, \cdots, N-1$ 。

$F(u)$ 的反变换为

$$f(x) = \sqrt{\frac{1}{N}} F(u) + \sqrt{\frac{2}{N}} \sum_{x=0}^{N-1} F(u) \cos \frac{2(x+1)u\pi}{2N} \tag{3.3.3}$$

3.3.2　二维离散余弦变换

将一维离散余弦变换扩展到二维离散余弦变换为

$$F(u,v) = \frac{2}{\sqrt{MN}} c(u)c(v) \sum_{x=0}^{M-1} \sum_{y=0}^{N-1} f(x,y) \cdot \cos \frac{(2x+1)u\pi}{2M} \cos \frac{(2y+1)v\pi}{2N}$$

$$\tag{3.3.4}$$

$$c(w) = \begin{cases} \dfrac{1}{\sqrt{2}} & u,v = 0 \\ 1 & \text{其他} \end{cases}$$

二维离散余弦反变换为

$$f(x,y) = \frac{2}{\sqrt{MN}} c(u)c(v) \sum_{x=0}^{M-1} \sum_{y=0}^{N-1} F(u,v) \cdot \cos \frac{(2x+1)u\pi}{2M} \cos \frac{(2y+1)v\pi}{2N}$$

$$\tag{3.3.5}$$

$$c(w) = \begin{cases} \dfrac{1}{\sqrt{2}} & u,v = 0 \\ 1 & \text{其他} \end{cases}$$

离散余弦变换在图像处理中占有重要的地位,尤其是在图像的变换编码中有着非常成功的应用。近年来十分流行的静止图像压缩标准 JPEG(Joint Picture Expert Group)就采用了离散余弦变换。

离散余弦变换实际上是傅里叶变换的实数部分,但是它比傅里叶变换有更强的信息集中能力。对于大多数自然图像,离散余弦变换能将主要的信息放到较少的系数上去,因此就更能提高编码的效率。

3.3.3 离散余弦变换的 Matlab 实现

在 Matlab 中,dct2 函数和 idct2 函数分别用于进行二维 DCT 变换和二维 DCT 反变换。

1. dct2 函数

功能:二维 DCT 变换。

格式:B = dct2 (A)

　　　B = dct2 (A, m, n)

　　　B = dct2 (A, [m n])

说明:B = dct2 (A)计算 A 的 DCT 变换 B,A 与 B 的大小相同;B = dct2 (A, m, n)和 B = dct2 (A, [m n])通过对 A 补 0 或剪裁,使 B 的大小为 m×n。

2. idct2 函数

功能:DCT 反变换。

格式:B = idct2 (A)

　　　B = idct2 (A, m, n)

　　　B = idct2 (A, [m n])

说明:B = idct2 (A)计算 A 的 DCT 反变换 B,A 与 B 的大小相同;B = idct2 (A, m, n)和 B = idct2 (A, [m n])通过对 A 补 0 或剪裁,使 B 的大小为 m×n。

3. dctmtx 函数

功能:计算 DCT 变换矩阵。

格式:D = dctmtx (n)

说明:D = dctmtx (n)返回一个 n×n 的 DCT 变换矩阵,输出矩阵 D 为 double 类型。

例 3.5 说明二维余弦正反变换在 Matlab 中的实现。程序如下:

```
% 装入图像
RGB = imread('autumn.tif');
I = rgb2gray(RGB);
% 画出图像
figure(1)
imshow(I);
figure(2);
% 进行余弦变换
J = dct2(I);imshow(log(abs(J),[ ]);colormap(jet(64));colorbar;
figure(3);
J(abs(J)<10) = 0;
% 进行余弦反变换
K = idct2(J)/255;
imshow(K);
```

结果如图 3.12～3.14 所示。

图 3.12 原始图像

图 3.13 余弦变换系数

图 3.14 余弦反变换恢复图像

离散余弦变换在图像压缩中有很多应用,它是 JPEG、MPEG 等数据压缩标准的重要数学基础。在 JPEG 压缩算法中,输入图像首先被划分为 8 像素×8 像素或 16 像素×16 像素的图像块,对每个图像块做 DCT 变换,然后进行量化、编码,成为压缩图像。解压缩时首先对每个图像块做 DCT 反变换,然后将图像块拼接成一幅完整的图像。

例 3.6 用 DCT 变换作图像压缩的例子,原始图像和经压缩解压缩后的图像如图 3.15 所示。

(a) 原始图像

(b) 经压缩、解压后的图像

图 3.15 原始图像及其经压缩、解压缩后的图像

```
I = imread('cameraman.tif');
I = double (I)/255;
T = dctmtx(8);
```

```
B = blkproc (I, [8 8],´P1 * × * P2´, T, T´);
mask = [1 1 1 1 0 0 0 0
        1 1 1 0 0 0 0 0
        1 1 0 0 0 0 0 0
        1 0 0 0 0 0 0 0
        0 0 0 0 0 0 0 0
        0 0 0 0 0 0 0 0
        0 0 0 0 0 0 0 0
        0 0 0 0 0 0 0 0];
B2 = blkproc (B, [8 8],´P1.× x´, mask);
I2 = blkproc (B2, [8 8],´P1 * x * P2´, T´, T);
imshow (I),figure,imshow(I2)
```

3.4　沃尔什变换和哈达玛变换

3.4.1　离散沃尔什变换

傅里叶变换、DCT 变换都是由正弦或余弦等三角函数为基本的正交函数基,在快速算法中要用到复数乘法、三角函数乘法,占用时间仍然较多。在某些应用领域,需要有更为有效和便利的变换方法,沃尔什(Walsh)变换就是其中一种。它只包括＋1 和－1 两个数值所构成的完备正交基。由于沃尔什函数基是二值正交基,与数字逻辑的二个状态相对应,因此更加适用于计算机处理。另外,与傅里叶变换相比,沃尔什变换减少了存储空间和提高了运算速度,这一点对图像处理来说至关重要。特别是在大量数据需要进行实时处理时,沃尔什变换更加显示出其优越性。

1. 一维离散沃尔什变换

一维离散沃尔什变换核为

$$g(x,u) = \frac{1}{N} \prod_{i=0}^{n-1} (-1)^{b_i(x)b_{n-1-i}(u)} \tag{3.4.1}$$

式中, $b_k(z)$ 是 z 的二进制表示的第 k 位值,其值是 0 或 1。如 $z=6$,其二进制表示是 110,因此 $b_0(z)=0$ 、 $b_1(z)=1$ 、 $b_2(z)=1$ 。 N 是沃尔什变换的阶数, $N=2n$ 。 $u=0,1,2,\cdots,N-1$ 。 $x=0,1,2,\cdots,N-1$ 。

由上,一维离散沃尔什变换可写成

$$W(u) = \frac{1}{N} \sum_{x=0}^{N-1} f(x) \prod_{i=0}^{n-1} (-1)^{b_i(x)b_{n-1-i}(u)}$$

式中, $u = 0,1,2,\cdots,N-1$; $x = 0,1,2,\cdots,N-1$ 。 $\tag{3.4.2}$

一维沃尔什反变换核为

$$h(x,u) = \prod_{i=0}^{n-1} (-1)^{b_i(x)b_{n-1-i}(u)} \tag{3.4.3}$$

相应的一维沃尔什反变换为

$$f(x) = \sum_{u=0}^{N-1} W(u) \prod_{i=0}^{n-1} (-1)^{b_i(x) b_{n-1-i}(u)} \tag{3.4.4}$$

式中,$u=0,1,2,\cdots,N-1$;$x=0,1,2,\cdots,N-1$。

一维沃尔什反变换除了与正变换有系数差别之外,其他与正变换相同。为了计算方便,常用的 $b_k(z)$ 值如表 3.1 所示。

根据表 3.1 中 $b_k(z)$,很容易求得沃尔什变换核,其核是一个对称阵列,其行和列是正交的。同时,正、反变换核除了系数相差 $1/N$ 这个常数项外,其他完全相同。因此,计算沃尔什变换的任何算法都可直接用来求其反变换。其变换核阵列如表 3.2 所示,"+"表示 +1,"−"表示 −1,并忽略了系数 $1/N$。

表 3.1　$N=2$、4、8 时的 $b_k(z)$ 值

$z,b_k(z)$ 取值 ＼ N,z 取值	$N=2$ (n=1) z≤1		$N=4$ (n=2) z≤3				$N=8(n=3)$ z≤7							
z 的十进制值	0	1	0	1	2	3	0	1	2	3	4	5	6	7
z 的二进制值	0	1	00	01	10	11	000	001	010	011	100	101	110	111
$b_0(z)$	0	1	0	1	0	1	0	1	0	1	0	1	0	1
$b_1(z)$			0	0	1	1	0	0	1	1	0	0	1	1
$b_2(z)$							0	0	0	0	1	1	1	1

表 3.2　$N=2$、4、8 时的沃尔什变换核

u ＼ x	$N=2$ (n=1)		$N=4$　(n=2)				$N=8$　(n=3)							
	0	1	0	1	2	3	0	1	2	3	4	5	6	7
0	+	+	+	+	+	+	+	+	+	+	+	+	+	+
1	+	−	+	+	−	−	+	+	+	+	−	−	−	−
2			+	−	+	−	+	+	−	−	+	+	−	−
3			+	−	−	+	+	+	−	−	−	−	+	+
4							+	−	+	−	+	−	+	−
5							+	−	+	−	−	+	−	+
6							+	−	−	+	+	−	−	+
7							+	−	−	+	−	+	+	−

由表 3.2 得,当 $n=2$、$N=4$ 时的沃尔什变换核为

$$G_4 = \frac{1}{4}\begin{bmatrix} 1 & 1 & 1 & 1 \\ 1 & 1 & -1 & -1 \\ 1 & -1 & 1 & -1 \\ 1 & -1 & -1 & 1 \end{bmatrix} \tag{3.4.5}$$

2. 二维离散沃尔什变换

将一维的情况推广到二维,可以得到二维沃尔什变换的正交变换核为

$$g(x,y,u,v) = \frac{1}{N^2} \prod_{i=0}^{n-1} (-1)^{[b_i(x)b_{n-1-i}(u)+b_i(y)b_{n-1-i}(v)]} \qquad (3.4.6)$$

它们也是可分离和对称的,二维沃尔什变换可以分为二步一维沃尔什变换来进行。相应的二维沃尔什正变换为

$$W(u,v) = \frac{1}{N^2} \sum_{u=0}^{N-1} \sum_{v=0}^{N-1} f(x,y) \prod_{i=0}^{n-1} (-1)^{[b_i(x)b_{n-1-i}(u)+b_i(y)b_{n-1-i}(v)]} \qquad (3.4.7)$$

式中,$u,v=0,1,2,\cdots,N-1$;$x,y=0,1,2,\cdots,N-1$。其矩阵表达式为

$$W = GfG \qquad (3.4.8)$$

式中 G 为 N 阶沃尔什反变换核矩阵。

二维沃尔什反变换核为

$$h(x,y,u,v) = \prod_{i=0.}^{n-1} (-1)^{[b_i(x)b_{n-1-i}(u)+b_i(y)b_{n-1-i}(v)]} \qquad (3.4.9)$$

相应的二维沃尔什反变换为

$$f(x,y) = \sum_{x=0}^{N-1} \sum_{y=0}^{N-1} W(u,v) \prod_{i=0}^{n-1} (-1)^{[b_i(x)b_{n-1-i}(u)+b_i(y)b_{n-1-i}(v)]} \qquad (3.4.10)$$

式中,$u,v=0,1,2,\cdots,N-1$;$x,y=0,1,2,\cdots,N-1$。其矩阵表达式为

$$f = HWH \qquad (3.4.11)$$

式中 H 为 N 阶沃尔什反变换核矩阵,与 G 只有系数之间的区别。

例 3.7　二维数字图像信号是均匀分布的,即

$$f = \begin{bmatrix} 1 & 1 & 1 & 1 \\ 1 & 1 & 1 & 1 \\ 1 & 1 & 1 & 1 \\ 1 & 1 & 1 & 1 \end{bmatrix}$$

求此信号的二维沃尔什变换。

解　由于图像是 4×4 矩阵,$n=2$,$N=4$,沃尔什变换核如式(3.4.5)所示。因此二维沃尔什变换由式(3.4.7)给出。则

$$W = \frac{1}{4^2} \begin{bmatrix} 1 & 1 & 1 & 1 \\ 1 & 1 & -1 & -1 \\ 1 & -1 & 1 & -1 \\ 1 & -1 & -1 & 1 \end{bmatrix} \begin{bmatrix} 1 & 1 & 1 & 1 \\ 1 & 1 & 1 & 1 \\ 1 & 1 & 1 & 1 \\ 1 & 1 & 1 & 1 \end{bmatrix} \begin{bmatrix} 1 & 1 & 1 & 1 \\ 1 & 1 & -1 & -1 \\ 1 & -1 & 1 & -1 \\ 1 & -1 & -1 & 1 \end{bmatrix}$$

$$= \begin{bmatrix} 1 & 0 & 0 & 0 \\ 0 & 0 & 0 & 0 \\ 0 & 0 & 0 & 0 \\ 0 & 0 & 0 & 0 \end{bmatrix}$$

上例表明,二维沃尔什变换具有能量集中的性质,原始图像数据越是均匀分布,沃尔什变换后的数据越集中于矩阵的边角上,因此二维沃尔什变换可以压缩图像信息。

综上所述,沃尔什变换是将一个函数变换成取值为 +1 或 -1 的基本函数构成的级数,

用它来逼近数字脉冲信号时要比傅里叶变换有利。因此,它在图像传输、通信技术和数据压缩中获得了广泛的使用。同时,沃尔什变换是实数,而傅里叶变换是复数,所以对一个给定的问题,沃尔什变换所要求的计算机存储量比傅里叶变换要少,运算速度也快。一维沃尔什变换也有快速算法(FWT),在形式上和 FFT 算法类似。

3.4.2 离散哈达玛变换

哈达玛(Hadamard)变换本质上是一种特殊排序的沃尔什变换,哈达玛变换矩阵也是一个方阵,只包括+1 和−1 两个矩阵元素,各行或各列之间彼此是正交的,即任意两行相乘或两列相乘后的各数之和必定为 0。哈达玛变换矩阵具有简单的递推关系,即高阶矩阵可以用二个低阶矩阵求得。这个特点使人们更愿意采用哈达玛变换,不少文献中常采用沃尔什-哈达玛变换这一术语。

1. 一维离散哈达玛变换

一维哈达玛变换核为

$$g(x,u) = \frac{1}{N}(-1)^{\sum\limits_{i=0}^{N-1} b_i(x)b_i(u)} \tag{3.4.12}$$

式中,$N=2^n$;$x=0,1,2,\cdots,N-1$;$u=0,1,2,\cdots,N-1$;$b_k(z)$ 是 z 的二进制表示的第 k 位。对应的一维哈达玛变换为

$$H(u) = \sum_{x=0}^{N-1} f(x)g(x,u) = \frac{1}{N}\sum_{x=0}^{N-1} f(x)(-1)^{\sum\limits_{i=0}^{N-1} b_i(x)b_i(u)} \tag{3.4.13}$$

哈达玛反变换除与正变换除相差 $1/N$ 常数项外,其形式基本相同。一维哈达玛反变换核为 $h(x,u)=(-1)^{\sum\limits_{i=0}^{N-1} b_i(x)b_i(u)}$,相应的一维哈达玛反变换为

$$f(x) = \sum_{u=0}^{N-1} H(u)h(x,u)$$

$$= \frac{1}{N}\sum_{u=0}^{N-1} H(u)(-1)^{\sum\limits_{i=0}^{N-1} b_i(x)b_i(u)} \tag{3.4.14}$$

上述各式中,$N=2^n$;$x=0,1,2,\cdots,N-1$;$u=0,1,2,\cdots,N-1$。如 $N=2^n$,高、低阶哈达玛变换之间具有简单的递推关系。最低阶($N=2$)的哈达玛矩阵为

$$\boldsymbol{H}_2 = \begin{bmatrix} 1 & 1 \\ 1 & -1 \end{bmatrix} \tag{3.4.15}$$

那么,$2N$ 阶哈达玛矩阵 $\boldsymbol{H}_{2N}$ 与 N 阶哈达玛矩阵 $\boldsymbol{H}_N$ 之间的递推关系可表示为

$$\boldsymbol{H}_{2N} = \begin{bmatrix} \boldsymbol{H}_N & \boldsymbol{H}_N \\ \boldsymbol{H}_N & -\boldsymbol{H}_N \end{bmatrix} \tag{3.4.16}$$

例如,$N=4$ 的哈达玛矩阵为

$$\boldsymbol{H}_4 = \begin{bmatrix} \boldsymbol{H}_2 & \boldsymbol{H}_2 \\ \boldsymbol{H}_2 & -\boldsymbol{H}_2 \end{bmatrix} = \begin{bmatrix} 1 & 1 & 1 & 1 \\ 1 & -1 & 1 & -1 \\ 1 & 1 & -1 & -1 \\ 1 & -1 & -1 & 1 \end{bmatrix} \tag{3.4.17}$$

$N=8$ 的哈达玛矩阵为

$$\boldsymbol{H}_8 = \begin{bmatrix} \boldsymbol{H}_4 & \boldsymbol{H}_4 \\ \boldsymbol{H}_4 & -\boldsymbol{H}_4 \end{bmatrix} = \begin{bmatrix} 1 & 1 & 1 & 1 & 1 & 1 & 1 & 1 \\ 1 & -1 & 1 & -1 & 1 & -1 & 1 & -1 \\ 1 & 1 & -1 & -1 & 1 & 1 & -1 & -1 \\ 1 & -1 & -1 & 1 & 1 & -1 & -1 & 1 \\ 1 & 1 & 1 & 1 & -1 & -1 & -1 & -1 \\ 1 & -1 & 1 & -1 & -1 & +1 & -1 & +1 \\ 1 & 1 & -1 & -1 & -1 & -1 & +1 & +1 \\ 1 & -1 & -1 & -1 & -1 & +1 & +1 & -1 \end{bmatrix} \tag{3.4.18}$$

在哈达玛矩阵中,沿某一列符号改变的次数通常称为这个列的列率。如式(3.4.18)表示的 8 个列的列率分别是 0、7、3、4、1、6、2、5。但在实际使用中,常对列率随 u 增加的次序感兴趣,此时将变换核和反变换核定义为

$$g(x,u) = \frac{1}{N}(-1)^{\sum_{i=0}^{N-1} b_i(x)p_i(u)} \tag{3.4.19}$$

式中 $p_i(u)$ 与 $b_i(u)$ 之间的关系为

$$\left. \begin{array}{l} p_0(u) = b_{n-1}(u) \\ p_1(u) = b_{n-1}(u) + b_{n-2}(u) \\ p_2(u) = b_{n-2}(u) + b_{n-3}(u) \\ \qquad\vdots \\ p_{n-1}(u) = b_1(u) + b_0(u) \end{array} \right\} \tag{3.4.20}$$

例 3.8　$N=8$ 的定序哈达玛变换核为

$$\begin{bmatrix} 1 & 1 & 1 & 1 & 1 & 1 & 1 & 1 \\ 1 & 1 & 1 & 1 & -1 & -1 & -1 & -1 \\ 1 & 1 & -1 & -1 & -1 & -1 & 1 & 1 \\ 1 & 1 & -1 & -1 & 1 & 1 & -1 & -1 \\ 1 & -1 & -1 & 1 & 1 & -1 & -1 & 1 \\ 1 & -1 & -1 & 1 & -1 & 1 & 1 & -1 \\ 1 & -1 & 1 & -1 & -1 & 1 & -1 & 1 \\ 1 & -1 & 1 & -1 & 1 & -1 & 1 & -1 \end{bmatrix}$$

很显然,此时列率为 0、1、2、3、4、5、6、7,是随 u 增大的次序。对应的定序哈达玛变换对为

$$H(u) = \frac{1}{N} \sum_{x=0}^{N-1} f(x)(-1)^{\sum_{i=0}^{n-1} b_i(x)p_i(u)} \tag{3.4.21}$$

$$f(x) = \sum_{u=0}^{N-1} H(u)(-1)^{\sum_{i=0}^{n-1} b_i(x)p_i(u)} \tag{3.4.22}$$

2. 二维离散哈达玛变换

二维离散哈达玛变换对为

$$H(u,v) = \frac{1}{N^2} \sum_{x=0}^{N-1} \sum_{y=0}^{N-1} f(x,y)(-1)^{\sum_{i=0}^{n-1} [b_i(x)b_i(u)+b_i(y)b_i(v)]} \tag{3.4.23}$$

$$f(x,y) = \sum_{u=0}^{N-1} \sum_{v=0}^{N-1} H(u,v)(-1)^{\sum_{i=0}^{n-1}[b_i(x)b_i(u)+b_i(y)b_i(v)]} \qquad (3.4.24)$$

式中，$N=2^n$；$u,v=0,1,2,\cdots N-1$；$x,y=0,1,2,\cdots,N-1$。上述两式的二维离散哈达玛变换是未定序的，如果将以上两个变换式中的 $b_i(\cdot)$ 换为 $p_i(\cdot)$，其定义和一维定序的情况一致，则形成了二维定序的离散哈达玛变换。

同样，哈达玛变换核是可分离和对称的。二维哈达玛变换也可分成二步一维变换来完成。哈达玛变换也存在快速算法 FHT，其原理与 FWT 类似。

3.4.3 沃尔什变换和哈达玛变换的 Maltab 实现

Matlab 提供了 Hadamard 函数，用于产生哈达玛矩阵。

hadamard 函数

功能：创建一个 Hadamard 矩阵。

格式：H = hadamard (n)

说明：H = hadamard (n)返回一个 n×n 的 Hadamard 矩阵，n 必须为 2 的整数次幂。下面以 2 个示例进行说明。

例 3.9 对简单数组进行沃尔什-哈达玛变换，程序如下：

```
clear;
sq = [1 1 3 1              % 给定数组 sq = [1 1 3 1
      2 1 2 2]             %                 2 1 2 2];
for k = 1:4
      wht (:,k) = hadamard(2) * sq(:,k)/2
end
% 对每一列进行沃尔什-哈达玛变换,得到 wht
for j = 1:2
a = wht (j,:)′
   hadamard (4)
      wh (:,j) = hadamard(4) * wht(j:)′/4
end
% 对 wht 的每一行进行沃尔什-哈达玛变换,得到 wh
wh = wh′ % 重排
```

运行结果为

wht = 1.5000	1.000	2.5000	1.5000
− 0.5000	0	0.5000	− 0.5000
wh = 1.6250	0.3750	− 0.3750	− 0.1250
− 0.1250	0.1250	− 0.1250	− 0.3750

此结果与理论分析结果是一致的。

例 3.10 对二维图像进行沃尔什-哈达玛变换，其原始图像如图 3.16(a) 所示，运行结果如图 3.16(b)所示。程序如下：

```
clear;
```

```
I = zeros (2. ^8);
I(2.^7 - 2.^4 + 1:2.^7 + 2.^4,2.^7 - 2.^4 + 1:2.^7 + 2.^4) = ones(2 * 2.^4);
                                    % 读入数据
figure (1)
colormap(gray(128)),imagesc(I);        % 显示数据
[m,n] = size(I)                        % 数据维数
for k = 1:n
    wht(:,k) = hadamard(m) * I(:,k)/m;  % 对每一列作沃尔什-哈达玛变换
end
for j = 1:m
    wh(:,j) = hadamard(n) * wht(j,:)´/n; % 对进行列的沃尔什-哈达玛变换后
                                        % 的系数进行沃尔什-哈达玛变换
end
wh = wh´;
figure (2)
colormap (gray(128)),imagesc(wh);
```

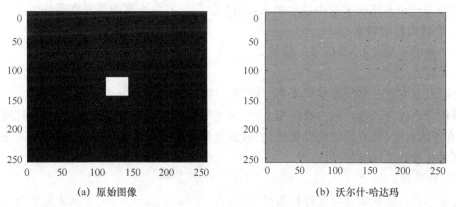

(a) 原始图像　　　　　　　　　　　(b) 沃尔什-哈达玛

图 3.16　对二维图像进行沃尔什-哈达玛变换

如果将图像 cameraman.tif 进行同样的变换,将得到如图 3.17(b) 所示的变换矩阵。

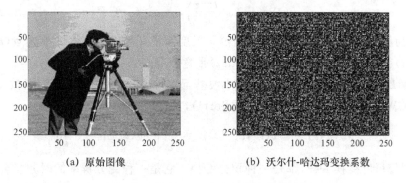

(a) 原始图像　　　　　　　　　(b) 沃尔什-哈达玛变换系数

图 3.17　图像的沃尔什-哈达玛变换

3.5 小波变换

小波变换是一种信号的时间-尺度(时间-频率)分析方法。它具有多分辨率分析的特点,而且在时间域和频率域都具有表征信号的局部特征的能力,是一种窗口面积固定不变,但窗口形状可改变,即时间窗和频率窗的大小都可以改变的时频局部化分析方法。在低频部分具有较高的频率分辨率和较低的时间分辨率,在高频部分具有较高的时间分辨率和较低的频率分辨率。在信号处理和分析、地震信号处理、信号奇异性监测和谱估计、计算机视觉、语音信号处理、图像处理与分析,尤其是图像编码等领域取得了突破性进展,成为一个研究开发的前沿热点。

3.5.1 小波变换基本理论

小波(Wavelet)函数的定义为:设 $\psi(t)$ 为一平方可积函数,也即 $\psi(t) \in L^2(R)$,若其傅里叶变换 $\psi(w)$ 满足条件

$$\int_R \frac{|\psi(w)|^2}{w} \mathrm{d}w < \infty \tag{3.5.1}$$

则称 $\psi(t)$ 为一个基本小波或小波母函数,并称式(3.5.1)为小波的可允许条件。

1. 小波函数的特点

由小波的定义知,小波函数一般具 2 个特点。

(1) 小

在时域具有紧支集或近似紧支集。原则上讲,任何满足可允许条件的 $L^2(R)$ 空间的函数都可作为小波母函数。但一般情况下,常常选取紧支集或近似紧支集的(具有时域的局部性)具有正则性的(具有频域的局部性)实数或复数函数作为小波母函数,以使小波母函数在时域都具有较好的局部特性。

(2) 波动性

由于小波母函数满足可允许性条件,则必有 $|\psi(w)|_{w=0} = 0$,也即直流分量为 0。

将小波母函数 $\psi(t)$ 进行伸缩和平移,设其伸缩因子(又称尺度因子)为 a ,平移因子为 τ ,令其平移伸缩后的函数为 $\psi_{a,\tau}(t)$,则有

$$\psi_{a,\tau}(t) = a^{-\frac{1}{2}} \psi\left(\frac{t-\tau}{a}\right), \quad a > 0, \tau \in R \tag{3.5.2}$$

称 $\psi_{a,\tau}(t)$ 为依赖于参数 a 、τ 的小波基函数。尺度因子 a 的作用是将母小波 $\Psi(t)$ 做伸缩,a 越大 $\Psi(a/t)$ 越宽,而在相应的频率域 $\Psi(a\omega)$ 带宽变窄。

将任意 $L^2(R)$ 空间中的函数 $x(t)$ 在小波基下进行展开,称这种展开为函数 $x(t)$ 的连续小波变换(CWT,Continue Wavelet Transform),其表达式为

$$W_x(a,\tau) = \langle x(t), \psi_{a,\tau}(t) \rangle = \frac{1}{\sqrt{a}} \int_R x(t) \overline{\psi\left(\frac{t-\tau}{a}\right)} \mathrm{d}t \tag{3.5.3}$$

小波变换同傅里叶变换一样,都是一种积分变换。它是一种变分辨率的时频联合分析方法,当分析低频(对应大尺度)信号时,其时间窗很大;而当分析高频(对应小尺度)信号时,其时间窗减小。

2. 连续小波的特点

连续小波是一种线性变换,具有叠加性、时移不变性,可进行尺度变换,而且符合内积定理。

(1) 叠加性

设 $x(t)$、$y(t) \in L^2(R)$ 空间, k_1、k_2 为任意常数 , 且 $x(t)$ 的 CWT 为 $W_x(a,\tau)$, $y(t)$ 的 CWT 为 $W_y(a,\tau)$,则 $z(t) = k_1 x(t) + k_2 y(t)$ 的 CWT 为

$$W_z(a,\tau) = k_1 W_x(a,\tau) + k_2 W_y(a,\tau) \tag{3.5.4}$$

(2) 时移不变性

设 $x(t)$ 的 CWT 为 $W_x(a,\tau)$,则 $x(t-t_0)$ 的 CWT 为 $W_x(a,\tau-t_0)$,即延时后的信号 $x(t-t_0)$ 的小波系数可将原信号 $x(t)$ 的小波系数在 τ 轴上进行同样时移即可得到。

(3) 尺度转换

设 $x(t)$ 的 CWT 为 $W_x(a,\tau)$,则 $x\left(\dfrac{t}{\lambda}\right)$ 的 CWT 为

$$W_x\left(\frac{a}{\lambda}, \frac{\tau}{\lambda}\right) , \quad \lambda > 0 \tag{3.5.5}$$

(4) 内积定理(Moyal 定理)

设 $x_1(t)$、$x_2(t) \in L^2(R)$,它们的 CWT 分别为 $W_{x1}(a,\tau)$、$W_{x2}(a,\tau)$,也即

$$W_{x1}(a,\tau) = \langle x_1(t), \psi_{a,\tau}(t) \rangle \tag{3.5.6}$$

$$W_{x2}(a,\tau) = \langle x_2(t), \psi_{a,\tau}(t) \rangle$$

则有 Moyal 定理

$$\langle W_{x1}(a,\tau), W_{x2}(a,\tau) \rangle = C_\Psi \langle x_1(t), x_2(t) \rangle \tag{3.5.7}$$

式中 $C_\psi = \displaystyle\int_0^\infty \frac{|\psi(w)|^2}{w} \mathrm{d}w$。

对连续小波变换而言,若采用的小波满足可容许性条件(式 3.5.1),则其逆变换存在。

$$\begin{aligned}
x(t) &= \frac{1}{C_\psi} \int_0^\infty \frac{\mathrm{d}a}{a^2} \int_{-\infty}^{+\infty} W_x(a,\tau) \psi_{a,\tau}(t) \mathrm{d}\tau \\
&= \frac{1}{C_\psi} \int_0^\infty \frac{\mathrm{d}a}{a^2} \int_{-\infty}^{+\infty} W_x(a,\tau) \frac{1}{\sqrt{a}} \psi_{a,\tau}\left(\frac{t-\tau}{a}\right) \mathrm{d}\tau
\end{aligned} \tag{3.5.8}$$

式中 $C_\psi = \displaystyle\int_0^\infty \frac{|\psi(aw)|^2}{a} \mathrm{d}a < \infty$,即对 $\psi(t)$ 提出的容许条件。

对于连续小波变换,一种通用的离散方法是,对尺度按幂级进行离散化,取 $a = a_0^j$, a_0 是大于 1 的固定伸缩步长;再对平移参数进行离散化,取 $\tau = kTsa_0^j$,一般常取 $a_0 = 2$。此时小波函数序列 $\psi_{j,k}(t)$ 可表示为

$$\frac{1}{\sqrt{2^j}} \psi\left(\frac{t-2^j k T_s}{2^j}\right) = \frac{1}{\sqrt{2^j}} \psi\left(\frac{t}{2^j} - k T_s\right) \tag{3.5.9}$$

时间轴用 T_s 归一化,式(3.5.9)可以写成

$$\frac{1}{\sqrt{2^j}} \psi\left(\frac{t-2^j k T_s}{2^j}\right) = \frac{1}{\sqrt{2^j}} \psi\left(\frac{t}{2^j} - k\right) \tag{3.5.10}$$

任意函数 $x(t)$ 的离散小波变换(DWT)为

$$W_x(j,k) = \int_R x(t) \overline{\psi_{j,k}(t)} \mathrm{d}t \tag{3.5.11}$$

3.5.2 频域空间的划分

如果原始信号 $x(t)$ 占据的总频带为 $0 \sim \pi$，设 $H_1(\omega)$、$H_0(\omega)$ 分别为高通和低通滤波器，则经过一级分解后，原始频带被划分为低频带 $0 \sim \pi/2$ 和高频带 $\pi/2 \sim \pi$。对低频带进行第二级分解，又得到低频带 $0 \sim \pi/4$ 和高频带 $\pi/4 \sim \pi/2$。如此重复下去，即每次对该级输入信号进行分解，得到一个低频的逼近信号和一个高频的细节信号，这样就将原始信号进行了多分辨分解。如图 3.18 所示。信号的各级分解都由 2 个滤波器完成，一个低通滤波器 $H_0(\omega)$，一个高通滤波器 $H_1(\omega)$。因为滤波器的设计是根据归一频率进行的，而前一级的信号输出又被 2 抽取过，所以这 2 个滤波器在各级是一样的。这种树形分解便是"由粗及精"的多分辨分析过程。相应的信号重构过程见图 3.19 所示。

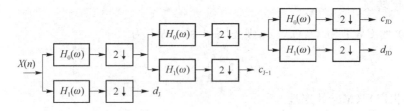

图 3.18　多采样滤波器组信号分解

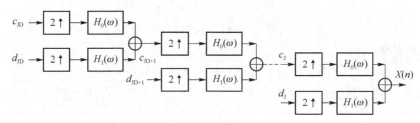

图 3.19　多抽样滤波器组信号重构

图中二通道滤波器组必须是正交的，可通过下面的方程定义：

高通

$$H_0(\omega) = \sum_k h_k \mathrm{e}^{-jkw} \tag{3.5.12}$$

低通

$$H_1(\omega) = \sum_k g_k \mathrm{e}^{-jkw} \tag{3.5.13}$$

信号分解的迭代过程定义为

$$c_{j-1,k} = \sum_k h_{n-2k} c_{j,n} \tag{3.5.14}$$

$$d_{j-1,k} = \sum_k g_{n-2k,n} d_{j,n} \tag{3.5.15}$$

信号重构的迭代过程为

$$c_{j,n} = \sum_k h_{n-2k} c_{j-1,k} + \sum_k g_{n-2k} d_{j-1,k} \tag{3.5.16}$$

3.5.3 图像小波变换的 Matlab 实现

在 Matlab 中有专门的小波函数工具箱，支持小波在图像处理中的应用。

1. 一维小波变换的 Matlab 实现

（1）dwt 函数

功能：一维离散小波变换。

格式：$[cA, cD] = dwt (X, 'wname')$

　　　$[cA, cD] = dwt (X, Lo\_D, Hi\_D)$

说明：$[cA, cD] = dwt (X, 'wname')$ 使用指定的小波基函数 'wname' 对信号 X 进行分解，cA、cD 分别为近似分量和细节分量；$[cA, cD] = dwt (X, Lo\_D, Hi\_D)$ 使用指定的滤波器组 Lo_D、Hi_D 对信号 X 进行分解。

（2）idwt 函数

功能：一维离散小波反变换。

格式：$X = idwt (cA, cD, 'wname')$

　　　$X = idwt (cA, cD, Lo\_R, Hi\_R)$

　　　$X = idwt (cA, cD, 'wname', L)$

　　　$X = idwt (cA, cD, Lo\_R, Hi\_R, L)$

说明：$X = idwt(cA, cD, 'wname')$ 由细节分量 cA 和细节分量 cD 经小波反变换重构原始信号 X。

'wname' 为所选的小波函数。

$X = idwt(cA, cD, Lo\_R, Hi\_R)$ 用指定的重构滤波器 Lo_R 和 Hi_R 经小波反变换重构原始信号 X。

$X = idwt(cA, cD, 'wname', L)$ 和 $X = idwt(cA, cD, Lo\_R, Hi\_R, L)$ 指定返回信号 X 中心附近的 L 个点。

2. 二维小波变换的 Matlab 实现

（1）wcodemat 函数

功能：对数据矩阵进行伪彩色编码。

格式：$Y = wcodemat(X, NB, OPT, ABSOL)$

　　　$Y = wcodemat(X, NB, OPT)$

　　　$Y = wcodemat(X, NB)$

　　　$Y = wcodemat(X)$

说明：$Y = wcodemat(X, NB, OPT, ABSOL)$ 返回数据矩阵 X 的编码矩阵 Y；NB 为编码的最大值，即编码范围为 $0 \sim NB$，缺省值 NB＝16；OPT 指定了编码的方式，即

　　　　　• OPT ＝'row'，按行编码

　　　　　• OPT ＝'col'，按列编码

　　　　　• OPT ＝'mat'，按整个矩阵编码

缺省值为 'mat'；ABSOL 是函数的控制参数，即

　　　　　• ABSOL＝0 时，返回编码矩阵

　　　　　• ABSOL＝1 时，返回数据矩阵的绝对值 ABS(X)

缺省值为 '1'。

使用图像处理工具箱中的函数 imshow，可以方便地显示变换后的图像。

Matlab 小波分析工具箱中有关二维小波变换的函数列于表 3.3。

表 3.3 二维小波变换的函数

函数名	函数功能	函数名	函数功能
dwt2	二维离散小波变换	detcoef2	提取二维信号小波分解的细节分量
wavedec2	二维信号的多层小波分解	appcoef2	提取二维信号小波分解的近似分量
idwt2	二维离散小波反变换	upwlev2	二维信号小波分解的单层重构
waverec2	二维信号的多层小波重构	dwtpet2	二维周期小波变换
wrcoef2	由多层小波分解重构某一层的分解信号	idwtper2	二维周期小波反变换
upcoef2	由多层小波分解重构近似分量或细节分量		

（2）dwt2 函数

功能：二维离散小波变换。

格式：[cA，cH，cV，cD] = dwt2 (X,′wname′)

　　　[cA，cH，cV，cD] = dwt2 (X, Lo_D, Hi_D)

说明：[cA，cH，cV，cD] = dwt2 (X,′wname′)使用指定的小波基函数′wname′对二维信号（图像）X 进行二维离散小波变换；cA，cH，cV，cD 分别为近似分量、水平细节分量、垂直细节分量和对角细节分量；[cA，cH，cV，cD] = dwt2 (X, Lo_D, Hi_D)使用指定的分解低通和高通滤波器 Lo_D 和 Hi_D 分解信号 X。

例 3.11 对图像做二维小波分解，结果见图 3.20。

(a)

(b)

图 3.20 图像的二维离散小波分解

```
load woman;
nbcol = size (map,1);
[cA1, cH1, cV1, cD1] = dwt2(X,′db1′);
cod_X = wcodemat(X, nbcol);
cod_cA1 = wcodemat (cA1, nbcol);
cod_cH1 = wcodemat (cH1, nbcol);
cod_cV1 = wcodemat (cV1, nbcol);
cod_cD1 = wcodemat (cD1, nbcol);
```

```
dec2d = [cod_cA1, cod_cH1; cod_cV1, cod_cD1];
subplot (1,2,1),imshow(cod_X,[ ])
Subplot (1,2,2),imshow(dec2d, [ ])
```

将原始图像 3.20(a)进行一层小波分解后,得到了 4 个分量,如图 3.20(b)所示,分别为近似分量(右上角)、水平细节分量、垂直细节分量和对角细节分量。

(3) wavedec2 函数

功能:二维信号的多层小波分解。

格式:[C, S] = wavedec2 (X, N,′wname′)

　　　[C, S] = wavedec2 (X, N, Lo_D, Hi_D)

说明:[C, S] = wavedec2 (X, N,′wname′)使用小波基函数′wname′对二维信号 X 进行 N 层分解;[C, S] = wavedec2 (X, N, Lo_D, Hi_D)使用指定的分解低通和高通滤波器 Lo_D 和 Hi_D 分解信号 X。

举例:

```
load woman;
[c, s] = wavedec2 (X, 2,′db1′);
```

(4) idwt2 函数

功能:二维离散小波反变换。

格式:X = idwt2 (cA, cH, cV, cD,′wname′)

　　　X = idwt2 (cA, cH, cV, cD, Lo_R, Hi_R)

　　　X = idwt2 (cA, cH, cV, cD,′wname′, S)

　　　X = idwt2 (cA, cH, cV, cD, Lo_R, Hi_R, S)

说明:X = idwt2 (cA, cH, cV, cD,′wname′)由信号小波分解的近似信号 cA 和细节信号 cH、cV、cD 经小波反变换重构原信号 X;X = idwt2 (cA, cH, cV, cD, Lo_R, Hi_R)使用指定的重构低通和高通滤波器 Lo_R 和 Hi_R 重构原信号 X;X = idwt2 (cA, cH, cV, cD,′wname′, S)和 X = idwt2 (cA, cH, cV, cD, Lo_R, Hi_R, S)返回中心附近的 S 个数据点。

例 3.12　由二维小波分解重构原始图像,结果见图 3.21。

(a) 原始图像　　　　　　　　　　　(b) 二维小波分解重构后的图像

图 3.21　由二维小波分解重构原始图像

```
load woman;
sX = size(X);
[cA1, cH1, cV1, cD1] = dwt2(X,'db4');
A0 = idwt2 (cA1, cH1, cV1, cD1,'db4', sX);
subplot (1, 2,1),imshow(X, [ ])
subplot (1, 2,2),imshow(A0, [ ])
```

（5）waverec2 函数

功能：二维信号的多层小波重构。

格式：X = waverec2 (C, S,'wname')

　　　X = waverec2 (C, S, Lo_R, Hi_R)

说明：X = waverec2 (C, S,'wname')由多层二维小波分解的结果 C、S 重构原始信号 X,'wname'为使用的小波基函数；X = waverec2 (C, S, Lo_R, Hi_R)使用重构低通和高通滤波器 Lo_R 和 Hi_R 重构原信号。

例 3.13　由图像的两层分解重构图像,结果见图 3.22。

```
load woman;
[c, s] = wavedec2(X, 2,'sym4');
a0 = waverec2(c, s,'sym4');
subplot (1, 2, 1),imshow(X,[ ])
subplot (1, 2, 2),imshow(a0,[ ])
```

(a) 原始图像　　　　　　　　　　　　　　　(b) 二维小波分解重构后的图像

图 3.22　二维小波重构

习　　题

1. 图像处理中的正交变换有哪些,主要目的和应用有哪些?

2. 二维傅里叶变换的可分离性质有何意义?

3. 离散的沃尔什变换与哈达玛变换之间有哪些异同点? 哈达玛变换有何优点?

4. 对下列图像的二维沃尔什变换所求结果进行分析。

(1) $\begin{bmatrix} 1 & 3 & 3 & 1 \\ 1 & 3 & 3 & 1 \\ 1 & 3 & 3 & 1 \\ 1 & 3 & 3 & 1 \end{bmatrix}$
(2) $\begin{bmatrix} 1 & 1 & 1 & 1 \\ 1 & 1 & 1 & 1 \\ 1 & 1 & 1 & 1 \\ 1 & 1 & 1 & 1 \end{bmatrix}$

5. 对第 4 题的图像分别进行哈达玛变换,并对所求结果加以分析。

6. 编写一个程序,将一幅图像进行二维傅里叶变换,并将 0 频率分量移到矩阵的中心。

第4章 图像的增强

4.1 引　　言

图像增强是图像处理的基本内容之一,其目的是改善图像的"视觉效果"(包括人和机器的"视觉"),针对给定图像的应用场合,有目的地强调图像的整体或局部特性,扩大图像中不同物体特征之间的差别,为图像的信息提取及其他图像分析技术奠定良好的基础。其方法是通过锐化、平滑、去噪、对比度拉伸等手段对图像附加一些信息或变换数据,使图像与"视觉"响应特性匹配,以用来突出图像中的某些目标特征而抑制另一些特征,或简化数据提取。

图像增强技术根据增强处理过程所在的空间不同,可分为基于空间域的增强方法和基于频率域的增强方法 2 类。前者直接在图像所在的二维空间进行处理,即直接对每一像素的灰度值进行处理;后者则是首先将图像从空间域按照某种变换模型(如傅里叶变换)变换到频率域,然后在频率域空间对图像进行处理,再将其反变换到空间域。

基于空间域的增强方法按照所采用的技术不同,可分为灰度变换和空间滤波 2 种方法。灰度变换是基于点操作的增强方法,将每一像元的灰度值按照一定的数学变换公式转换为一个新的灰度值,如增强处理中常用的对比度增强、直方图均衡化等方法。空域滤波是基于邻域处理的增强方法,它应用某一模板对每个像元与其周围的邻域的所有像元进行某种数学运算得到该像元的新的灰度值(即输出值),输出值的大小不仅与该像元的灰度值有关,而且还与其邻域内的像元灰度值有关,常用的图像平滑与锐化技术就属于空域的范畴。

图像增强技术按所处理的对象不同,还可分为灰度图像增强和彩色图像增强,按增强的目的还可分为光谱信息增强、空间纹理信息增强和时间信息增强。

图像增强的主要内容如表 4.1 所示。

表 4.1　图像增强的主要内容

图像增强
- 空间域
  - 灰度变换
    - 对比度增强
    - 直方图修正法
  - 空域滤波
    - 图像平滑
    - 图像锐化
- 频率域
  - 频率域平滑(低通)
  - 频率域锐化(高通)
  - 带通和带阻
  - 同态滤波增强
- 彩色增强
  - 伪彩色增强
  - 假彩色增强

4.2　灰度变换法

一般成像系统只具有一定的亮度响应范围,亮度的最大值与最小值之比称为对比度。由于成像系统的限制,常出现对比度不足的弊病,使人眼观看图像时视觉效果很差。灰度变换可使图像的动态范围增大,图像对比度扩展,图像变清晰,特征明显,是图像增强的重要手段之一。

4.2.1　全域线性变换

线性灰度变换如图 4.1 所示,灰度变换函数

$$g = \Phi[f] = mf + n \qquad (4.2.1)$$

是线性的。式中 m 为直线的斜率,n 为直线在 g 轴上的截距。显然,如果 $m=1$、$n=0$,则输出图像复制输入图像;如果 $m>1$、$n=0$,则输入图像对比度被扩展;如果 $m<1$、$n=0$,则输出图像对比度被压缩;如果 $m<0$,$n=0$,则获得输入图像的求反;如果 $m=1$,$n \neq 0$,则输出图像将会比输入图像偏亮或偏暗。

假定原图像 $f(x,y)$ 的灰度范围为 $[a,b]$,希望变换后的图像 $g(x,y)$ 的灰度范围扩展至 $[c,d]$,则线性变换可表示为

$$g(x,y) = \frac{d-c}{b-a}[f(x,y)-a] + c \qquad (4.2.2)$$

此式可用图 4.2 表示。

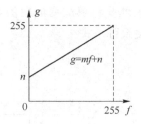

图 4.1　线性变换

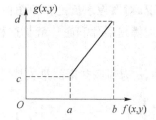

图 4.2　灰度范围的线性变换

若图像灰度在 $0 \sim M_f$ 范围内,其中大部分像素的灰度级分布在区间 $[a,b]$,很小部分的灰度级超出了此区间,为改善增强的效果,可令

$$g(x,y) = \begin{cases} c & 0 \leqslant f(x,y) < a \\ \dfrac{d-c}{b-a}[f(x,y)-a] + c & a \leqslant f(x,y) < b \\ d & b \leqslant f(x,y) < M_f \end{cases} \qquad (4.2.3)$$

此式可用如图 4.3 表示。

有时为了保持 $f(x,y)$ 灰度低端和高端值不变,可以采用式(4.2.4)所示的形式。

$$g(x,y) = \begin{cases} \dfrac{d-c}{b-a}[f(x,y)-a] + c & a \leqslant f(x,y) \leqslant b \\ f(x,y) & 其他 \end{cases} \qquad (4.2.4)$$

为了突出感兴趣的目标或灰度区间,相对抑制那些不感兴趣的灰度区域,可采用分段线性变换。常用的分段线性变换法如图 4.4 所示,其数学表达式为

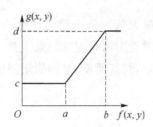

图 4.3 限制灰度范围线性变换

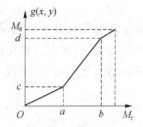

图 4.4 分段线性变换关系

$$g(x,y)=\begin{cases}\dfrac{c}{a}f(x,y) & 0\leqslant f(x,y)<a\\[2mm]\dfrac{d-c}{b-a}[f(x,y)-a]+c & a\leqslant f(x,y)<b\\[2mm]\dfrac{M_{\mathrm{g}}-d}{M_{\mathrm{f}}-b}[f(x,y)-b]+d & b\leqslant f(x,y)<M_{\mathrm{f}}\end{cases} \tag{4.2.5}$$

这种变换可以使图像上有用信息的灰度范围扩展,增大对比度;而相应噪声的灰度被压缩到端部较小的范围内,有时称为分段剪裁。

图 4.5 中列举了 4 种典型的分段线性变换函数。图中,(a)用于两端裁剪而中间扩展;(b)把不同灰度范围变换成相同灰度范围输出,用于显现图中轮廓线;(c)用于图像反色,并裁剪高亮区部分;(d)裁剪,用于图像二值化。其中图像的反色变换是灰度线性变换中比较特殊的情况,对图像求反是将原图像灰度值翻转,简单地说就是将黑的变成白的,白的变成黑的。普通黑白照片和底片就是这种关系。反色变换的关系可用式

$$g(x,y)=a-f(x,y) \tag{4.2.6}$$

表示,其中,a 为图像灰度的最大值。

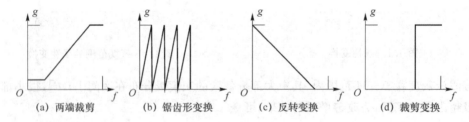

图 4.5 分段线性变换

4.2.2 非线性灰度变换

当用某些非线性函数如指数函数、对数函数等作为映射函数时,可实现图像灰度的非线性变换。

1. 指数变换

输出图像 $g(x,y)$ 与输入图像 $f(x,y)$ 的亮度值关系为

$$g(x,y)=b^{[f(x,y)]} \tag{4.2.7}$$

该变换用于压缩输入图像中低灰度区的对比度,而扩展高灰度值。曲线形状如图 4.6(a)所示。为了增加变换的动态范围,修改曲线的起始位置或变化速率等,可加入一些调节参数,使之成为

$$g(x,y)=b^{c[f(c,y)-a]}-1 \tag{4.2.8}$$

式中 a、b、c 均为可选择参数。

2. 对数变化

输出图像 $g(x,y)$ 与输入图像 $f(x,y)$ 的亮度值关系为

$$g(x,y)=\lg[f(x,y)] \tag{4.2.9}$$

该变换用于压缩输入图像的高灰度区的对比度,而扩展低灰度值。曲线形状如图 4.6(b)所示。为了增加变换的动态范围和灵活性,修改曲线的起始位置或变化速率等,可加入一些调节参数,使之成为

$$g=a+\ln(f+1)/(b\ln c) \tag{4.2.10}$$

为避免对 0 求对数,对 f 取对数改为对 $f+1$ 取对数。

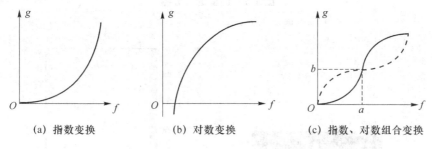

(a) 指数变换　　　(b) 对数变换　　　(c) 指数、对数组合变换

图 4.6　非线性变换

3. 指数、对数组合变换

输出图像 $g(x,y)$ 的 $0\sim b$ 灰度区与输入图像 $f(x,y)$ 的 $0\sim a$ 灰度区直接的亮度值关系为指数形式,两者其余灰度区之间的亮度值关系为对数形式,即

$$g(x,y)=\begin{cases}e^{f(x,y)} & 0\leqslant f(x,y)\leqslant a \\ \lg[f(x,y)] & a\leqslant f(x,y)\leqslant 255\end{cases} \tag{4.2.11}$$

该变换用于压缩输入图像中高、低灰度区两端的对比度,而扩展中间灰度区。曲线形状如图 4.6(c)中的实线所示。图中虚线为对数、指数变换,适用于相反的情况。

4.3　直方图修正法

在对图像进行处理之前,了解图像整体或局部的灰度分布情况非常必要。对图像的灰度分布进行分析的重要手段就是建立图像的灰度直方图(Density Histogram),利用图像灰度直方图,可以直观地看出图像中的像素亮度分布情况;通过直方图均衡化、归一化等处理,可以对图像的质量进行调整。

4.3.1　直方图

1. 直方图的概念

如果将图像中像素亮度(灰度级别)看成是一个随机变量,则其分布情况就反映了图像

的统计特性。灰度直方图是灰度级的函数,它表示图像中具有某种灰度级的像素的个数,反映了图像中每种灰度出现的概率,如图 4.7 和图 4.8 所示。

灰度级	1	2	3	4	5	6
出现频率	7	4	3	7	2	13

图像的灰度级表示

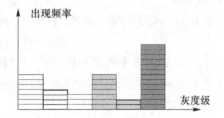

图 4.7 图像的直方图

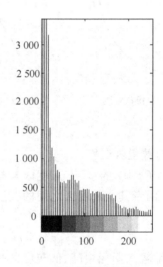

（a）原图　　　　　　（b）原图的直方图

图 4.8 灰度图像的直方图

2. 直方图的计算

设 r 表示图像中像素的灰度级,假定对每一个瞬间,它们是连续的随机变量,那么就可以用概率密度函数 $P(r_k)$ 表示原始图像的灰度分布。则

$$P(r_k) = n_k / N$$

式中,N 为一幅图像中像素的总数;n_k 为第 k 级灰度的像素;r_k 为第 k 个灰度级;$P(r_k)$ 表示该灰度级出现的概率。因为 $P(r_k)$ 给出了对 r_k 出现概率的一个估计,所以直方图提供了原图的灰度值分布情况,也可以说出了一幅所有灰度值的整体描述。

3. 直方图的性质

图像的直方图具有 3 个重要性质。

（1）直方图是一幅图像中各像素灰度值出现的频数的统计结果，它只反映该图像中不同灰度值出现的次数，而未反映某一灰度值像素所在的位置。也就是说，它只包含了该图像中某一灰度值的像素出现的概率，而丢失了其所在位置的信息。

（2）任一幅图像，都能唯一地确定出一幅与它对应的直方图，但不同的图像，可能有相同的直方图。也就是说，图像与直方图之间是多对一的映射关系。如图 4.9 就是一个不同图像具有相同直方图的例子。

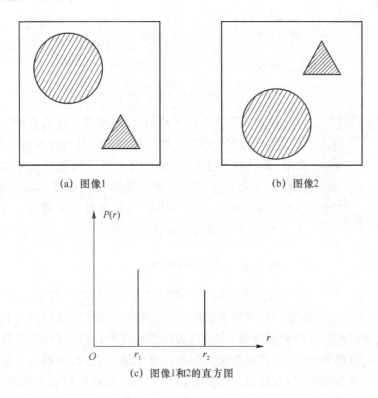

(a) 图像1　　　　　　　　　　　　　　(b) 图像2

(c) 图像1和2的直方图

图 4.9　不同图像对应相同的直方图

（3）如果一幅图像由两个不连续的区域组成，并且每个区域的直方图已知，则整幅图像的直方图是这两个区域的直方图之和。显然，该结论可以推广到任何数目的不连续区域的情形。

4. 直方图的用途

（1）数字化参数。直方图可以作为判断一幅图像是否合理地利用了全部被允许的灰度级范围的指标。一般情况下，一幅图像应该利用全部或几乎全部可能的灰度级。如果在数字化过程中，图像的灰度超出处理范围，则超出范围的灰度级将会被置为 0 或 255，由此将在直方图的一端或两端产生尖峰。最好的办法是在数字化时对直方图进行检查。

（2）边界的阈值选取。轮廓线可以确立图像中的简单物体的边界，将使用轮廓线作为边界的技术称为阈值化。如果一幅图像前景是浅色的，而背景是深色的，如图 4.10(a) 所示，则这类图像的灰度直方图大致如图 4.10(b) 所示。

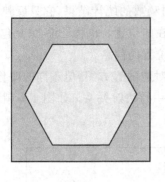

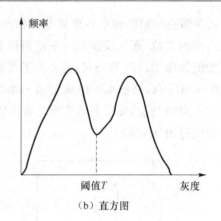

（a）边界明显的图像　　　　　　（b）直方图

图 4.10　边界明显的图像及其直方图

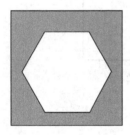

图 4.11　二值化图像

该直方图具有两个峰值,浅色前景产生直方图的左峰,深色背景产生直方图的右峰。物体边界附近具有的灰度级介于两个峰值之间,而且数目较少,反映在直方图中就是两个峰值之间谷底,选择谷底 T 使小于 T 的灰度值置为 0,大于 T 的灰度值置为 1,则可得到二值图像。也可以使小于 T 的灰度值置为 0,大于 T 的灰度值不变,得到物体除去背景的图像,如图 4.11 所示的二值化图像。

4.3.2　直方图修正

直方图修正是图像灰度级变换的最常用的一种方法。大多数自然图像,由于其灰度分布集中在较窄的区间,引起图像细节不够清晰,采用直方图修正后可使图像的灰度间距拉开或使灰度分布均匀,从而增大反差,使图像细节清晰,达到增强的目的。例如一幅过曝光的图片,其灰度级都集中在高亮度范围内,而曝光不足的图片,其灰度级集中在低亮度范围内,分别如图 4.12(a)和(b)所示。具有这样直方图的图片其可视效果比较差。

如果将图 4.12 中的(a)和(b)变换成图(c)和(d),那么其所对应的图像就会变得清楚。也可以将直方图修正成实际应用所需要的指定形状,以满足人们的需要。只要给定转换函数,直方图修正可由计算机方便实现。

直方图修正的应用非常广泛,例如医学方面为了改善 X 射线操作人员的工作条件,可以应用低强度 X 射线曝光,但这样获得的 X 光片灰度级集中在暗区,许多图像细节无法看清,通过修正使灰度级分布在人眼合适的亮度区域,就可以使 X 片中的细节清晰可见。

为了研究方便,往往先将直方图归一化,即让原图像灰度范围归一化为[0,1]。设其中任一灰度级归一化后为 r,变换后的图像任一灰度级归一化后为 s,显然 r、s 满足

$$0 \leqslant r \leqslant 1, \qquad 0 \leqslant s \leqslant 1$$

因此,直方图修正就是对公式

$$s = T(r)$$

或

$$r = T^{-1}(s) \tag{4.3.1}$$

的计算过程。

其中，$T(r)$ 为变换函数。为使这种灰度变换具有实际意义，$T(r)$ 应满足下面两个条件：

(1) 在 $0 \leqslant r \leqslant 1$ 区间，$T(r)$ 为单调递增函数。

(2) 在 $0 \leqslant r \leqslant 1$ 区间，有 $0 \leqslant T(r) \leqslant 1$。

条件(1)保证灰度级从黑到白的次序，条件(2)保证变换后的像素灰度仍在原来的动态范围内。$T^{-1}(s)$ 为反变换函数，同样要满足上述两个条件。

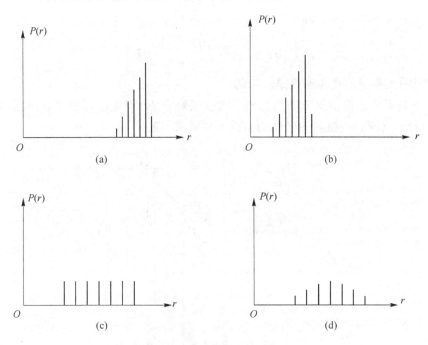

图 4.12　直方图修正法示意图

若用 $P_r(r)$ 和 $P_s(s)$ 分别表示原图像和变换后的图像灰度级的概率密度函数，根据概率论的知识，在已知 $P_r(r)$ 和 $T(r)$，且 $T^{-1}(s)$ 是单调增加函数时，则 $P_s(s)$ 可以由

$$P_s(s) = P_r(r) \frac{\mathrm{d}r}{\mathrm{d}s} \bigg|_{r = T^{-1}(s)} \tag{4.3.2}$$

求出。

可见，使用灰度变换进行图像增强技术的实质，就是选用合适的变换函数 $T(r)$ 来修正图像灰度级概率密度函数 $P_r(r)$，从而得到灰度级具有 $P_s(s)$ 分布的新图像。常用的图像灰度修正方法有直方图均衡化和直方图规定化。

4.3.3　直方图均衡化

直方图均衡化也叫做直方图均匀化，一幅对比度较小的图像，其直方图分布一定集中在一个比较小的灰度范围之内，经过均匀化处理之后，其所有灰度级出现的相对频数（概率）相同，此时图像的熵最大，图像所包含的信息量最大。

设变换函数为

$$s = T(r) = \int_0^r P_r(\omega) \mathrm{d}\omega \qquad (0 \leqslant r \leqslant 1) \tag{4.3.3}$$

式中 ω 为假设变量。上式两端对 r 求导

$$\frac{\mathrm{d}s}{\mathrm{d}r}\bigg| = P_r(r)$$

即

$$\frac{\mathrm{d}r}{\mathrm{d}s}\bigg| = \frac{1}{P_r(r)} \tag{4.3.4}$$

将式(4.3.4)代入式(4.3.2),得

$$P_s(s) = P_r(r)\frac{\mathrm{d}r}{\mathrm{d}s}\bigg|_{r=T^{-1}(s)} = 1 \tag{4.3.5}$$

可见对 s 来讲,变换后的概率密度是均匀的。

图 4.13 所示为连续情况下非均匀概率密度函数 $P_r(r)$ 经变换函数 $T(r)$ 转换为均匀概率分布 $P_s(s)$ 的情况。变换后图像的动态范围与原图一致。

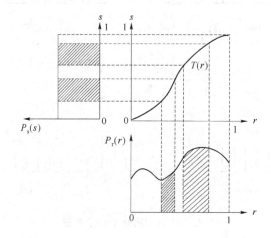

图 4.13 将非均匀密度变换为均匀密度

例 4.1 给定一幅图像的灰度级概率密度函数为

$$P_r(r) = \begin{cases} -2r+2 & 0 \leqslant r \leqslant 1 \\ 0 & \text{其他} \end{cases}$$

要求其直方图的均衡化,计算出变换函数 $T(r)$。

解 为使其变换为一幅灰度级均匀分布的图像,即直方图均匀化处理,必须求出变换函数 $T(r)$。由式(4.3.3)得

$$s = T(r) = \int_0^r P_r(\omega)\mathrm{d}\omega = \int_0^r (-2r+2)\mathrm{d}r = -r^2 + 2r \tag{4.3.6}$$

根据 $T(r)$ 即可由 r 计算 s,亦得由 $P_r(r)$ 分布的图像得到 $P_s(s)$ 分布的图像。可以验证按 $T(r)$ 变换后的图像灰度分布是均匀的,亦即 $P_s(s) = 1$。均衡化前后的直方图如图4.14所示。

对于离散图像,假定数字图像中的总像素为 N,灰度级总数为 L 个,第 k 个灰度级的值为 r_k,图像中具有灰度级 r_k 的像素数目为 n_k,则该图像中灰度级 r_k 像素出现的概率(或称为频数)为

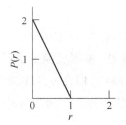 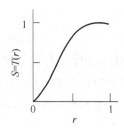 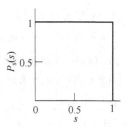

图 4.14　直方图均衡化

$$P_r(r_k) = \frac{n_k}{N} \qquad (0 \leqslant r_k \leqslant 1; k = 0,1,\cdots,L-1) \qquad (4.3.7)$$

对其进行均衡化处理的变换函数为

$$s_k = T(r_k) = \sum_{j=0}^{k} P_r(r_j) = \sum_{j=0}^{k} \frac{n_j}{N} \qquad (4.3.8)$$

相应的逆变换函数为

$$r_k = T^{-1}(s_k) \qquad (0 \leqslant s_k \leqslant 1) \qquad (4.3.9)$$

利用式(4.3.8)对图像做灰度变换,即可得到直方图均衡化后的图像。下面举例说明数字图像直方图均衡化处理的详细过程。

例 4.2　假设有一幅图像,共有 64 像素×64 像素,8 个灰度级,各灰度级概率分布见表 4.2,将其直方图均衡化。

表 4.2　各灰度级概率分布($N=4\,096$)

灰度级 r_k	$r_0=0$	$r_1=1/7$	$r_2=2/7$	$r_3=3/7$	$r_4=4/7$	$r_5=5/7$	$r_6=6/7$	$r_7=1$
像素数 n_k	790	1 023	850	656	329	245	122	81
灰度级 $P_r(r_k)$	0.19	0.25	0.21	0.16	0.08	0.06	0.03	0.02

解　根据表 4.2 做出的此图像直方图如图 4.15 所示,应用式(4.3.8)可求得变换函数为

$$s_0 = T(r_0) = \sum_{j=0}^{0} P_r(r_j) = P_r(r_o) = 0.19 \qquad (4.3.10)$$

$$s_1 = T(r_1) = \sum_{j=0}^{1} P_r(r_j) = P_r(r_0) + P_r(r_1) = 0.19 + 0.25 = 0.44 \qquad (4.3.11)$$

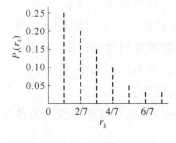 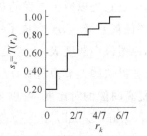

(a) 原始直方图　　　　(b) 均衡化后的直方图　　　　(c) 变换函数

图 4.15　直方图均衡化

按照同样的方法可以计算出

$$s_2=0.65 \quad s_3=0.81 \quad s_4=0.89 \quad s_5=0.95 \quad s_6=0.98 \quad s_7=1.00$$

从图 4.15(c) 中可看出原图像中给定的 s_k 与 r_k 之间的曲线,根据变换函数 $T(r_k)$ 可以逐个将 r_k 变成 s_k;从图(c)中还可看出原图给定的 r_k 是等间隔的,即在 0、1/7、2/7、3/7、4/7、5/7、6/7 和 1 中取值,而经过 $T(r_k)$ 求得的 s_k 就不一定是等间隔的。表 4.3 中列出了重新量化后得到的新灰度 s'_0、s'_1、s'_2、s'_3、s'_4。

表 4.3 直方图均衡化过程

原灰度级	变换函数$T(r_k)$值	像素数	量化级	新灰度级	新灰度级分布
0	$T(r_0)=s_0=0.19$	790	0		0
1/7=0.14	$T(r_1)=s_1=0.44$	1 023	1/7=0.14	s'_0 (790)	790/4 096=0.19
2/7=0.29	$T(r_2)=s_2=0.65$	850	2/7=0.29		
3/7=0.43	$T(r_3)=s_3=0.81$	656	3/7=0.43	s'_1 (1 023)	1 023/4 096=0.25
4/7=0.57	$T(r_4)=s_4=0.89$	329	4/7=0.57		
5/7=0.71	$T(r_5)=s_5=0.95$	245	5/7=0.71	s'_2 (850)	850/4 096=0.21
6/7=0.86	$T(r_6)=s_6=0.98$	122	6/7=0.86	s'_3 (985)	985/4 096=0.24
1	$T(r_7)=s_7=1.00$	81	1	s'_4 (448)	448/4 096=0.11

把计算出来的 s_k 与量化级数相比较,可以得出

$$s_0=0.19 \to \frac{1}{7} \qquad s_1=0.44 \to \frac{3}{7} \qquad s_2=0.65 \to \frac{5}{7} \qquad s_3=0.81 \to \frac{6}{7}$$

$$s_4=0.89 \to \frac{6}{7} \qquad s_5=0.95 \to \frac{6}{7} \qquad s_6=0.98 \to 1 \qquad s_7=1 \to 1$$

由此可知,经过变换后的灰度级不再需要 8 个,而只需要 5 个即可,它们是

$$s'_0=\frac{1}{7} \qquad s'_1=\frac{3}{7} \qquad s'_2=\frac{5}{7} \qquad s'_3=\frac{6}{7} \qquad s'_4=1$$

把相应原灰度级的像素相加就得到新的灰度级的像素数。均匀化以后的直方图如图 4.15(b) 所示,从图中可以看出均衡化后的直方图比原直方图图(a)均匀了;但它并不能完全均匀,这是由于在均衡化的过程中,原直方图上有几个像素较少的灰度级归并到了一个新的灰度级上,而像素较多的灰度级间隔被拉大了。也就是说,直方图均衡化提高了图像的对比度,但是它是以减少图像的灰度等级为代价的。比如例 4.2,在均衡化的过程中,原直方图上图像灰度级 r_3、r_4 合成了一个灰度级 s'_3,灰度级 r_5、r_6、r_7 合成了一个灰度级 s'_4。可以理解,原图像中灰度级 r_3、r_4 之间,以及 r_5、r_6、r_7 之间的图像细节经均衡化以后,完全损失掉了,如果这些细节很重要,就会导致不良结果。为把这种不良结果降低到最低限度,同时又可提高图像的对比度,可以采用局部直方图均衡化的方法,简称为 LAHE(Local Adaptive Histogram Equalization)。如果希望得到一个直方图完全平均而且灰度等级又不减少的均衡化处理,则必须用一些拟合技术。

4.3.4 直方图规定化

直方图均衡化处理方法是行之有效的增强方法之一,但是由于它的变换函数采用的是

累积分布函数,因此,它只能产生近似均匀的直方图,这样限制了它的效能。另外,在不同的情况下,并不总是需要均匀的直方图图像,有时需要具有特定的直方图图像,以便能够对图像中的某些灰度级加以增强。直方图规定化可以有选择地增强某个灰度范围内的对比度,是另一种常用的直方图修正方法。

假设 $P_r(r)$ 是原始图像灰度分布的概率密度函数,$P_z(z)$ 是希望得到的图像的概率密度函数。如何建立 $P_r(r)$ 和 $P_z(z)$ 之间的联系是直方图规定化处理的关键。

首先对原始图像进行直方图均衡化处理,则有

$$s = T(r) = \int_0^r P_r(\omega)\,\mathrm{d}\omega \tag{4.3.12}$$

假定已经得到了所希望的图像,并且它的概率密度函数是 $P_z(z)$,对这幅图像也做均衡化处理,即

$$u = G(z) = \int_0^z P_z(\omega)\,\mathrm{d}\omega \tag{4.3.13}$$

因为对于两幅图像(这两幅图像只是灰度分布概率密度不同)同样做了均衡化处理,所以 $P_s(s)$ 和 $P_u(u)$ 具有同样的均匀密度(均为 1)。式(4.3.13)的逆过程为

$$z = G^{-1}(u) \tag{4.3.14}$$

这样如果用从原始图像中得到的均匀灰度级 s 代替式(4.3.14)中的 u,其结果灰度级就是所要求的概率密度函数 $P_z(z)$ 的灰度级。

$$z = G^{-1}(u) = G^{-1}(s) \tag{4.3.15}$$

利用此式可从原始图像得到希望的图像灰度级。

根据以上思路,可以总结出直接进行直方图规定化增强处理的步骤。

(1) 用直方图均衡化方法将原始图像做均衡化处理。

(2) 规定希望的灰度概率密度函数 $P_z(z)$,并用式(4.3.13)求得变换函数 $G(z)$。

(3) 将逆变换函数 $z = G^{-1}(s)$ 用到步骤(1)中所得到的灰度级。

以上三步得到的新图像的灰度级具有事先规定的概率密度函数 $P_z(z)$。

直方图规定化方法中包括两个变换函数,这就是 $T(r)$ 和 $G^{-1}(s)$。这两个函数可以简单地组成一个函数关系。利用这个函数关系可以从原始图像产生希望的灰度分布。

将

$$s = T(r) = \int_0^r P_r(\omega)\,\mathrm{d}(\omega)$$

代入式(4.3.15),有

$$z = G^{-1}[T(r)] \tag{4.3.16}$$

式(4.3.16)就是用 r 来表示 z 的公式。很显然,如果 $G^{-1}[T(r)] = T(r)$ 时,这个式子就简化为直方图均衡化方法。

这种方法在连续变量的情况下,涉及到求反变换函数解析式的问题,一般情况下较为困难。但是由于在数字信号处理技术中,处理的对象是离散变量,因此,可用近似的方法绕过这个问题,从而较简单地克服了这个困难。

例 4.3　仍用例 4.2 中 64 像素×64 像素的图像,其灰度级仍然是 8 级。其直方图如图 4.16(a)所示,(b)是规定化的直方图,(c)为变换函数,(d)为处理后的结果直方图。原始直

方图和规定化的直方图之数值分别列于表 4.4 和表 4.5 中,经过直方图均衡化处理后的直方图数值列于表 4.6。

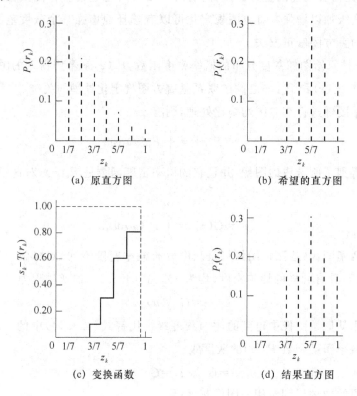

图 4.16　直方图规定化

<table>
<tr><td colspan="3">表 4.4　原始直方图数据</td></tr>
<tr><td>r_k</td><td>n_k</td><td>$P_r(r_k) = \dfrac{n_k}{n}$</td></tr>
<tr><td>$r_0 = 0$</td><td>790</td><td>0.19</td></tr>
<tr><td>$r_1 = \dfrac{1}{7}$</td><td>1023</td><td>0.25</td></tr>
<tr><td>$r_2 = \dfrac{2}{7}$</td><td>850</td><td>0.21</td></tr>
<tr><td>$r_3 = \dfrac{3}{7}$</td><td>656</td><td>0.16</td></tr>
<tr><td>$r_4 = \dfrac{4}{7}$</td><td>329</td><td>0.08</td></tr>
<tr><td>$r_5 = \dfrac{5}{7}$</td><td>245</td><td>0.06</td></tr>
<tr><td>$r_6 = \dfrac{6}{7}$</td><td>122</td><td>0.03</td></tr>
<tr><td>$r_7 = 1$</td><td>81</td><td>0.02</td></tr>
</table>

<table>
<tr><td colspan="2">表 4.5　规定的直方图数据</td></tr>
<tr><td>z_k</td><td>$p_z(z_k)$</td></tr>
<tr><td>$z_0 = 0$</td><td>0.00</td></tr>
<tr><td>$z_1 = \dfrac{1}{7}$</td><td>0.00</td></tr>
<tr><td>$z_2 = \dfrac{2}{7}$</td><td>0.00</td></tr>
<tr><td>$z_3 = \dfrac{3}{7}$</td><td>0.15</td></tr>
<tr><td>$z_4 = \dfrac{4}{7}$</td><td>0.20</td></tr>
<tr><td>$z_5 = \dfrac{5}{7}$</td><td>0.30</td></tr>
<tr><td>$z_6 = \dfrac{6}{7}$</td><td>0.20</td></tr>
<tr><td>$z_7 = 1$</td><td>0.15</td></tr>
</table>

计算步骤如下:

(1) 对原始图像进行直方图均衡化映射处理的数值列于表 4.6 的 n_k 栏目内。

(2) 利用式(4.3.8)计算变换函数。

$$u_k = G(z_k) = \sum_{j=0}^{k} P_z(z_j)$$

$$u_0 = G(z_0) = \sum_{j=0}^{0} P_z(z_j) = p_z(z_0) = 0.00$$

$$u_1 = G(z_1) = \sum_{j=0}^{1} P_z(z_j) = p_z(z_0) + p_z(z_1) = 0.00$$

$$u_2 = G(z_2) = \sum_{j=0}^{2} P_z(z_j) = p_z(z_0) + p_z(z_1) + p_z(z_2) = 0.00$$

$$u_3 = G(z_3) = \sum_{j=0}^{3} P_z(z_j) = p_z(z_0) + p_z(z_1) + p_z(z_2) + p_z(z_3) = 0.15$$

以此类推求得

$$u_4 = G(z_4) = 0.35$$
$$u_5 = G(z_5) = 0.65$$
$$u_6 = G(z_6) = 0.85$$
$$u_7 = G(z_7) = 1$$

(3) 用直方均衡化中的 s_k 进行 G 的反变换求 z。

$$z_k = G^{-1}(s_k)$$

这一步实际是近似过程,也就是找出 s_k 与 $G(z_k)$ 的最接近的值。例如,$s_0 = \dfrac{1}{7} \approx 0.14$,与它最接近的是 $G(z_3) = 0.15$,所以可写成 $G^{-1}(0.15) = z_3$。这样可得到下列变换值:

$$s_0 = \frac{1}{7} \rightarrow z_3 = \frac{3}{7}$$

$$s_1 = \frac{3}{7} \rightarrow z_4 = \frac{4}{7}$$

$$s_2 = \frac{5}{7} \rightarrow z_5 = \frac{5}{7}$$

$$s_3 = \frac{6}{7} \rightarrow z_6 = \frac{6}{7}$$

$$s_4 = 1 \rightarrow z_7 = 1$$

(4) 用 $z = G^{-1}[T(r)]$ 找出 r 与 z 的映射关系。

$$r_0 = 0 \rightarrow z_3 = \frac{3}{7}$$

$$r_1 = \frac{1}{7} \rightarrow z_4 = \frac{4}{7}$$

$$r_2 = \frac{2}{7} \rightarrow z_5 = \frac{5}{7}$$

$$r_3 = \frac{3}{7} \rightarrow z_6 = \frac{6}{7}$$

$$r_4 = \frac{4}{7} \rightarrow z_6 = \frac{6}{7}$$

$$r_5 = \frac{5}{7} \rightarrow z_7 = 1$$

$$r_6 = \frac{6}{7} \rightarrow z_7 = 1$$

$$r_7 = 1 \rightarrow z_7 = 1$$

表 4.6　均衡化处理后的直方图数据

$r_j \rightarrow s_k$	n_k	$P_s(s_k)$
$r_1 \rightarrow s_0 = \dfrac{1}{7}$	790	0.19
$r_1 \rightarrow s_1 = \dfrac{3}{7}$	1 023	0.25
$r_2 \rightarrow s_2 = \dfrac{5}{7}$	850	0.21
$r_3, r_4 \rightarrow s_3 = \dfrac{6}{7}$	985	0.24
$r_5, r_6, r_7 \rightarrow s_4 = 1$	448	0.11

（5）根据这样的映射重新分配像素，并用 $n=4\,096$ 去除，可得到最后的直方图。其结果直方图数据如表 4.7 所示。

表 4.7　结果直方图数据

z_k	n_k	$P_z(z_k)$	z_k	n_k	$P_z(z_k)$
$z_0=0$	0	0.00	$z_4=\dfrac{4}{7}$	1 023	0.25
$z_1=\dfrac{1}{7}$	0	0.00	$z_5=\dfrac{5}{7}$	850	0.21
$z_2=\dfrac{2}{7}$	0	0.00	$z_6=\dfrac{6}{7}$	985	0.24
$z_3=\dfrac{3}{7}$	790	0.19	$z_7=1$	448	0.11

由图 4.16 可见，结果直方图并不很接近希望的形状，与直方图均衡化的情况一样，这种误差是多次近似造成的。只有在连续的情况下，求得准确的反变换函数才能得到准确的结果。在灰度级减少时，规定的与最后得到的直方图之间的误差趋向于增加。但是实际处理效果表明，尽管是一种近似的直方图也可以得到较明显的增强效果。

4.3.5　直方图均衡化的 Matlab 实现

图像的直方图、均值、方差以及图像间的相关都是重要的统计特征。图像处理工具箱提供了计算这些统计特征的函数。

1. imhist 函数

功能：计算和显示图像的色彩直方图。

格式：imhist(I, n)

　　　imhist(X, map)

　　　[counts, x]=imhist(…)

说明：imhist(I, n)计算和显示灰度图像 I 的直方图，n 为指定的灰度级数目，缺省值为 256；imhist(X, map)计算和显示索引色图像 X 的直方图，map 为调色板；[counts, x]=imhist(...) 返回直方图数据向量 counts 和相应的色彩值向量 x，用 stem(x, counts) 同样可以显示直方图。

例 4.4　显示图像'cameraman. tif'的直方图，如图 4.17 所示。

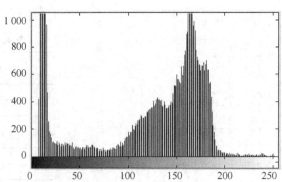

图 4.17　灰度图像的直方图

I = imread('cameraman. tif');

subplot(1,2,1), imshow(I)

subplot(1,2,2), imhist(I)

2. imcontour 函数

功能：显示图像的等灰度值图。

格式：imcontour（I,n），imcontour（I,v）

说明：n 为灰度级的个数，v 是由用户指定所选的灰度级向量。

例 4.5 显示图像´bacteria. tif´的等灰度值图，如图 4.18 所示。

```
I = imread(´bacteria.tif´);
subplot(1,2,1),
imshow(I)
subplot(1,2,2),
imcontour(I,8)
```

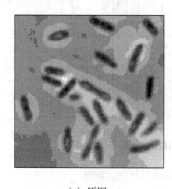
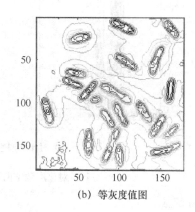

(a) 原图   (b) 等灰度值图

图 4.18 图像´bacteria. tif´的等灰度值图

3. imadjust 函数

功能：通过直方图变换调整对比度。

格式：J＝imadjust(I, [low high], [bottom top], gamma)

newmap＝imadjust(map, [low high], [bottom top], gamma)

说明：J＝imadjust(I, [low high], [bottom top], gamma)返回图像 I 经直方图调整后的图像 J，gamma 为校正量 γ，[low high]为原图像中要变换的灰度范围，[bottom top]指定了变换后的灰度范围；newmap＝imadjust(map, [low high], [bottom top], gamma)调整索引色图像的调色板 map。此时若[low high]和[bottom top]都为 2×3 的矩阵，则分别调整 R、G、B 3 个分量。

例 4.6 调整图像的对比度，调整前后的图像见图 4.19。

```
clear all
I = imread(´pout.tif´);
J = imadjust(I, [0.3 0.7], [ ]);
subplot(121), imshow(I)
subplot(122), imshow(J)
figure, subplot(121), imhist(I)
subplot(122), imhist(J)
```

(a) 原始图像和对比度调整后的图像

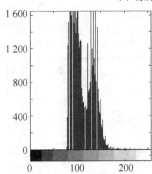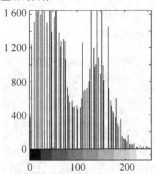

(b) 对比度调整后的图像的直方图

图 4.19 对比度调整前后的图像及其灰度直方图

4. histeq 函数

功能:直方图均衡化。

格式:J＝histeq(I, hgram)

J = histeq(I, n)

[J,T] = histeq(I, …)

newmap = histeq(X, map, hgram)

newmap = histeq(X, map)

[new, T] = histeq(X,…)

说明:J＝histeq(I, hgram)实现了所谓"直方图规定化",即将原始图像 I 的直方图变换成用户指定的向量 hgram。hgram 中的每一个元素都在[0,1]中;J = histeq(I, n)指定均衡化后的灰度级数 n,缺省为 64;[J,T] = histeq(I, …)返回从能将图像 I 的灰度直方图变换成图像 J 的直方图的变换 T;newmap = histeq(X, map, hgram)、newmap = histeq(X, map)和[new, T] = histeq(X,…)是针对索引色图像调色板的直方图均衡。

例 4.7 对图像′tire. tif′做直方图均衡化,结果见图 4.20。

```
I = imread('tire.tif');
J = histeq(I);
subplot(1,2,1),imshow(I)
subplot(1,2,2),imshow(J)
figure, subplot(1,2,1),imshow(I,64)
subplot(1,2,2), imshow(J,64)
```

(a) 原始图像及其直方图均衡后的图像

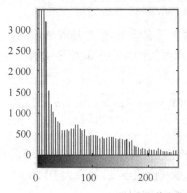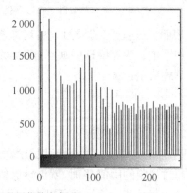

(b) 均衡化前后的图像的直方图

图 4.20　直方图均衡化前后的图像及其灰度直方图

4.4　图像的平滑

4.4.1　邻域平均法

邻域平均值法是简单的空域处理方法。这种方法的基本思想是用几个像素灰度的平均值代替每个像素的灰度。假定有一幅 N 像素$\times N$ 像素的图像 $f(x,y)$，平滑处理后得到一幅图像 $g(x,y)$。$g(x,y)$ 由下式决定：

$$g(x,y) = \frac{1}{M} \sum_{(m,n) \in S} f(m,n) \tag{4.4.1}$$

式中，$x,y=0,1,2,\cdots,N-1$；S 是点 (x,y) 邻域中点的坐标的集合，但其中不包括点 (x,y)；M 是集合内坐标点的总数。式(4.4.1)说明平滑化的图像 $g(x,y)$ 中的每个像素的灰度值均由包含 (x,y) 的预定邻域中的 $f(x,y)$ 的几个像素的灰度值的平均值决定。例如，可以以点 (x,y) 为中心，取单位距离构成一个邻域，其中点的坐标集合为

$$S=\{(x,y+1),(x,y-1),(x+1,y),(x-1,y)\}$$

图 4.21 给出了 2 种从图像阵列中选取邻域的方法。图(a)的方法是一个点的邻域，定义为以该点为中心的一个圆的内部或边界上的点的集合。图中像素间的距离为 Δx，选取 Δx 为半径作圆，那么，点 R 的灰度值就是圆周上 4 个像素灰度值的平均值。图(b)是选 $\sqrt{2}\Delta x$ 为半径的情况下构成的点 R 的邻域，选择在圆的边界上的点和在圆内的点为 S 的集合。

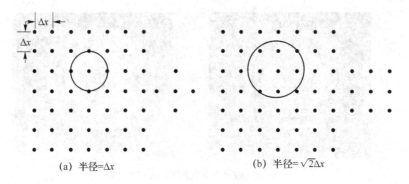

图 4.21   在数字图像中选取邻域的方法

处理结果表明,上述选择邻域的方法对抑制噪声是有效的,但是随着邻域的加大,图像的模糊程度也会愈加严重。为克服这一缺点,可以采用阈值法减少由于邻域平均所产生的模糊效应。其基本方法由下式决定:

$$g(x,y) = \begin{cases} \dfrac{1}{M}\sum_{(m,n)\in S} f(m,n) & \left| f(x,y) - \dfrac{1}{M}\sum_{(m,n)\in S} f(m,n) \right| > T \\ f(x,y) & \text{其他} \end{cases} \qquad (4.4.2)$$

式中 T 就是规定的非负阈值。这个表达式的物理概念是,当一些点和它的邻域内的点的灰度的平均值的差不超过规定的阈值 T 时,就仍然保留其原灰度值不变;如果大于阈值 T 时就用它们的平均值代替该点的灰度值。这样就可以大大降低了模糊的程度。

4.4.2　中值滤波

中值滤波是一种非线性处理技术,由于它在实际运算过程中并不需要知道图像的统计特性,所以比较方便。中值滤波最初应是用在一维信号处理技术中,后来被二维的图像信号处理技术所引用。在一定的条件下,中值滤波可以克服线性滤波器所带来的图像细节模糊,而且对滤除脉冲干扰及图像扫描噪声非常有效;但是,对一些细节多,特别是点、线、尖顶细节较多的图像则不宜采用中值滤波的方法。中值滤波的目的是在保护图像边缘的同时,去除噪声。

1. 中值滤波的原理

中值滤波实际上就是用一个含有奇数个像素的滑动窗口,将窗口正中点的灰度值用窗口内各点的中值代替。例如,若窗口长度为 5,窗口中像素的灰度值分别为 80、90、200、110、120,则中值为 110,因为如果按从小到大排列,结果为 80、90、110、120、200,其中间位置上的值为 110。于是原来窗口正中的灰度值 200 就由 110 代替。如果 200 是一个噪声的尖峰,则将被滤除;如果它是一个信号,那么此方法处理的结果将会造成信号的损失。

设有一个一维序列 $f_1, f_2, \cdots, f_n$,用窗口长度为 m(m 为奇数)的窗口对该序列进行中值滤波,就是从输入序列 $f_1, f_2, \cdots, f_n$ 中相继抽出 m 个数 $f_{i-v}, \cdots, f_{i-1}, f_i, f_{i+1}, \cdots, f_{i+v}$,其中 f_i 为窗口的中心值,$v = \dfrac{m-1}{2}$,再将这 m 个点的值按其数值大小排列,取其序号为正中间的那个值作为滤波器的输出。用数学公式可表示为

$$Y_i = M\{f_{i-v}, \cdots, f_i, \cdots, f_{i+v}\} \qquad i \in Z, v = \frac{m-1}{2} \qquad (4.4.3)$$

例 4.8　有一个序列为 $\{0, 3, 4, 0, 7\}$,当窗口 $m = 5$ 时,试分别求出采用中值滤波和平滑滤波的结果。

解 该序列重新排列后为 $\{0,0,3,4,7\}$ 则中值滤波的结果 $M\{0,0,3,4,7\}=3$。

如果采用平滑滤波,则平滑滤波的输出为

$$Z_i=(x_{i-v}+\cdots+x_i+\cdots+x_{i+v})/m$$

$$=(0+3+4+3+7)/5=2.8 \tag{4.4.4}$$

图 4.22 所示的是由长度为 5 的窗口采用中值滤波的方法对几种信号的处理结果。可以看到中值滤波不影响阶跃函数和斜坡函数,因为对图像的边缘有保护作用;但是,对于持续周期小于窗口尺寸的 $1/2$ 的脉冲将进行抑制(如图(c)和(d)所示),因而可能损坏图像中某些细节。

对二维序列 $\{X_{ij}\}$ 进行中值滤波时,滤波窗口也是二维的,只不过这种二维窗口可以有各种不同的形状,如线状、方形、圆形、十字形和圆环形等。二维数据的中值滤波可以表示为

$$Y_{ih}=M\{X_{ij}\} \qquad M \text{ 为窗口} \tag{4.4.5}$$

在对图像进行中值滤波时,如果窗口是关于中心点对称的,并且包含中心点在内,则中值滤波能保持任意方向的跳变边缘。图像中的跳变边缘是指图像中不同灰度区域之间的灰度突变边缘。

在实际使用窗口时,窗口的尺寸一般先取 3,再取 5,依次增大,直到滤波效果满意为止。对于有缓变的较长轮廓线物体的图像,采用方形或圆形窗口较合适;对于包含尖顶角物体的图像,采用十字形窗口较合适。使用二维中值滤波最需要注意的是,要保持图像中有效的细线状物体。如果图像中点、线、尖角细节较多,则不宜采用中值滤波。

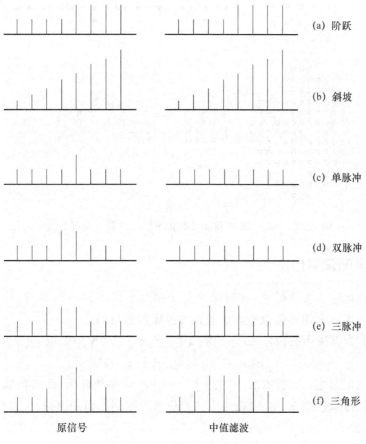

图 4.22 对几种信号进行中值滤波示例(窗口 $m=5$)

2. 中值滤波的主要特性

(1) 对某些输入信号中值滤波具有不变性

对某些特定的输入信号,中值滤波的输出保持输入信号值不变。例如输入信号在窗口 $2n+1$ 内单调增加或者单调减少的序列。二维序列的中值滤波不变性要复杂得多,它不但与输入信号有关,还与窗口的形状有关。图4.23列出了几种二维中值滤波窗口及与之对应的最小尺寸的不变输入图形。一般地,与窗口对顶角线垂直的边缘经滤波后将保持不变。利用这个特点,可以使中值滤波既能去除图像中的噪声,又能保持图像中一些物体的边缘。

另外,一维的周期性二值序列,如 $\{x_n\} = \cdots, +1, +1, -1, -1, +1, +1, -1, -1, \cdots$,当滤波窗口长度为9时,经过中值滤波此序列将保持不变。对于一个二维序列,这一类不变性更为复杂,但它们一般也是二值的周期性结构,即为周期性网格结构的图像。

(2) 中值滤波的去噪声性能

中值滤波可以用来减弱随机干扰和脉冲干扰。由于中值滤波是非线性的,因此对随机输入信号数学分析比较复杂。中值滤波的输出与输入噪声的概率密度分布有关,而邻域平均法的输出与输入分布无关。中值滤波在抑制随机噪声上要比邻域法差一些,但对于脉冲干扰(特别是脉冲宽度小于 $m/2$ 且相距较远的窄脉冲干扰),中值滤波是非常有效的。

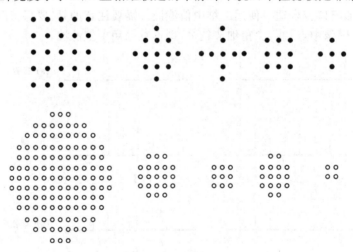

图 4.23 几种二维中值滤波的常用窗口及其对应不变图形

4.4.3 多图像平均法

如果一幅图像包含加性噪声,这些噪声对于每个坐标点是不相关的,并且其平均值为0,在这种情况下可能采用多图像平均法达到去掉噪声的目的。

设 $g(x,y)$ 为有噪声图像, $n(x,y)$ 为噪声, $f(x,y)$ 为原始图像,可表示为

$$g(x,y) = f(x,y) + n(x,y) \tag{4.4.6}$$

多图像平均法是把一系列有噪声的图像 $\{g_i(x,y)\}$ 叠加起来,然后再取平均值以达到平滑的目的。具体做法如下:取 M 幅内容相同但含有不同噪声的图像,将它们叠加起来,然后做平均计算,即

$$\overline{g}(x,y) = \frac{1}{M} \sum_{j=1}^{M} g_j(x,y) \tag{4.4.7}$$

由此得出

$$E\{\overline{g}(x,y)\} = f(x,y) \tag{4.4.8}$$

$$\sigma_g^2(x,y) = \frac{1}{M} \sigma_n^2(x,y) \tag{4.4.9}$$

式中，$E\{\overline{g}(x,y)\}$ 是 $\overline{g}(x,y)$ 的数学期望；$\sigma_g^2(x,y)$ 和 $\sigma_n^2(x,y)$ 是 $\overline{g}$ 和 n 在 (x,y) 坐标上的方差。在平均图像中任一点的均方差可由下式得到：

$$\sigma_{\overline{g}(x,y)} = \frac{1}{\sqrt{M}} \sigma_{n(x,y)} \tag{4.4.10}$$

由式(4.4.9)和(4.4.10)可见，M 增加则像素值的方差就减小，这说明由于平均的结果使得由噪声造成的像素灰度值的偏差变小。从式(4.4.7)中可以看出，当做平均处理的噪声图像数目增加时，其统计平均值就越接近原始无噪声图像。这种方法在实际应用中的最大困难在于把多幅图像配准起来，以便使相应的像素能正确地对应排列。

4.5　图像锐化

4.5.1　梯度锐化法

图像锐化法最常用的是梯度法。对于图像 $f(x,y)$，在 (x,y) 处的梯度定义为

$$\text{grad}(x,y) = \begin{bmatrix} f_x' \\ f_y' \end{bmatrix} = \begin{bmatrix} \dfrac{\partial f(x,y)}{\partial x} \\ \dfrac{\partial f(x,y)}{\partial y} \end{bmatrix} \tag{4.5.1}$$

梯度是一个矢量，其大小和方向分别为

$$\text{grad}(x,y) = \sqrt{f_x'^2 + f_y'^2} = \sqrt{\left(\frac{\partial f(x,y)}{\partial x}\right)^2 + \left(\frac{\partial f(x,y)}{\partial y}\right)^2}$$

$$\theta = \arctan \frac{f_y'}{f_x'} = \arctan \left(\frac{\partial f(x,y)}{\partial y} \middle/ \frac{\partial f(x,y)}{\partial x}\right) \tag{4.5.2}$$

梯度方向是 $f(x,y)$ 在该点灰度变换率最大的方向。

对于离散图像处理而言，常用到梯度的大小，因此把梯度的大小习惯地称为"梯度"。(如不作特别声明，本书中沿用这一习惯。)并且，一阶偏导数采用一阶差分近似表示，即

$$f_y' = f(x,y+1) - f(x,y)$$
$$f_x' = f(x+1,y) - f(x,y) \tag{4.5.3}$$

为简化梯度的计算，经常使用下面的近似表达式：

$$\text{grad}(x,y) = \max(|f_x'|, |f_y'|) \tag{4.5.4}$$

或

$$\text{grad}(x,y) = |f_x'| + |f_y'| \tag{4.5.5}$$

对于一幅图像中突出的边缘区，其梯度值较大；对于平滑区，梯度值较小；对于灰度级为

常数的区域,梯度值为 0。图 4.24 显示了一幅二值图像和采用式(4.5.5)计算的梯度图像。

(a) 二值图像

(b) 梯度图像

图 4.24　二值图像与梯度图像

除梯度算子外,还可以采用 Roberts、Prewitt 和 Sobel 算子计算梯度,来增强边缘。Roberts 对应的模板如图 4.25 所示。差分计算式为

$$f'_x = |f(x+1,y+1) - f(x,y)|$$
$$f'_y = |f(x+1,y) - f(x,y+1)|$$

(4.5.6)

−1	
	1

	−1
1	

图 4.25　Roberts 梯度算子

为在锐化边缘的同时减少噪声的影响,Prewitt 从加大边缘增强算子的模板出发,由 2×2 扩大到 3×3 计算差分,如图 4.26(a)所示。

Sobel 在 Prewitt 算子的基础上,对 4-邻域采用加权的方法计算差分,对应的模板如图 4.26(b)。

−1	0	1
−1	0	1
−1	0	1

−1	−1	−1
0	0	0
1	1	1

−1	0	1
−2	0	2
−1	0	1

−1	−2	−1
0	0	0
1	2	1

(a) Prewitt 算子　　　　　　　　(b) Sobel 算子

图 4.26　Prewitt 和 Sobel 算子

根据式(4.5.4)或式(4.5.5)就可以计算 Roberts、Prewitt 和 Sobel 梯度。一旦梯度算出后,就可以根据不同的需要生成不同的增强图像。

第 1 种增强图像是使其各点 (x,y) 的灰度 $g(x,y)$ 等于梯度,即

$$g(x,y) = \mathrm{grad}(x,y)$$

(4.5.7)

此法的缺点是增强的图像仅显示灰度变化比较陡的边缘轮廓,而灰度变化比较平缓或均匀的区域则呈黑色。

第 2 种增强图像是使

$$g(x,y) = \begin{cases} \mathrm{grad}(x,y) & \mathrm{grad}(x,y) \geqslant T \\ f(x,y) & 其他 \end{cases}$$

(4.5.8)

式中 T 是一个非负的阈值。适当选取 T,既可使明显的边缘轮廓得到突出,又不会破坏原

来灰度比较平缓的背景。

第 3 种增强图像是使

$$g(x,y)=\begin{cases}L_{\mathrm{G}} & \mathrm{grad}(x,y)\geqslant T \\ f(x,y) & \text{其他}\end{cases} \tag{4.5.9}$$

式中 L_{G} 是根据需要指定的一个灰度级,它将明显边缘用固定的灰度级 L_{G} 来表现。

第 4 种增强是使

$$g(x,y)=\begin{cases}\mathrm{grad}(x,y) & \mathrm{grad}(x,y)\geqslant T \\ L_{\mathrm{B}} & \text{其他}\end{cases} \tag{4.5.10}$$

此方法将背景用一个固定的灰度级 L_{B} 来表现,便于研究边缘灰度的变化。

第 5 种增强是使

$$g(x,y)=\begin{cases}L_{\mathrm{G}} & \mathrm{grad}(x,y)\geqslant T \\ L_{\mathrm{B}} & \text{其他}\end{cases} \tag{4.5.11}$$

这种方法将明显边缘和背景分别用灰度级 L_{G} 和 L_{B} 表示,生成二值图像,便于研究边缘所在的位置。

4.5.2　Laplacian 增强算子

Laplacian 算子是线性二阶微分算子。即

$$\nabla^2 f(x,y)=\frac{\partial^2 f(x,y)}{\partial x^2}+\frac{\partial^2 f(x,y)}{\partial y^2} \tag{4.5.12}$$

对于离散的数字图像而言,二阶偏导数与二阶差分近似,由此可推导出 Laplacian 算子的表达式为

$$\nabla^2 f(x,y)=f(x+1,y)+f(x-1,y)+f(x,y+1)+f(x,y-1)-4f(x,y) \tag{4.5.13}$$

Laplacian 增强算子为

$$\begin{aligned} g(x,y) &= f(x,y)-\nabla^2 f(x,y) \\ &= 5f(x,y)-[f(x+1,y)+f(x-1,y)+f(x,y+1)+f(x,y-1)] \end{aligned} \tag{4.5.14}$$

其特点有:

(1) 由于灰度均匀的区域或斜坡中间 $\nabla^2 f(x,y)$ 为 0,Laplacian 增强算子不起作用;

(2) 在斜坡底或低灰度侧形成"下冲";而在斜坡顶或高灰度侧形成"上冲",说明 Laplacian 增强算子具有突出边缘的特点,其对应的模板如图 4.27 所示。

0	−1	0
−1	5	−1
0	−1	0

图 4.27　对应的模板

4.6　频率域滤波增强

增强技术是在图像的频率域空间对图像进行滤波,因此需要将图像从空间域变换到频率域,一般通过傅里叶变换即可实现。在频率域空间的滤波与空域滤波一样可以通过卷积

实现,因此傅里叶变换和卷积理论是频域滤波技术的基础。如图 4.28 所示。

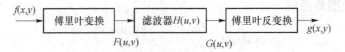

图 4.28　频率域增强的一般过程

假定函数 $f(x,y)$ 与线性位不变算子 $h(x,y)$ 的卷积结果是 $g(x,y)$,即

$$g(x,y)=h(x,y)*f(x,y) \tag{4.6.1}$$

相应地,由卷积定理可得下述频域关系:

$$G(u,v)=H(u,v) \cdot F(u,v) \tag{4.6.2}$$

式中,$H(u,v)$ 称为传递函数或滤波器函数。在图像增强中,图像函数 $f(x,y)$ 是已知的,即待增强的图像,因此 $F(u,v)$ 可由图像的傅里叶变换得到。实际应用中,首先需要确定的是 $H(u,v)$,然后就可以求得 $G(u,v)$,对 $G(u,v)$ 求傅里叶反变换后即可得到增强的图像 $g(x,y)$。$g(x,y)$ 可以突出 $f(x,y)$ 的某一方面的特征,如利用传递函数 $H(u,v)$ 突出 $F(u,v)$ 的高频分量,以增强图像的边缘信息,即高通滤波;反之,如果突出 $F(u,v)$ 的低频分量,就可以使图像显得比较平滑,即低通滤波。

在介绍具体的滤波器之前,首先根据以上的描述给出频域滤波的主要步骤。

(1) 对原始图像 $f(x,y)$ 进行傅里叶变换得到 $F(u,v)$;

(2) 对 $F(u,v)$ 与传递函数 $H(u,v)$ 进行卷积运算得到 $G(u,v)$;

(3) 将 $G(u,v)$ 进行傅里叶反变换得到增强图像 $g(x,y)$。

4.6.1　频率域低通滤波器

图像的平滑除了在空间域中进行外,也可以在频率域中进行。由于噪声主要集中在高频部分,为去除噪声,改善图像质量,在图 4.23 中采用低通滤波器 $H(u,v)$ 抑制高频部分,然后再进行傅里叶逆变换获得滤波图像,就可达到图像平滑的目的。常用的频率域低通滤波器 $H(u,v)$ 有下面 3 种。

1. 理想低通滤波器

设傅里叶平面上理想低通滤波器离开原点的截止频率为 D_0,则理想低通滤波器的传递函数为

$$H(u,v)=\begin{cases} 1 & D(u,v) \leqslant D_0 \\ 0 & D(u,v) > D_0 \end{cases} \tag{4.6.3}$$

式中 $D(u,v)=\sqrt{u^2+v^2}$。D_0 有 2 种定义,一种是取 $H(u,0)$ 降到 $\frac{1}{2}$ 时对应的频率;另一种是取 $H(u,0)$ 降到 $\frac{1}{\sqrt{2}}$。这里采用第一种。理想低通滤波器传递函数如图 4.29 所示。在理论上,$F(u,v)$ 在 D_0 内的频率分量无损通过;而在 $D>D_0$ 的分量却被除掉,然后经傅里叶逆变换得到平滑图像。由于高频成分包含大量的边缘信息,因此采用该滤波器在去除噪声的同时将会导致边缘信息的损失而使图像边缘模糊,并且

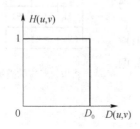

图 4.29　理想低通滤波器

会产生振铃效应。

2. 巴特沃斯低通滤波器

n 阶巴特沃斯(Butterwoth)滤波器的传递函数为

$$H(u,v)=\frac{1}{1+\left[\dfrac{D(u,v)}{D_0}\right]^{2n}} \tag{4.6.4}$$

巴特沃斯低通滤波器传递函数如图 4.30 所示。它的特性是连续性衰减,而不像理想滤波器那样陡峭和明显地不连续。因此采用该滤波器滤波在抑制图像噪声的同时,图像边缘的模糊度大大减小,没有振铃效应产生;但计算量大于理想低通滤波器。

3. 指数低通滤波器

指数滤波器是图像处理中常用的另一种平滑滤波器。它的传递函数为

$$H(u,v)=\mathrm{e}^{-\left[\frac{D(u,v)}{D_0}\right]^{n}} \tag{4.6.5}$$

式中 n 决定指数的衰减率。指数低通滤波器的传递函数如图 4.31 所示。采用该滤波器在抑制噪声的同时,图像边缘的模糊程度较用巴特沃斯滤波产生的大些,无明显的振铃效应。

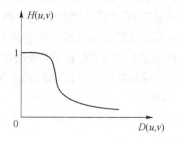

图 4.30　巴特沃斯低通滤波器的传递函数

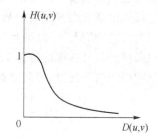

图 4.31　指数低通滤波器

4.6.2　频率域高通滤波器

图像的边缘、细节主要在高频部分得到反映,而图像的模糊是由于高频成分比较弱产生的。为了消除模糊,突出边缘,则采用高通滤波器让高频成分通过,使低频成分削弱,再经傅里叶逆变换得到边缘锐化的图像。常用的高通滤波器有 3 种。

1. 理想高通滤波器

二维理想高通滤波器的传递函数为

$$H(u,v)=\begin{cases}0 & D(u,v)\leqslant D_0 \\ 1 & D(u,v)>D_0\end{cases} \tag{4.6.6}$$

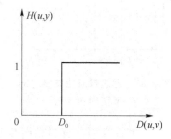

图 4.32　理想高通滤波器

其传递函数如图 4.32 所示。与理想低通滤波器相反,它把半径为 D_0 的圆内的所有频谱成分完全去掉,对圆外则无损地通过。

2. 巴特沃斯高通滤波器

n 阶巴特沃斯高通滤波器的传递函数定义为

$$H(u,v)=\frac{1}{1+\left[D_0/D(u,v)\right]^{2n}} \tag{4.6.7}$$

其传递函数如图 4.33 所示。

（3）指数高通滤波器

指数高通滤波器的传递函数为

$$H(u,v) = \mathrm{e}^{-\left[\frac{D_0}{D(u,v)}\right]^n} \tag{4.6.8}$$

式中 n 控制函数的增长率，它的传递函数如图 4.34 所示。

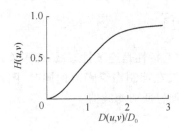

图 4.33　巴特沃斯高通滤波器

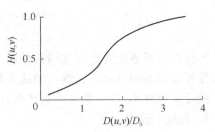

图 4.34　指数高通滤波器的剖面

4.6.3　带通和带阻

　　低通滤波和高通滤波可以分别增强图像的低频和高频分量。在实际应用中，图像中的某些有用信息可能出现在图像频谱的某一个频率范围内，或者某些需要去除的信息出现在某一个频率范围内。这种情况下，能够允许特定频率范围内的频率分量通过的传递函数就很有用，带通和带阻滤波器就是这样的传递函数，带通滤波器允许一定频率范围内的信号通过而阻止其他频率范围内的信号通过，带阻滤波器则正好相反。一个理想的带通滤波器的传递函数为

$$H(u,v) = \begin{cases} 0 & D(u,v) < D_0 - w/2 \\ 1 & D_0 - w/2 \leqslant D(u,v) \leqslant D_0 + w/2 \\ 0 & D(u,v) > D_0 + w/2 \end{cases} \tag{4.6.9}$$

式中，w 为带的宽度；D_0 为频带中心频率；$D(u,v)$ 表示从点 (u,v) 到频带中心 (u_0,v_0) 的距离，即

$$D(u,v) = \left[(u-u_0)^2 + (v-v_0)^2\right]^{\frac{1}{2}} \tag{4.6.10}$$

理想带通滤波器的传递函数 $H(u,v)$ 如图 4.35 所示。

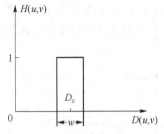

图 4.35　理想带通滤波器的剖面图和透视图

4.6.4　图像增强的 Matlab 实现

1. 噪声及其噪声的 Matlab 实现

　　实际获得的图像一般都因受到某种干扰而含有噪声。引起噪声的原因有敏感元器件的内部噪声、相片底片上感光材料的颗粒、传输通道的干扰及量化噪声等。噪声产生的原因决定了噪声的分布特性及它与图像信号的关系。

　　根据噪声与信号的关系可以将其分为 2 种形式。

　　(1) 加性噪声。有的噪声与图像信号 $g(x,y)$ 无关，在这种情况下，含噪声图像 $f(x,y)$ 可表示为

$$f(x,y) = g(x,y) + n(x,y) \tag{4.6.11}$$

信道噪声及扫描图像时产生的噪声都属于加性噪声。

　　(2) 乘性噪声。有的噪声与图像信号有关。这又可以分为 2 种情况，一种是某像素处的噪声只与该像素的图像有关；另一种是某像点处的噪声与该像点及其邻域的图像信号有关。例如，用飞点扫描器扫描图像时产生的噪声就与图像信号有关。如果噪声和信号成正比，则含噪图像 $f(x,y)$ 可以表示为

$$f(x,y)=g(x,y)+n(x,y)g(x,y)=[1+n(x,y)]g(x,y) \qquad (4.6.12)$$

另外,还可以根据噪声服从的分布对其进行分类,这时可以分为高斯噪声、泊松噪声和颗粒噪声等。泊松噪声一般出现在照度非常小及用高倍电子线路放大器的情况下;椒盐噪声可认为是泊松噪声;其他的情况通常为加性高斯噪声。颗粒噪声可以认为是白噪声过程,在密度域中是高斯分布的加性噪声,而在强度域中为乘性噪声。

平滑技术主要用于平滑图像中的噪声,平滑噪声在空间域中进行,其基本方法是求像素灰度的平均值或中值。为了既平滑噪声又保护图像信号,也有一些改进的技术,比如在频域中运用低通滤波技术。

Matlab 7.0 的图像处理工具箱提供了模拟噪声生成函数 imnoise,可以对图像添加某些典型的噪声。

imnoise 函数

格式:J＝imnoise(I, type)

　　　J＝imnoise(I, type, parameter)

说明:J＝imnoise(I, type)返回对图像 I 添加典型噪声后的有噪图像 J,参数 type 和parameter用于确定噪声的类型和相应的参数。

以下程序代码示例是对图像 rice. png 分别加入高斯噪声、椒盐噪声和乘性噪声,其结果如图 4.36 所示。

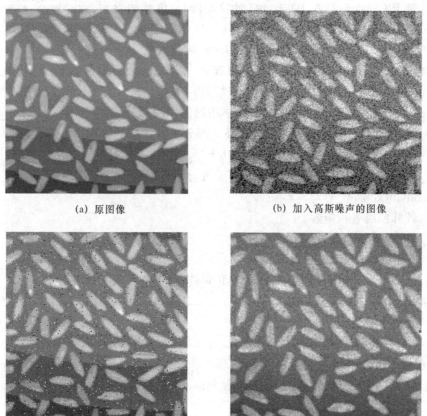

(a) 原图像　　　　　　　　　　　　(b) 加入高斯噪声的图像

(c) 加入椒盐噪声的图像　　　　　　(d) 加入乘性噪声的图像

图 4.36　加入高斯噪声、椒盐噪声和乘性噪声的图像

```
I = imread('rice.png');
J1 = imnoise(I,'gaussian',0,0.02);
J2 = imnoise(I,'salt & pepper',0.02);
J3 = imnoise(I,'speckle',0.02);
subplot(2,2,1),imshow(I);
subplot(2,2,2),imshow(J1);
subplot(2,2,3),imshow(J2);
subplot(2,2,4),imshow(J3);
```

2. 图像滤波的 Matlab 实现

下面介绍空间域滤波技术的 Matlab 实现。Matlab 中提供的与空间域数字图像滤波的函数主要有 5 个。

（1）conv2 函数

功能：计算二维卷积。

格式：C＝conv2(A，B)

　　　C＝conv2(Hcol，Hrow，A)

　　　C＝conv2(…，'shape')

说明：对于 C＝conv2(A,B)，conv2 计算矩阵 A 和 B 的卷积，若[Ma，Na]＝size(A)、[Mb，Nb]＝size(B)，则 size(C)＝[Ma＋Mb－1，Na＋Nb－1]；C＝conv2(Hcol,Hrow,A) 中，矩阵 A 分别与 Hcol 向量在列方向和 Hrow 向量在行方向上进行卷积；C＝conv2(…，'Shape') 用来指定 conv2 返回二维卷积结果部分，参数 shape 可取值如下：

- full 为缺省值，返回二维卷积的全部结果；
- same 返回二维卷积结果中与 A 大小相同的中间部分；

valid 返回在卷积过程中，未使用边缘补 0 部分进行计算的卷积结果部分，当 size(A)＞size(B)时，size(C)＝[Ma－Mb＋1，Na－Nb＋1]。

图 4.37 是采用该函数与前面介绍的算子进行结合的例子。

（2）convmtx2 函数

功能：计算二维卷积矩阵。

格式：T＝Convmtx2(H，m，n)

　　　T＝convmtx2(H，[m，n])

说明：Convmtx2 函数返回矩阵 H 的卷积矩阵 T，矩阵 T 是一稀疏矩阵。

（3）conv 函数

功能：计算多维卷积。

格式：与 conv2 函数相同

（4）filter2 函数

功能：计算二维线性数字滤波，它与函数 fspecial 连用。

格式：Y＝filter2(B，X)

　　　Y＝filter2(B，X，'shape')

说明：对于 Y＝filter2(B,X)，filter2 使用矩阵 B 中的二维 FIR 滤波器对数据 X 进行滤波，结果 Y 是通过二维互相关计算出来的，其大小与 X 一样；对于 Y＝filter2(B，X，

'Shape'),filter2 返回的 Y 是通过二维互相关计算出来的,其大小由参数 shape 确定,其取值如下:

- full 返回二维相关的全部结果,size(Y)＞size(X);
- same 返回二维互相关结果的中间部分,Y 与 X 大小相同;
- valid 返回在二维互相关过程中,未使用边缘补 0 部分进行计算的结果部分,有 size(Y)＜size(X)。

通过 filter2.m 文件可以看出,互相关实际上也是由函数 conv2 完成的。

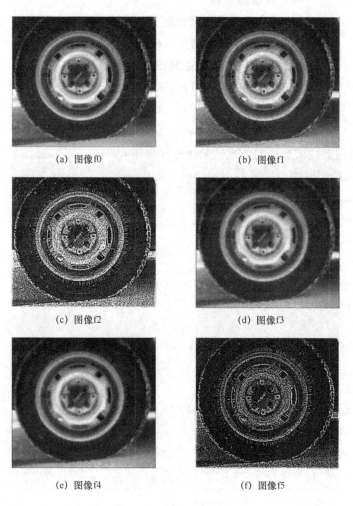

(a) 图像 f0　　　　　　　　　　(b) 图像 f1

(c) 图像 f2　　　　　　　　　　(d) 图像 f3

(e) 图像 f4　　　　　　　　　　(f) 图像 f5

图 4.37　Conv2 函数的应用实例

（5）fspecial 函数

功能:产生预定义滤波器。

格式:H＝fspecial(type)

　　　H＝fspecial('gaussian', n, sigma)

　　　H＝fspecial('sobel')

　　　H＝fspecial('prewitt')

$$H = fspecial('laplacian', alpha)$$
$$H = fspecial('log', n, sigma)$$
$$H = fspecial('average', n)$$
$$H = fspecial('unsharp', alpha)$$

说明：对于形式 H＝fspecial(type)，fspecial 函数产生一个由 type 指定的二维滤波器 H，返回的 H 常与其他滤波搭配使用。type 的可能值为下列之一：

- gaussian 　高斯低通滤波器
- sobel 　Sobel 水平边缘增强滤波器
- prewitt 　Prewitt 水平边缘增强滤波器
- laplacian 　近似二维拉普拉斯运算滤波器
- log 　高斯拉普拉斯(LoG)运算滤波器
- average 　均值滤波器
- unshape 　模糊对比增强滤波器

例 4.9 利用上述函数语句的具体示例程序如下：

```
% 读取原始图像
g0 = imread('eight.tif');
figure(1)
imshow(g0); % 如图 4.38(a)所示
% 加入椒盐噪声
g1 = imnoise(g0, 'salt & pepper', 0.02);
g1 = im2double(g1);
figure(2)
imshow(g1); % 如图 4.38(b)所示

% 进行高斯低通滤波
h1 = fspecial('gaussian', 4, 0.3);
g2 = filter2(h1,g1,'same');
figure(3)
imshow(g2); % 如图 4.38(c)所示

% 进行 sobel 滤波
h2 = fspecial('sobel');
g3 = filter2(h2,g1,'same');
figure(4)
imshow(g3); % 如图 4.38(d)所示

% 进行 prewitt 滤波
h3 = fspecial('prewitt');
```

```
g4 = filter2(h3,g1,´same´);
figure(5)
imshow(g4); % 如图 4.38(e)所示

% 进行拉普拉斯滤波
h4 = fspecial(´laplacian´,0.5);
g5 = filter2(h4,g1,´same´);
figure(6)
imshow(g5); % 如图 4.38(f)所示

% 进行高斯拉普拉斯滤波
h5 = fspecial(´log´,4,0.3);
g6 = filter2(h5,g1,´same´);
figure(7)
imshow(g6); % 如图 4.38(g)所示

% 进行均值滤波
h6 = fspecial(´average´);
g7 = filter2(h6,g1,´same´);
figure(8)
imshow(g7); % 如图 4.38(h)所示

% 进行模糊滤波
h7 = fspecial(´unsharp´,0.3);
g8 = filter2(h7,g1,´same´);
figure(9)
imshow(g8); % 如图 4.38(i)所示

% 进行高斯高通滤波
h8 = [0 -1 0; -1 5 -1; 0 -1 0];
g9 = filter2(h8,g1,´same´);
figure(10)
imshow(g9); % 如图 4.38(j)所示

% 进行中值滤波
h9 = h1;
g10 = medifilt2(h9);
figure(11)
imshow(g10) % 如图 4.38(k)所示
```

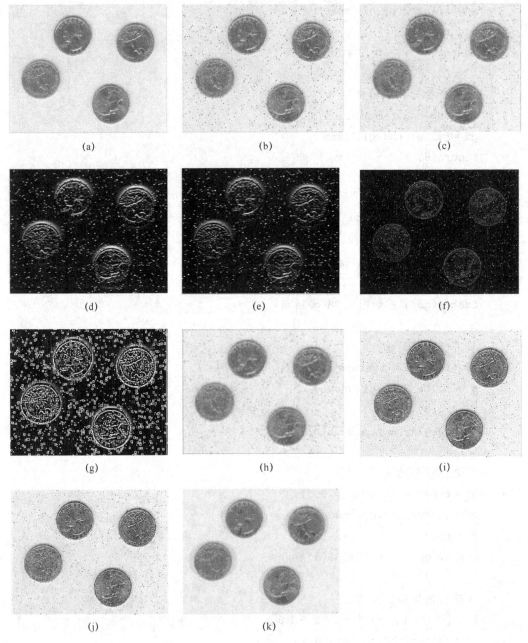

图 4.38　应用实例

4.7　彩色增强

在图像的自动分析中,色彩是一种能够简化目标提取和分类的重要参数。虽然人眼只能分辨几十种不同深浅的灰度级,但是却能够分辨几千种不同的颜色,因此在图像处理中常常借助色彩处理图像,以增强人眼的视觉效果。

通常采用的色彩增强方法可以分为伪彩色增强和真彩色增强 2 种,这 2 种方法在原理上存在着巨大的差别。伪彩色增强是对原来灰度图像中不同灰度值区域分别赋予不同的颜色,使人眼能够更清楚地区分不同的灰度级。由于原图像事实上是没有颜色的,所以称这种人工赋予的颜色为伪彩色。伪彩色增强实质上只是一个图像的着色过程,是一种灰度到彩色的映射技术。真彩色增强则是对原始图像本身所具有的颜色进行调节,是一个彩色到彩色的映射过程。由此可见,二者有着本质的区别。

4.7.1　伪彩色增强

伪彩色增强是将一幅灰度图像变换为彩色图像,从而将人眼难以区分的灰度差异变换为极易区分的色彩差异。因为原始图像并没有颜色,将其变为彩色的过程实际上是一种人为控制的着色过程,所以称为伪彩色增强。常用的方法有密度分割、伪彩色变换和频域滤波 3 种。

1. 密度分割

密度分割是伪彩色增强中最简单而又最常用的一种方法,它是对图像的灰度值动态范围进行分割,使分割后的每一灰度值区间,甚至于每一灰度值本身对应某一种颜色。密度分割的示意图如图 4.39 所示。假定把一幅图像看作一个二维的强度函数,则可以用 1 个平行于图像坐标平面的平面(称为密度切割平面)去切割图像的强度函数,这样强度函数在分割处 l_i 被分为上、下 2 部分,即 2 个灰度值区间。如果再对每个区间赋予某种颜色,就可以将原来的灰度图像变换成只有 2 种颜色的图像。更进一步,如果用多个密度切割平面对图像函数进行分割,那么就可以将图像的灰度值动态范围切割成多个区间,每个区间赋予某种颜色,则原来的一幅灰度图像就可以变成一幅彩色图像。特别地,如果将每个灰度值都划分成1 个区间,如将 8 bit 灰度图像划分成 256 区间,就是索引图像,从这个意义上讲,可以认为索引图像是由灰度图像经密度分割生成的。

如果用 N 个平面去切割图像,则可以得到 $N+1$ 个灰度值区间,每个区间对应某种颜色 C_i。对于每一像元 (x,y),如果 $l_{i-1} \leqslant f(x,y) < l_i$,则 $g(x,y)=c_i(i=1,2,\cdots,N)$,$g(x,y)$ 和 $f(x,y)$ 分别表示变换后的彩色图像和原始灰度图像。如图 4.40 所示。

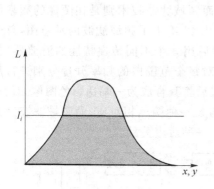

图 4.39　密度分割示意图

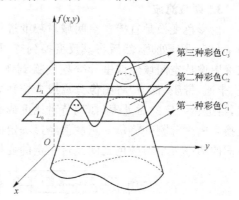

图 4.40　密度分割空间示意图

应当指出,每一灰度值区间赋予何种颜色,是由具体应用所决定的,并无规律可言。但总的来讲,相邻灰度值区间的颜色差别不宜太小也不宜太大,太小将无法反映细节上的差异,太大则会导致图像出现不连续性。实际应用中,密度切割平面之间可以是等间隔的,也可以是不等间隔的,而且切割平面的划分也应依据具体的应用范围和研究对象而确定。

2. 伪彩色变换

密度分割法实质上是通过一个分段线性函数实现从灰度到彩色的变换,每个像元只经过一个变换对应到某种颜色。与密度分割不同,伪彩色变换则将每个像元的灰度值通过 3 个独立变换分别产生红、绿、蓝 3 个分量图像,然后将其合成为一幅彩色图像。3 个变换是独立的,但在实际应用中这 3 个变换函数一般取同一类的函数,如可以取带绝对值的正弦函数,也可以取线性变换函数。

图 4.41 给出了一组经典的变换函数,灰度值范围为$[0,L]$,每个变换取不同的分段线性函数。可以看出,最小的灰度值(0)对应蓝色,中间的灰度值$\left(\dfrac{L}{2}\right)$对应绿色,最高的灰度值($L$)对应红色,其余的灰度值则分别对应不同的颜色。

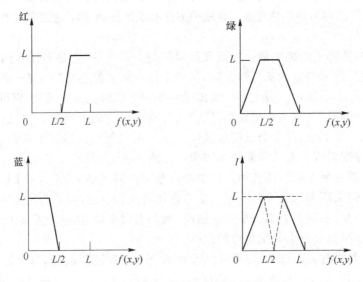

图 4.41　伪彩色变换示例

3. 频域滤波

伪彩色变换是直接在空间域对灰度进行变换,而频域滤波技术则是在图像的频率域对频率分量进行处理,然后将其反变换到空间域。图 4.42 给出了频域滤波的示意图,首先将灰度图像从空间域经傅里叶变换变换到频率域;然后用 3 个不同传递特性的滤波器(如高通、带通、带阻、低通)将图像分离成 3 个独立分量,对每个范围内的频率分量分别进行反变换,再进行一定的后处理(如调节对比度或亮度);最后将其合成为一幅伪彩色图像。伪彩色变换和密度分割是将每一灰度值经过一定的变换与某一种颜色相对应;而频域滤波则是在不同的频率分量与颜色之间经过一定的变换建立了一种对应关系。

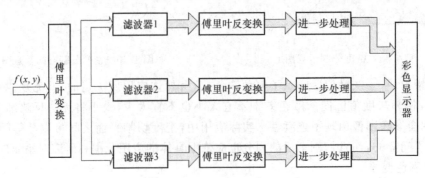

图 4.42　频域滤波法伪彩色增强

4.7.2　真彩色增强

在彩色图像处理中,选择合适的彩色模型是很重要的。电视摄像头和彩色扫描仪都是根据 RGB 模型工作的。为在屏幕上显示彩色图像一定要借用 RGB 模型,但 HIS 模型在许多处理中有其独特的优点。首先,在 HIS 模型中,亮度分量与色度分量是分开的;其次,在 HIS 模型中,色调和饱和度的概念与人的感知是紧密相联的。

如果将 RGB 图转化为 HIS 图,亮度分量和色度分量就分开了,前面讨论的灰度图的增强方法都可以使用。真彩色增强方法的基本步骤如下。

(1) 将 R、G、B 分量图转化为 H、I、S 分量图;

(2) 利用对灰度图增强的方法增强其中的 I 分量图;

(3) 再将结果转换为用 R、G、B 分量图来显示。

以上方法并不改变原图的彩色内容,但增强后的图看起来可能会有些不同。这是因为尽管色调和饱和度没有变化,但亮度分量得到了增强,整个图会比原来更亮一些。

需要指出,尽管对 R、G、B 各分量直接使用对灰度图的增强方法可以增加图中的可视细节亮度,但得到的增强图中的色调有可能完全没有意义。这是因为在增强图中对应同一个像素的 R、G、B 这 3 个分量都发生了变化,它们的相对数值与原来不同,从而导致原图颜色的较大改变。

4.7.3　彩色增强的 Matlab 实现

在 Matlab 中,调用 imfilter 函数对一幅真彩色(三维数据)图像使用二维滤波器进行滤波就相当于使用同一个二维滤波器对数据的每个平面单独进行滤波。

imfilter 函数

功能:真彩色增强。

格式:B=imfilter (A, h)

说明:将原始图像 A 按指定的滤波器 h 进行滤波增强处理,增强后的图像 B 与 A 的尺寸和类型相同。

例 4.10　以下代码将使用均值滤波器对图 4.43(a)所示的真彩色图像的每个颜色平面进行滤波,滤波结果如图 4.43 (b)所示。

　　　　　(a) 滤波前　　　　　　　　　　　　　　　　(b) 滤波后

图 4.43　真彩色图像均值滤波前后显示效果对比

```
rgb = imread('peppers.png');
```

```
h = ones(5,5)/25;
rgb2 = imfilter(rgb,h);
subplot(1,2,1), imshow(rgb)
subplot(1,2,2), imshow(rgb2)
```

Matlab 7.0 图像处理工具箱中没有专门的图像伪彩色处理函数,但是工具箱中包含了许多可以用来实现伪彩色的函数。例如,灰度图像类型转换函数 grayslice、gray2ind 等,这些函数都是使用空域增强方法实现图像的伪彩色显示的,因此可以通过设置函数的参数选择调色板,也可以使用函数缺省的调色板进行灰度映射。

习　题

1. 试给出将灰度范围(0,10)拉伸为(0,15)、灰度范围(10,20)移到(15,25)及灰度范围(20,30)压缩为(25,30)的变换过程。

2. 设有 64 像素×64 像素大小的图像,灰度为 16 级,概率分布如题表 4.1 所示,试进行直方图均衡化,并画出处理前后的直方图。

题表 4.1　概 率 分 布

r	n_k	$p_k(r_k)$	r	n_k	$p_k(r_k)$
$r_0 = 0$	800	0.195	$r_8 = 8/15$	150	0.037
$r_1 = 1/15$	650	0.160	$r_9 = 9/15$	130	0.031
$r_2 = 2/15$	600	0.147	$r_{10} = 10/15$	110	0.027
$r_3 = 3/15$	430	0.106	$r_{11} = 11/15$	96	0.023
$r_4 = 4/15$	300	0.073	$r_{12} = 12/15$	80	0.019
$r_5 = 5/15$	230	0.056	$r_{13} = 13/15$	70	0.017
$r_6 = 6/15$	200	0.049	$r_{14} = 14/15$	50	0.012
$r_7 = 7/15$	170	0.041	$r_{15} = 1$	30	0.007

3. 编写一段程序,向一幅数字图像中加入噪声。

4. 对

$$
\begin{matrix}
1 & 7 & 1 & 8 & 1 & 7 & 1 & 1 \\
1 & 1 & 1 & 5 & 1 & 1 & 1 & 1 \\
1 & 1 & 5 & 5 & 5 & 1 & 1 & 7 \\
1 & 1 & 5 & 5 & 5 & 1 & 8 & 1 \\
8 & 1 & 1 & 5 & 1 & 1 & 1 & 1 \\
8 & 1 & 1 & 5 & 1 & 1 & 8 & 1 \\
1 & 1 & 1 & 5 & 1 & 1 & 1 & 1 \\
1 & 7 & 1 & 8 & 1 & 7 & 1 & 1 \\
\end{matrix}
$$

做 3×3 的中值滤波处理,写出处理结果。

5. 对第 4 题做 3×3 的邻域平均,并比较邻域平均与中值滤波的差异。

6. 基于直方图均衡化的主要原理是什么？为什么一般情况下对离散图像的直方图均衡化并不能产生完全均匀分布的直方图？

7. 在 Matlab 中读入一幅图像，并求其灰度直方图。

8. 已知一幅 64 像素×64 像素的图像，其灰度级是 8 级。原始图像的直方图数值如题表 2 所示，要求对其进行直方图变换，使变换后的图像的直方图之数值如题表 3 所示。求出变换函数，画出变换前后的直方图并进行比较。

题表 2　原始图像的直方图

r_k	n_k	$P_r(r_k)=\dfrac{n_k}{n}$
$r_0=0$	560	0.14
$r_1=\dfrac{1}{7}$	920	0.22
$r_2=\dfrac{2}{7}$	1046	0.26
$r_3=\dfrac{3}{7}$	705	0.17
$r_4=\dfrac{4}{7}$	356	0.09
$r_5=\dfrac{5}{7}$	267	0.06
$r_6=\dfrac{6}{7}$	170	0.04
$r_7=1$	72	0.02

题表 3　变换后的图像的直方图

z_k	$p_z(z_k)$
$z_0=0$	0.00
$z_1=\dfrac{1}{7}$	0.00
$z_2=\dfrac{2}{7}$	0.00
$z_3=\dfrac{3}{7}$	0.19
$z_4=\dfrac{4}{7}$	0.25
$z_5=\dfrac{5}{7}$	0.21
$z_6=\dfrac{6}{7}$	0.24
$z_7=1$	0.11

第5章 图像的复原

5.1 概　　述

图像在摄取、传输、储存和处理过程中,不可避免地要引起某些失真而使图像退化。图像退化的典型表现为图像模糊、失真、有噪声等。造成图像退化的原因有很多,大致可分为以下 8 个方面。

(1) 成像系统的像差、畸变、有限带宽等造成的图像失真;

(2) 涉嫌辐射、大气湍流等造成的照片畸变;

(3) 携带遥感仪器的飞机或卫星运动的不稳定,以及地球自传等因素引起的照片几何失真;

(4) 模拟图像在数字化的过程中,由于会损失掉部分细节,因而造成图像质量下降;

(5) 拍摄时,相机与景物之间的相对运动产生的运动模糊;

(6) 镜头聚焦不准产生的散焦模糊;

(7) 底片感光、图像显示时会造成记录显示失真;

(8) 成像系统中存在的噪声干扰。

图像复原与图像增强技术一样,也是一种改善图像质量的技术,其目的是使退化的图像尽可能恢复到原来的真实面貌。其方法是,首先从分析图像退化机理入手,即用数学模型描述图像的退化过程;然后在退化模型的基础上,通过求其逆过程的模式计算,从退化图像中较准确地求出真实图像,恢复图像的原始信息。

可见,图像复原主要取决于对图像退化过程的先验知识所掌握的精确程度。图像复原的一般过程为

$$分析退化原因 \longrightarrow 建立退化模型 \longrightarrow 反向推演 \longrightarrow 恢复图像$$

图像复原和图像增强二者的目的都是为了改善图像的质量。但图像增强不考虑图像是如何退化的,只通过试探各种技术增强图像的视觉效果。因此,图像增强可以不考虑增强后的图像是否失真,只要感官舒适即可。而图像复原就完全不同,需要知道图像退化的机制和过程的先验知识,据此找出一种相应的逆过程解算方法,从而得到复原的图像。如果图像退化,应先做复原处理,再做增强处理。

5.2 退化的数字模型

5.2.1 退化模型

图 5.1 给出了一个简单的通用图像退化模型。在这个模型中,将图像退化过程模型化

为一个作用在输入图像 $f(x,y)$ 上的系统 H,它与一个加性噪声 $n(x,y)$ 联合作用导致产生退化图像 $g(x,y)$。根据这个模型恢复图像就是要在给定 $g(x,y)$ 和代表退化的 H 的基础上得到对 $f(x,y)$ 的某个近似的过程(假设已知 $n(x,y)$ 的统计特性)。

图 5.1 中的输入和输出具有如下关系:

$$g(x,y) = H[f(x,y)] + n(x,y) \quad (5.2.1)$$

首先假设 $n(x,y)=0$,考虑 H 可有如下 4 个性质。

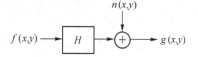

图 5.1　简单的通用图像退化模型

(1) 线性:如果令 k_1 和 k_2 为常数,$f_1(x,y)$ 和 $f_2(x,y)$ 为 2 幅输入图像,则:

$$H[k_1 f_1(x,y) + k_2 f_2(x,y)] = k_1 H[f_1(x,y)] + k_2 H[f_2(x,y)] \quad (5.2.2)$$

(2) 相加性:式(5.2.2)中,如果 $k_1 = k_2 = 1$,则变成

$$H[f_1(x,y) + f_2(x,y)] = H[f_1(x,y)] + H[f_2(x,y)] \quad (5.2.3)$$

通过式(5.2.3)可以得出,线性系统对 2 个输入图像之和的响应等于它对 2 个输入图像响应的和。

(3) 一致性:式(5.2.2)中如果 $f_2(x,y)=0$,则变成

$$H[k_1 f_1(x,y)] = k_1 H[f_1(x,y)] \quad (5.2.4)$$

通过式(5.2.4)可以得出,线性系统对常数与任意输入乘积的响应等于常数与该输入的响应的乘积。

(4) 位置(空间)不变性:如果对任意 $f(x,y)$ 以及 a 和 b,有

$$H[f(x-a,y-b)] = g(x-a,y-b) \quad (5.2.5)$$

通过式(5.2.5)可以得出,线性系统在图像任意位置的响应只与在该位置的输入值有关,与位置本身无关。

图 5.2 给出了 4 种常见具体退化模型的示意图。这 4 种模型中,图(a)、(b)、(c)所示是空间不变的,而图(b)、(c)、(d)所示可以是线性的。下面分别介绍这 4 种退化模型。

(1) 图(a)是一种非线性退化的情况,摄影胶片的冲洗过程可用这种模型表示。摄影胶片的光敏特性是根据胶片上留下的银密度为曝光量的对数函数表示的,光敏特性函数曲线除中段基本特性为线性外,其余两端部分都为曲线。

(2) 图(b)表示的是一种模糊造成的退化,对许多实用的光学成像系统来说,由于孔径衍射产生的退化可用这种模型表示。

(3) 图(c)表示的是一种目标运动造成的模糊退化。

(4) 图(d)表示的是随机噪声的叠加,也可以看作是一种具有随机性的退化。

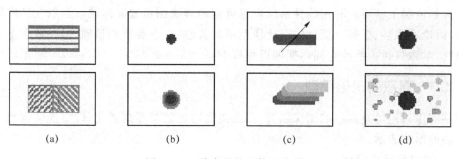

(a)　　　　　　　(b)　　　　　　　(c)　　　　　　　(d)

图 5.2　4 种常见的具体退化模型

5.2.2　连续函数的退化模型

根据冲激函数 δ 的筛选性质,可将 $f(x,y)$ 表示为

$$f(x,y) = \int_{-\infty}^{+\infty}\int_{-\infty}^{+\infty} f(\alpha,\beta)\delta(x-\alpha,y-\beta)\mathrm{d}\alpha\mathrm{d}\beta \qquad (5.2.6)$$

式中 $\delta(x-\alpha,y-\beta)$ 定义为不在原点的二维 δ 函数,当 $x=\alpha$、$y=\beta$ 时

$$\delta(x-\alpha,y-\beta) = \infty$$

当 $x\neq\alpha$、$y\neq\beta$ 时

$$\delta(x-\alpha,y-\beta) = 0$$

设退化模型中的 $n(x,y)=0$,则有

$$g(x,y) = H \cdot f(x,y) = \int_{-\infty}^{+\infty}\int_{-\infty}^{+\infty} H[f(\alpha,\beta)\delta(x-\alpha,y-\beta)]\mathrm{d}\alpha\mathrm{d}\beta \qquad (5.2.7)$$

由于 $f(\alpha,\beta)$ 与 x、y 无关,由线性齐次性可得

$$g(x,y) = \int_{-\infty}^{+\infty}\int_{-\infty}^{+\infty} f(\alpha,\beta)H\delta(x-\alpha,y-\beta)\mathrm{d}\alpha\mathrm{d}\beta \qquad (5.2.8)$$

令 $h(x,\alpha,y,\beta)=H\delta(x-\alpha,y-\beta)$, $h(x,\alpha,y,\beta)$ 称为 H 的冲激响应,它表示系统 H 对坐标 (α,β) 处的冲激函数 $\delta(x-\alpha,y-\beta)$ 的响应。在光学中,冲激为一个光点,一般也称 $h(x,\alpha,y,\beta)$ 为点扩散函数。由此可得

$$g(x,y) = \int_{-\infty}^{+\infty}\int_{-\infty}^{+\infty} f(\alpha,\beta)h(x-\alpha,y-\beta)\mathrm{d}\alpha\mathrm{d}\beta \qquad (5.2.9)$$

从式(5.2.9)可见,由于把退化过程看成一个线性空间不变系统,因此系统输出的降质图像 $g(x,y)$ 应为输入图像和系统冲激响应的卷积积分。

对式(5.2.9)两边进行傅里叶变换,并由卷积定理可得

$$G(u,v) = H(u,v)F(u,v) \qquad (5.2.10)$$

式中 $G(u,v)$、$F(u,v)$ 分别是 $g(x,y)$、$f(x,y)$ 的二维傅里叶变换,函数 $H(u,v)$ 称为退化系统的传递函数,它是退化系统冲激响应 $h(x,y)$ 的傅里叶变换。

在考虑加性噪声的情况下,连续函数的退化模型可表示为

$$g(x,y) = \int_{-\infty}^{+\infty}\int_{-\infty}^{+\infty} f(\alpha,\beta)\delta(x-\alpha,y-\beta)\mathrm{d}\alpha\mathrm{d}\beta + n(x,y) \qquad (5.2.11)$$

或

$$G(u,v) = H(u,v)F(u,v) + N(u,v) \qquad (5.2.12)$$

式中 $N(u,v)$ 为噪声函数 $n(x,y)$ 的傅里叶变换。

大多数情况下都可以利用线性系统理论近似地解决图像复原问题。当然在某些特定的应用中,讨论非线性、空间可变性的退化模型更具普遍性,也会更加精确,但在数学上求解困难。因此,本章只讨论线性空间不变的退化模型。

5.2.3　离散的退化模型

数字图像讨论的是离散的图像函数,因此尚需对连续模型离散化,即将连续模型中的积分用求和的形式表示。

1. 一维离散退化模型

在暂不考虑噪声项的情况下,设 $f(x,y)$ 被均匀采样后形成具有 A 个采样值的离散输

入函数，$f(x)$ 被采样后形成具有 B 个采样值的退化系统冲激响应。由此，连续函数退化模型中连续卷积关系就演变为离散卷积关系。

如果 $f(x)$ 和 $h(x)$ 都是具有周期为 N 的序列，那么离散的退化模型可表示为

$$g(x) = \sum_m f(m)h(x-m) \tag{5.2.13}$$

显然，$g(x)$ 也是具有周期 N 的序列，周期卷积可用常规卷积法计算。

如果 $h(x)$ 和 $f(x)$ 均不具有周期性，则需要用添零延伸的方法使其扩展为周期函数 $f_e(x)$ 和 $h_e(x)$，可以令周期 $M \geqslant A+B-1$，则 $f_e(x)$ 和 $h_e(x)$ 可分别表示为

$$f_e(x) = \begin{cases} f(x) & 0 \leqslant x \leqslant A-1 \\ 0 & A-1 < x \leqslant M-1 \end{cases} \left.\begin{array}{c}\\\\\\\\\end{array}\right\}$$
$$h_e(x) = \begin{cases} h(x) & 0 \leqslant x \leqslant B-1 \\ 0 & B-1 < x \leqslant M-1 \end{cases} \tag{5.2.14}$$

这样，可得到如下离散卷积退化模型：

$$g_e(x) = \sum_m f_e(m)h_e(x-m) \tag{5.2.15}$$

式中 $x=0,1,2,\cdots,M-1$。显然，$g_e(x)$ 也是周期为 M 的函数。

式(5.2.15)还可以用矩阵的形式表示为

$$\boldsymbol{g} = \boldsymbol{H} \cdot \boldsymbol{f} \tag{5.2.16}$$

其中

$$\boldsymbol{f} = \begin{bmatrix} f_e(0) \\ f_e(1) \\ \vdots \\ f_e(M-1) \end{bmatrix} \tag{5.2.17}$$

$$\boldsymbol{g} = \begin{bmatrix} g_e(0) \\ g_e(1) \\ \vdots \\ g_e(M-1) \end{bmatrix} \tag{5.2.18}$$

$\boldsymbol{H}$ 是 $M \times M$ 阶矩阵，即

$$\boldsymbol{H} = \begin{bmatrix} h_e(0) & h_e(-1) & h_e(-2) & \cdots & h_e(-M+1) \\ h_e(1) & h_e(0) & h_e(-1) & \cdots & h_e(-M+2) \\ h_e(2) & h_e(1) & h_e(0) & \cdots & h_e(-M+3) \\ \vdots & \vdots & \vdots & & \vdots \\ h_e(M-1) & h_e(M-2) & h_e(M-3) & \cdots & h_e(0) \end{bmatrix} \tag{5.2.19}$$

因为 $h_e(x)$ 为周期函数，故有 $h_e(x)=h_e(M+x)$，利用此性质，式(5.2.19)可改写为

$$\boldsymbol{H} = \begin{bmatrix} h_e(0) & h_e(M-1) & h_e(M-2) & \cdots & h_e(1) \\ h_e(1) & h_e(0) & h_e(M-1) & \cdots & h_e(2) \\ h_e(2) & h_e(1) & h_e(0) & \cdots & h_e(3) \\ \vdots & \vdots & \vdots & & \vdots \\ h_e(M-1) & h_e(M-2) & h_e(M-3) & \cdots & h_e(0) \end{bmatrix} \tag{5.2.20}$$

从式(5.2.20)中可以看出，H 是一个循环矩阵，即一行中最右端的元素等于下一行中最左端的元素，并且此循环性一直延伸到最末一行的最右端元素，又回到第一行之首。

例 5.1 设 $A=4,B=3,M=A+B-1=6$，则有

$$f_e(x)=\begin{cases} f(x) & 0\leqslant x\leqslant 4-1 & (x=0,1,2,3) \\ 0 & 4-1<x\leqslant 6-1 & (x=4,5) \end{cases}$$

$$h_e(x)=\begin{cases} h(x) & 0\leqslant x\leqslant 3-1 & (x=0,1,2) \\ 0 & 3-1<x\leqslant 6-1 & (x=3,4,5) \end{cases} \qquad (5.2.21)$$

在此情况下，$f_e(x)$ 和 $h_e(x)$ 均为 6 维列向量，H 为 6×6 矩阵。其循环矩阵 H 表示为

$$H=\begin{bmatrix} h_e(0) & h_e(5) & h_e(4) & h_e(3) & h_e(2) & h_e(1) \\ h_e(1) & h_e(0) & h_e(5) & h_e(4) & h_e(3) & h_e(2) \\ h_e(2) & h_e(1) & h_e(0) & h_e(5) & h_e(4) & h_e(3) \\ h_e(3) & h_e(2) & h_e(1) & h_e(0) & h_e(5) & h_e(4) \\ h_e(4) & h_e(3) & h_e(2) & h_e(1) & h_e(0) & h_e(5) \\ h_e(5) & h_e(4) & h_e(3) & h_e(2) & h_e(1) & h_e(0) \end{bmatrix} \qquad (5.2.22)$$

将式(5.2.21)代入式(5.2.22)则有

$$H=\begin{bmatrix} h_e(0) & 0 & 0 & 0 & h_e(2) & h_e(1) \\ h_e(1) & h_e(0) & 0 & 0 & 0 & h_e(2) \\ h_e(2) & h_e(1) & h_e(0) & 0 & 0 & 0 \\ 0 & h_e(2) & h_e(1) & h_e(0) & 0 & 0 \\ 0 & 0 & h_e(2) & h_e(1) & h_e(0) & 0 \\ 0 & 0 & 0 & h_e(2) & h_e(1) & h_e(0) \end{bmatrix} \qquad (5.2.23)$$

2. 二维离散退化模型

现将一维模型推广到二维数字图像。设输入的数字图像 $f(x,y)$ 和冲激响应 $h(x,y)$ 分别具有 $A\times B$ 和 $C\times D$ 个元素，为避免交叠误差，同样用添 0 延伸的方法，将它们扩展成 $M\times N$ 个元素的周期扩展图像，其中 $M\geqslant A+C-1,N\geqslant B+D-1$，即

$$f_e(x,y)=\begin{cases} f(x,y) & 0\leqslant x\leqslant A-1,0\leqslant y\leqslant B-1 \\ 0 & A-1<x\leqslant M-1,B-1<y\leqslant N-1 \end{cases}$$

$$h_e(x,y)=\begin{cases} h(x,y) & 0\leqslant x\leqslant C-1,0\leqslant y\leqslant D-1 \\ 0 & C-1<x\leqslant M-1,D-1<y\leqslant N-1 \end{cases} \qquad (5.2.24)$$

这样拓展后，$f_e(x,y)$ 和 $g_e(x,y)$ 分别成为二维周期函数，在 x 和 y 方向上的周期分别为 M 和 N，则输出的退化数字图像为

$$g_e(x,y)=\sum_m \sum_n f_e(m,n)h_e(x-m,y-n) \qquad (5.2.25)$$

式中，$x=0,1,2\cdots,M-1;y=0,1,2,\cdots,N-1$。$g_e(x,y)$ 具有与 $f_e(x,y)$ 和 $h_e(x,y)$ 相同的周期，如考虑噪声项，只需在式(5.2.25)后加上一个 $M\times N$ 的扩展离散噪声项 $n(x,y)$，即可得到完整的二维离散退化模型

$$g_e(x,y)=\sum_m \sum_n f_e(m,n)h_e(x-m,y-n)+n(x,y) \qquad (5.2.26)$$

式中，$x=0,1,2\cdots,M-1;y=0,1,2,\cdots,N-1$。

与一维情况类似,二维离散退化模型也可用矩阵表示,即

$$g = H \cdot f \tag{5.2.27}$$

式中 g 和 f 代表 $M \times N$ 维列向量。这些列向量是由 $M \times N$ 维的函数矩阵 $f_e(x,y)$、$g_e(x,y)$ 的各个行堆积而成的。如 f 可表示为

$$f = \begin{pmatrix} f_e(0,0) \\ f_e(0,1) \\ \vdots \\ f_e(0,N-1) \\ f_e(1,0) \\ f_e(1,1) \\ \vdots \\ f_e(1,N-1) \\ \vdots \\ f_e(M-1,0) \\ f_e(M-1,1) \\ \vdots \\ f_e(M-1,N-1) \end{pmatrix} \tag{5.2.28}$$

g 的形式与 f 完全相同。H 为 $MN \times MN$ 维矩阵,这是一个块循环矩阵,表示为

$$H = \begin{pmatrix} H_0 & H_{M-1} & H_{M-2} & \cdots & H_1 \\ H_1 & H_0 & H_{M-1} & \cdots & H_2 \\ H_2 & H_1 & H_0 & \cdots & H_3 \\ \vdots & \vdots & \vdots & & \vdots \\ H_{M-1} & H_{M-2} & H_{M-3} & \cdots & H_0 \end{pmatrix} \tag{5.2.29}$$

其中每个分块 H_j 是由扩展函数 $h_e(x,y)$ 的第 j 行组成的,即

$$H_j = \begin{pmatrix} h_e(j,0) & h_e(j,N-1) & h_e(j,N-2) & \cdots & h_e(j,1) \\ h_e(j,1) & h_e(j,0) & h_e(j,N-1) & \cdots & h_e(j,2) \\ h_e(j,2) & h_e(j,1) & h_e(j,0) & \cdots & h_e(j,3) \\ \vdots & \vdots & \vdots & & \vdots \\ h_e(j,N-1) & h_e(j,N-2) & h_e(j,N-3) & \cdots & h_e(j,0) \end{pmatrix} \tag{5.2.30}$$

上述离散退化模型都是在线性和空间不变性的前提条件下推导出来的。因此,在此条件下,图像复原的问题在于,给定退化图像 $g(x,y)$,并已知退化系统的冲激响应 $h(x,y)$ 和相加性噪声 $n(x,y)$,根据 $g = Hf + n$ 如何估计出理想图像 $f(x,y)$。但是对于实用大小的图像来说,这一过程是非常繁琐的。例如,若 $M=N=512$,H 的大小为 $M^2 \times N^2 = 262\ 144 \times 262\ 144$。可见,为了计算得到 f,则需求解 262 144 个联立线性方程组,其计算量之大是不难想象的。因此需要研究一些算法以便简化复原运算的过程,利用 H 的循环性质即可大大减少计算工作量。

5.3 代数恢复方法

图像复原的目的是在假设具备有关 g、H 和 n 的某些知识的情况下，寻求估计原图像 f 的方法。这种估计应在某种预先选定的最佳准则下，具有最优的性质。

本节集中讨论在均方误差最小意义下，原图像 f 的最佳估计，因为它是各种可能准则中最简单易行的。事实上，由它可以导出许多实用的恢复方法。

5.3.1 无约束复原

由式(5.2.1)可得退化模型中的噪声项为

$$n = g - Hf \tag{5.3.1}$$

当对 n 一无所知时，有意义的准则函数是寻找一个 $\hat{f}$，使得 $H\hat{f}$ 在最小二乘意义上近似于 g，即要使噪声项的范数尽可能小，也就是使

$$\| n \|^2 = \| g - H\hat{f} \|^2 \tag{5.3.2}$$

为最小。这一问题可等效地看成求准则函数

$$J(\hat{f}) = \| g - H\hat{f} \|^2 \tag{5.3.3}$$

关于 $\hat{f}$ 最小的问题。

令

$$\frac{\partial J(\hat{f})}{\partial \hat{f}} = 2H'(g - H\hat{f}) = 0 \tag{5.3.4}$$

可推出

$$\hat{f} = (H'H)^{-1}H'g \tag{5.3.5}$$

令 $M = N$，则 H 为一方阵，并设 H^{-1} 存在，则式(5.3.5)化为

$$\hat{f} = H^{-1}(H')^{-1}H'g = H^{-1}g \tag{5.3.6}$$

式(5.3.6)给出的就是逆滤波恢复法。对于位移不变产生的模糊，可以通过在频率域进行去卷积加以说明。即

$$\hat{F} = \frac{G(u,v)}{H(u,v)} \tag{5.3.7}$$

若 $H(u,v)$ 有 0 值，则 H 为奇异的，无论 H^{-1} 或 $(H'H)^{-1}$ 都不存在。这会导致恢复问题的病态性或奇异性。

5.3.2 约束最小二乘复原

为了克服恢复问题的病态性质，常需要在恢复过程中施加某种约束，即约束复原。令 Q 为 f 的线性算子，约束最小二乘法复原问题是使形式为 $\| Q\hat{f} \|^2$ 的函数，在约束条件 $\| g - H\hat{f} \|^2 = \| n \|^2$ 时为最小。这可以归结为寻找一个 $\hat{f}$，使下面准则函数最小：

$$J(\hat{f}) = \| Q\hat{f} \|^2 + \lambda \| g - H\hat{f} \|^2 - \| n \|^2 \tag{5.3.8}$$

式中 λ 为一个常数,称为拉格朗日系数。按一般求极小值的解法,令 $J(\hat{f})$ 对 $\hat{f}$ 的导数为 0,有

$$\frac{\partial J(\hat{f})}{\partial \hat{f}} = 2Q'Q\hat{f} - 2\lambda H'(g - H\hat{f}) = 0 \tag{5.3.9}$$

解得

$$\hat{f} = (H'H + \gamma Q'Q)^{-1} H'g \tag{5.3.10}$$

式中 $\gamma = 1/\lambda$ 。这是求约束最小二乘复原图像的通用方程式。

通过指定不同的 Q ,可以得到不同的复原图像。下面根据通用方程式给出几种具体恢复方法。

1. 能量约束恢复

若取线性运算

$$Q = I \tag{5.3.11}$$

则得

$$\hat{f} = (H'H + \gamma I)^{-1} H'g \tag{5.3.12}$$

此解的物理意义是在约束条件为式(5.3.2)时,复原图像能量 $\| \hat{f} \|$ 为最小。也可以说,当用 g 复原 f 时,能量应保持不变。事实上,上式完全可以在 $\hat{f}'\hat{f} = g'g = c$ 的条件下使 $\| g - H\hat{f} \|$ 为最小推导出来。

2. 平滑约束恢复

把 $\hat{f}$ 看成 x、y 的二维函数,平滑约束是指原图像 $f(x,y)$ 为最光滑的,那么它在各点的二阶导数都应最小。顾及二阶导数有正负,约束条件是应用各点二阶导数的平方和最小。Laplacian 算子为

$$\frac{\partial^2 f(x,y)}{\partial x^2} + \frac{\partial^2 f(x,y)}{\partial y^2} = f(x+1,y) + f(x-1,y) + f(x,y+1) + f(x,y-1) - 4f(x,y) \tag{5.3.13}$$

则约束条件为

$$\sum_{x=0}^{M-1} \sum_{y=0}^{N-1} \left[f(x+1,y) + f(x-1,y) + f(x,y+1) + f(x,y-1) - 4f(x,y) \right]^2 \tag{5.3.14}$$

取最小。

式(5.3.13)还可用卷积形式表示为

$$\bar{f}(x,y) = \sum_{m=0}^{2} \sum_{n=0}^{2} f(x-m,y-n)\boldsymbol{C}(m,n) \tag{5.3.15}$$

式中

$$\boldsymbol{C}(m,n) = \begin{bmatrix} 0 & 1 & 0 \\ 1 & -4 & 1 \\ 0 & 1 & 0 \end{bmatrix} \tag{5.3.16}$$

于是,复原就是在约束条件式(5.3.2)下使 $\parallel c\hat{f} \parallel$ 为最小。令 $Q=C$,最佳复原解为

$$\hat{f}=(H'H+\gamma C'C)^{-1}H'g \tag{5.3.17}$$

3. 均方误差最小滤波(维纳滤波)

将 f 和 n 视为随机变量,并选择 Q 为

$$Q=\boldsymbol{R}_f^{-1/2}\boldsymbol{R}_n^{1/2} \tag{5.3.18}$$

使 $Q\hat{f}$ 最小。其中 $\boldsymbol{R}_f=\varepsilon\{ff'\}$ 和 $\boldsymbol{R}_n=\varepsilon\{nn'\}$ 分别为信号和噪声的协方差矩阵。可推导出

$$\hat{f}=(H'H+\gamma \boldsymbol{R}_f^{-1}\boldsymbol{R}_n)^{-1}H'g \tag{5.3.19}$$

一般情况下, $\gamma\neq1$ 时为含参维纳滤波; $\gamma=1$ 时为标准维纳滤波。在用统计线性运算代替确定性线性运算时,最小二乘滤波将转化成均方误差最小滤波。尽管两者在表达式上有着类似的形式,但意义却有本质的不同。在随机性运算情况下,最小二乘滤波是对一族图像在统计平均意义上给出最佳恢复的;而在确定性运算的情况下,最佳恢复是针对一幅退化图像给出的。

5.4 频率域恢复方法

5.4.1 逆滤波恢复法

对于线性位移不变系统而言,

$$\begin{aligned} g(x,y) &= \iint_{-\infty}^{\infty} f(\alpha,\beta)h(x-\alpha,y-\beta)\mathrm{d}\alpha\mathrm{d}\beta + n(x,y)\\ &= f(x,y)*h(x,y)+n(x,y) \end{aligned} \tag{5.4.1}$$

上式两边进行傅里叶变换得

$$G(u,v)=F(u,v)H(u,v)+N(u,v) \tag{5.4.2}$$

式中 $G(u,v)$ 、$F(u,v)$ 、$H(u,v)$ 和 $N(u,v)$ 分别是 $g(x,y)$ 、$f(x,y)$ 、$h(x,y)$ 和 $n(x,y)$ 的二维傅里叶变换。$H(u,v)$ 称为系统的传递函数,从频率域角度看,它使图像退化,因而反映了成像系统的性能。

通常在无噪声的理想情况下,式(5.4.2)可为

$$G(u,v)=F(u,v)H(u,v) \tag{5.4.3}$$

则

$$F(u,v)=G(u,v)/H(u,v) \tag{5.4.4}$$

式中,$1/H(u,v)$ 称为逆滤波器。对式(5.4.4)再进行傅里叶逆变换可得到 $f(x,y)$ 。但实际上碰到的问题都有噪声,因而只能求 $F(u,v)$ 的估计值 $\hat{F}(u,v)$,

$$\hat{F}(u,v)=F(u,v)+\frac{N(u,v)}{H(u,v)} \tag{5.4.5}$$

做傅里叶逆变换得

$$\hat{f}(x,y)=f(x,y)+\int_{-\infty}^{+\infty}[N(u,v)H^{-1}(u,v)]\mathrm{e}^{\mathrm{j}2\pi(ux+vy)}\mathrm{d}u\mathrm{d}v \tag{5.4.6}$$

这就是逆滤波复原的基本原理。其复原过程可归纳如下。

(1) 对退化图像 $g(x,y)$ 做二维离散傅里叶变换,得到 $G(u,v)$;

（2）计算系统点扩散函数 $h(x,y)$ 的二维傅里叶变换，得到 $H(u,v)$；

这一步值得注意的是，通常 $h(x,y)$ 的尺寸小于 $g(x,y)$ 的尺寸。为了消除混叠效应引起的误差，需要把 $h(x,y)$ 的尺寸延拓。

（3）按式(5.4.3)计算 $\hat{F}(u,v)$；

（4）计算 $\hat{F}(u,v)$ 的傅里叶逆变换，求得 $\hat{f}(x,y)$。

若噪声为 0，则采用逆滤波恢复法能完全再现原图像。若噪声存在，而且在 $H(u,v)$ 很小或为 0 时，则噪声被放大。这意味着退化图像中小噪声的干扰在 $H(u,v)$ 较小时，会对逆滤波恢复的图像产生很大的影响，有可能使恢复的图像 $\hat{f}(x,y)$ 和 $f(x,y)$ 相差很大，甚至面目全非。

为此改进的方法如下：

（1）在 $H(u,v)=0$ 及其附近，人为地设置 $H^{-1}(u,v)$ 的值，使 $N(u,v)*H^{-1}(u,v)$ 不会对 $\hat{F}(u,v)$ 产生太大影响。图 5.3 给出了 $H(u,v)$、$H^{-1}(u,v)$ 和改进的滤波器 $H_1(u,v)$ 的一维波形，从中可以看出与正常逆滤波的差别。

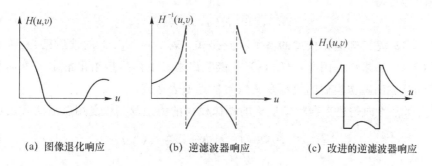

（a）图像退化响应　　　　（b）逆滤波器响应　　　　（c）改进的逆滤波器响应

图 5.3　$H(u,v)$、$H^{-1}(u,v)$ 和改进的 $H_1(u,v)$ 的一维波形

（2）使 $H^{-1}(u,v)$ 具有低通滤波性质。即

$$H^{-1}(u,v)=\begin{cases} \dfrac{1}{H(u,v)} & D\leqslant D_0 \\ 0 & D>D_0 \end{cases} \tag{5.4.7}$$

式中，D_0 为逆滤波器的截止频率；$D=\sqrt{u^2+v^2}$。

5.4.2　去除由匀速运动引起的模糊

在获取图像过程中，由于景物和摄像机之间的相对运动，往往造成图像的模糊。其中匀速直线运动所造成的模糊图像的恢复问题更具有一般性和普遍意义。因为变速的、非直线的运动在某些条件下可以看成是匀速的、直线运动的合成结果。

设图像 $f(x,y)$ 有一个平面运动，令 $x_0(t)$ 和 $y_0(t)$ 分别为在 x 和 y 方向上运动的变化分量，t 表示运动的时间。记录介质的总曝光量是在快门打开到关闭这段时间的积分。则模糊后的图像为

$$g(x,y)=\int_0^T f[x-x_0(t),y-y_0(t)]\,\mathrm{d}t \tag{5.4.8}$$

式中，$g(x,y)$ 为模糊后的图像。式(5.4.8)就是由目标物或摄像机相对运动造成图像模糊的数学模型。令 $G(u,v)$ 为模糊图像 $g(x,y)$ 的傅里叶变换，对其两边傅里叶变换得

$$G(u,v) = \int_{-\infty}^{+\infty}\int_{-\infty}^{+\infty} g(x,y)\mathrm{e}^{-\mathrm{j}2\pi(ux+vy)}\mathrm{d}x\mathrm{d}y$$

$$= \int_{-\infty}^{+\infty}\int_{-\infty}^{+\infty}\left\{\int_0^T f[x-x_0(t),y-y_0(t)]\mathrm{d}t\right\}\mathrm{e}^{-\mathrm{j}2\pi(ux+vy)}\mathrm{d}x\mathrm{d}y \quad (5.4.9)$$

改变式(5.4.9)的积分次序，则有

$$G(u,v) = \int_0^T\left\{\int_{-\infty}^{+\infty}\int_{-\infty}^{+\infty} f[x-x_0(t),y-y_0(t)]\mathrm{e}^{-\mathrm{j}2\pi(ux+vy)}\mathrm{d}x\mathrm{d}y\right\}\mathrm{d}t \quad (5.4.10)$$

由傅里叶变换的位移性质，可得

$$G(u,v) = \int_0^T F(u,v)\mathrm{e}^{-\mathrm{j}2\pi[ux_0(t)+vy_0(t)]}\mathrm{d}t = F(u,v)\int_0^T \mathrm{e}^{-\mathrm{j}2\pi[ux_0(t)+vy_0(t)]}\mathrm{d}t \quad (5.4.11)$$

令

$$H(u,v) = \int_0^T \mathrm{e}^{-\mathrm{j}2\pi[ux_0(t)+vy_0(t)]}\mathrm{d}t \quad (5.4.12)$$

由式(5.4.11)可得

$$G(u,v) = H(u,v)F(u,v) \quad (5.4.13)$$

式(5.4.13)是已知退化模型的傅里叶变换式。若 $x(t)$、$y(t)$ 的性质已知，传递函数可直接由式(5.4.12)求出。因此，$f(x,y)$ 可恢复出来。下面直接给出沿水平方向和垂直方向匀速运动造成的图像模糊的模型及其恢复的近似表达式。

(1) 由水平方向匀速直线运动造成的图像模糊的模型及其恢复用以下两式表示：

$$g(x,y) = \int_0^T f\left[\left(x-\frac{at}{T}\right),y\right]\mathrm{d}t \quad (5.4.14)$$

$$f(x,y) \approx A - mg'[(x-ma),y] + \sum_{k=0}^m g'[(x-ka),y], \quad 0\leqslant x,y\leqslant L \quad (5.4.15)$$

式中，a 为总位移量；T 为总运动时间；m 是 $\frac{x}{a}$ 的整数部分；$L=ka$（k 为整数）是 x 的取值范围；$A=\frac{1}{k}\sum_{k=0}^{K-1} f(x+ka)$。

式(5.4.14)和式(5.4.15)的离散式如下：

$$g(x,y) = \sum_{t=0}^{T-1} f\left(x-\frac{at}{T},y\right)\cdot\Delta x \quad (5.4.16)$$

$$f(x,y) \approx A - m\frac{g[(x-ma),y]-g[(x-ma-1),y]}{\Delta x}$$

$$+ \sum_{k=0}^m \frac{g[(x-ka),y]-g[(x-ka-1),y]}{\Delta x}, \quad 0\leqslant x,y\leqslant L \quad (5.4.17)$$

(2) 由垂直方向匀速直线运动造成的图像模糊模型及恢复用以下两式表示：

$$g(x,y) = \sum_{t=0}^{T-1} f\left(x,y-\frac{bt}{T}\right)\cdot\Delta y \quad (5.4.18)$$

$$f(x,y) \approx A - m \frac{g[x,(y-mb)] - g[x,(y-mb-1)]}{\Delta y}$$

$$+ \sum_{k=0}^{m} \frac{g[x,(y-kb)] - g[x,(y-kb-1)]}{\Delta y} \qquad (5.4.19)$$

图 5.4 所示的是沿水平方向匀速运动造成的模糊图像的恢复处理示例。

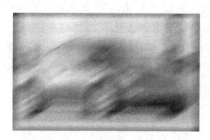 

(a) 模糊图像　　　　　　　　　　　　　　(b) 恢复后的图像

图 5.4　水平匀速运动模糊图像的恢复

5.5　维纳滤波复原方法

维纳滤波(N. Wiener 最先在 1942 年提出的方法)是一种最早,也是最为人们熟知的线性图像复原方法。维纳滤波器寻找一个使统计误差函数

$$\mathrm{erf}\, x = E\{(f - \hat{f})^2\} \qquad (5.5.1)$$

最小的估计 $\hat{f}$。其中,E 是期望值操作符;f 是未退化的图像。该表达式在频域可表示为

$$\hat{F}(u,v) = \frac{1}{H(u,v)} \left| \frac{|H(u,v)|^2}{H(u,v)^2 + s_\eta(u,v)/s_f(u,v)} \right| G(u,v) \qquad (5.5.2)$$

式中,$H(u,v)$ 表示退化函数;$|H(u,v)|^2 = H^*(u,v)H(u,v)$,$H^*(u,v)$ 表示 $H(u,v)$ 的复共轭;$s_\eta(u,v) = |N(u,v)|^2$ 表示噪声功率谱;$s_f(u,v) = |F(u,v)|^2$ 表示未退化图像的功率谱;比率 $s_\eta(u,v)/s_f(u,v)$ 称为噪信功率比。可以看出,若对于 u 和 v 的所有相关值,噪声功率谱为 0,则这个比率就变为 0,且维纳滤波器就成为 5.4 节中讨论的逆滤波器。

其中平均噪声功率和平均图像功率,分别定义为

$$\eta_A = \frac{1}{MN} \sum_u \sum_v s_\eta(u,v)$$

$$f_A = \frac{1}{MN} \sum_u \sum_v s_f(u,v) \qquad (5.5.3)$$

式中,M 和 N 分别表示图像和噪声数组的垂直和水平大小。$R = \frac{\eta_A}{f_A}$ 是一个标量,有时用来代替函数 $s_\eta(u,v)/s_f(u,v)$,以便产生一个常量数组。在这种情况下,即使真实的比率未知,交互式地变化常量并观察复原的结果的实验就变成了一件简单的事。当然,假设函数为常量是一种粗糙的近似。在前述的滤波器方程中,用一个常量数组替 $s_\eta(u,v)/s_f(u,v)$ 就产生了所谓的参数维纳滤波器。

5.6 图像复原的 Matlab 实现

5.6.1 模糊及噪声

设原始图像为 f,用来表示没有失真前的图像。通过在原始图像中添加运动模糊和各种噪声来模拟失真后的退化图像。因此,首先介绍 Matlab 图像模糊化和添加噪声的函数。

综合所有退化因素得到的系统函数 h(x, y)称为点扩展函数 PSF。为了创建模糊化的图像,通常使用 Matlab 的图像处理工具箱函数 fspecial 创建一个确定类型的 PSF,然后使用这个 PSF 对原始图像进行卷积,从而得到模糊化的图像。

fspecial 函数

格式:h＝fspecial('type',paraneters)

说明:参数 type 指定滤波器的种类,parameters 是与滤波器种类有关的参数。当 type 取运动滤波器时,其调用格式为

h＝fspecial('motion',len, theta)

该表示形式指定按照角度 theta 移动 len 个像素的运动滤波器。

下面的两个实例说明如何使用 fspecial 函数来模糊一幅图像。

例 5.2 创建一个仿真运动模糊的 PSF 来模糊如图 5.5(a)所示的图像,指定运动位移为 31 个像素,运动角度为 11°。

首先要使用 fspecial 函数创建 PSF,然后调用 imfilter 函数使用 PSF 对原始图像进行卷积,这就可以得到一幅模糊图像 Blurred。

```
I = imread('flowers.tif');
I = I(10 + [1 : 256],222 + [1 : 256], : );     ％剪裁图像
subplot(1,2,1); imshow(I);
LEN = 31;
THETA = 11;
PSF = fspecial('motion',LEN, THETA);
Blurred = imfilter(I, PSF, 'circular','conv');
subplot(1,2,2); imshow(Blurred);
```

模糊化的图像如图 5.5(b)所示。

例 5.3 对图 5.5(a)所示的图像分别采用运动 PSF 和均值滤波 PSF 进行模糊,观察不同的 PSF 产生的效果。

```
I = imread('flowers.tif');
H = fspecial('motion',50,45);          ％运动 PSF
MotionBlur = imfilter(I,H);
subplot(1,2,1); imshow(MotionBlur);
H = fspecial('disk',10);               ％均值 PSF
blurred = imfilter(I,H);
subplot(1,2,2); imshow(blurred);
```

两种 PSF 产生的不同模糊化图像分别如图 5.6(a)和(b)所示。

(a) 模糊前　　　　　　　　　　　　　　　(b) 模糊后

图 5.5　模糊化前后图像显示效果比较

(a) 运动PSF的模糊图像　　　　　　　　(b) 均值滤波PSF的模糊图像

图 5.6　运动 PSF 和均值滤波 PSF 产生的模糊图像效果比较

一般在需要复原的图像中不但包含模糊部分,而且还有一些额外的噪声成分。在 Matlab 中可以使用两种方法模拟图像噪声,一种是使用 imnoise 函数直接对图像添加固定类型的噪声;另一种是创建自定义的噪声,然后使用 Matlab 图像代数运算函数 imadd 将其添加到图像中。这两种方法中用到的函数在前面的章节中已经作过介绍,此处不再赘述。下面介绍两个例子说明这两种方法的具体操作。

例 5.4　给出图 5.5(a)所示的图像添加均值为 0、方差为 0.02 的高斯噪声。

对高斯噪声、泊松噪声、椒盐噪声等 Matlab 系统预定义的噪声类型来说,使用 imnoise 函数将其添加到图像中是 Matlab 噪声模拟最简单的方法。对本例使用的程序代码如下:

```
I = imread('flowers.tif');
I = I(10 + [1 : 256],222 + [1 : 256], : );
V = .02;
Noisy = imnoise(I,'gaussian',0,V);
figure
imshow(Noisy);
```

添加了高斯噪声后的图像如图 5.7 所示。

例 5.5 对图 5.5(a)所示的图像添加随机噪声。

由于 imnoise 函数不提供随机噪声添加功能,所以使用以上介绍的第 2 种方法完成所需工作。程序代码如下:

```
I = imread('flowers.tif');
I = I(10 + [1 : 256], 222 + [1 : 256], :);
noise = 0.1 * randn(size(I));
Noisy = imadd(I, im2uint8(noise));
figure
imshow(Noisy);
```

添加了随机噪声后的图像如图 5.8 所示。

图 5.7 添加高斯噪声后的图像效果

图 5.8 添加随机噪声后的图像效果

5.6.2 维纳滤波复原的 Matlab 实现

通过调用 deconvwnr 函数可以利用维纳滤波方法对图像进行复原处理。当图像的频率特性和噪声已知(至少部分已知)时,维纳滤波的效果非常好。

deconvwnr 函数:

格式:J＝DECONVWNR(I, PSF, NCORR, ICORR)

或　　　　J＝DECONVWNR(I, PSF, NSR)

说明:I 表示输入图像;PSF 表示点扩散函数;NSR(缺省值为 0)、NCORR 和 ICORR 都是可选参数,分别表示信噪比、噪声的自相关函数和原始图像的自相关函数;输出参数 J 表示复原后的图像。

下面给出 2 个实例说明使用 deconvwnr 函数进行图像复原的具体实现方法,读者可以从中体会各个参数的用途。

例 5.6 使用函数 deconvwnr 对图 5.5(b)所示的无噪声模糊图像进行复原重建,观察所得结果,并与原始图像(如图 5.5(a)所示)进行比较。

在对图 5.5(b)所示的无噪声模糊图像进行复原时,首先假设真实的 PSF 是已知的,读入图像后使用以下程序代码实现图像复原:

```
I = imread('flowers.tif');　%读入原始图像
```

```
I = I(10 + [1 : 256],222 + [1 : 256], :);
%剪裁图像
subplot(1,2,1);imshow(I);
LEN = 31;
THETA = 11;
PSF = fspecial('motion',LEN, THETA);
Blurred = imf:lter(I,PSF,'circular','conv');
wnrl = deconvwnr(Blurred,PSF);
figure
imshow(wnrl);
```

复原结果如图 5.9 所示。在实际应用过程中,真实的 PSF 通常是未知的,需根据一定的先验知识对 PSF 进行估计,再将估计值作为参数进行图像复原。

图 5.9　维纳滤波复原后的图像

5.6.3　约束最小二乘方滤波复原的 Matlab 实现

使用 deconvreg 函数可以利用约束最小二乘方滤波对图像进行复原。约束最小二乘方滤波方法可以在噪声信号所知有限的条件下很好地工作。

deconvreg 函数

格式:[J LRANGE] = DECONVREG(I, PSF, NP, LRANGE, REGOP)

说明:I 表示输入图像;PSF 表示点扩散函数;NP、LRANGE(输入)和 REGOP 是可选参数,分别表示图像的噪声强度、拉氏算子的搜索范围(该函数可以在指定的范围内搜索最优的拉氏算子)和约束算子,这 3 个参数的缺省值分别为 0、$[10^{-9},10^{9}]$ 平滑约束拉氏算子;返回值 J 表示复原后的输出图像;返回值 LRANGE 表示函数执行时最终使用的拉氏算子。

下面给出一个示例说明约束最小二乘方复原方法的实现过程。

例 5.7　对图 5.10(a)给出的有噪声模糊图像(其原始图像如图 5.10(b)所示)使用最小二乘方滤波方法进行复原重建,要求尽量提高重建图像的质量。

(a) 有噪声模糊图像　　　　　　　　　　　(b) 原始图像

图 5.10　原始图像及其有噪声模糊化图像

首先使用以下代码说明以上介绍的参数的使用方法。

```
…%读入模糊图像并命名为 BlurredNoisy
V = .02;
NP = V×prod(size(I));
Edged = edgetaper(BlurredNoisy,PSF);
[reg1 LAGRA] = deconvreg(Edged,PSF,NP);
subplot(1,2,1), imshow(reg1), title('Restored with NP');
reg2 = deconvreg(Edged,PSF,NP×1.2);
subplot(1,2,2); imshow(reg2);
reg3 = deconvreg(Edged,PSF,[ ],LAGRA);
figure;
subplot(1,2,1); imshow(reg3);
reg4 = deconvreg(Edged,PSF,[ ],LAGRA×50);
subplot(1,2,2); imshow(reg4);
REGOP = [1 -2 1];
reg5 = deconvreg(Edged,PSF,[ ],LAGRA,REGOP);
figure; imshow(reg5);
```

以上代码生成的复原图像分别如图 5.11～5.13 所示,通过这些图像可以分析各个参数对图像复原质量的影响。在实际应用中,可以根据这些经验选择最佳的参数进行图像复原。

(a) 小NP　　　　　　　　　　　　　　(b) 大NP

图 5.11　不同信噪比复原结果比较

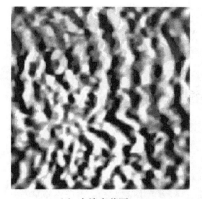　　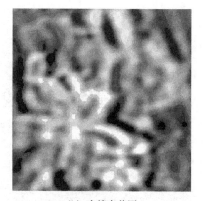

(a) 小搜索范围　　　　　　　　　　　　　(b) 大搜索范围

图 5.12　不同拉氏算子搜索返回复原效果比较

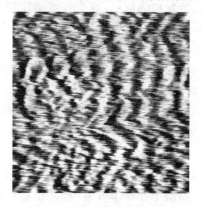

图 5.13　平滑约束复原效果

习　　题

1. 什么是图像退化模型？写出离散退化模型。
2. 什么是图像复原？图像复原与增强有何区别？
3. 什么是约束复原？什么是非约束复原？在什么条件下进行选择？
4. 试述逆滤波复原的基本原理。
5. 模拟运动中的车辆牌照的退化图像，并利用复原技术进行复原。

第6章 图像编码与压缩技术

6.1 概　　述

从信息论角度看,信源编码的一个最主要的目的,就是要解决数据的压缩问题。数据压缩是指以最少的数码表示信源所发出的信号,减少容纳给定消息集合或数据采样集合的信号空间。图像编码与压缩的目的就是对图像数据按一定的规则进行变换和组合,从而达到以尽可能少的代码(符号)表示尽可能多的图像信息。

图像数字化之后,其数据量是非常庞大的,例如,一幅中分辨率像素 640 像素×480 像素的彩色图像(24 bit/像素),其数据量约为 921.6 KB。如果以 30 帧/s 的速度播放,则每秒的数据量为 640×480×24×30 bit=221.12 Mbit,需要 221 Mbit/s 的通信回路。在多媒体中,海量图像数据的存储和处理是难点之一。如不进行编码压缩处理,一张存 600 MB 字节的光盘仅能存放 20 s 左右的 640 像素×480 像素的图像画面。

总之,大数据量的图像信息会给存储器的存储容量、通信干线信道的带宽以及计算机的处理速度增加极大的压力。仅靠增加存储器容量,提高信道带宽以及计算机的处理速度等方法来解决这个问题是不现实的。没有压缩技术的发展,大容量图像信息的存储与传输难以实现,多媒体通信技术也难以获得实际应用和推广。因此,图像数据在传输和存储中,数据的压缩是必不可少的。

图像编码的国际标准主要是国际标准化组织(ISO,International Standardization Organization)和国际电信联盟(ITU,International Telecommunication Union)制定的。其主要目的包括:① 提供高效的压缩编码算法;② 提供统一的压缩数据流格式。经过大量严格的试验测试,从算法压缩性能到实现的复杂度等综合因素的考虑比较之后,最终形成了两个著名的里程碑式的国际标准,这就是人们熟知的用于连续色调静止图像压缩编码的 JPEG 标准和码率为 $p×64$ kbit/s($p=1,2,\cdots,30$)的数字视频压缩编码标准 H.261 建议。

所谓静止图像是指观察到的图像内容和状态是不变的。静止图像有两种情况,一种是信源为静止的;另一种是从运动图像中截取的某一帧图像。由于静止图像用于静态的显示,人眼对图像细节观察得较仔细,因此对它的编码来说,提供高的图像清晰度是一个重要的指标;也就是说,希望解码出来的图像与原始图像的近似程度尽量高。从图像的传输速度和传输效率考虑,静止图像的编码器要求能提供灵活的数据组织和表示功能,如渐近传输方式等。另外,编码码流还需要能够适应抗误码传输的要求。

活动图像是指电视、电影等随时间而变化的视频图像,它由一系列周期呈现的画面组成,每幅画面称为一个帧,帧是构成活动图像的最小和最基本的单元。和静止图像相比,在对数字化的活动图像进行编码时,需要多考虑一个时间变量。由于实际的图像都是一帧帧传输的,所以,通常可以将活动图像看作一个沿时间分布的图像序列,在一帧图像之内,可以不考虑时间的因素,因此,所有对静止图像的编码方法,都可以用于对一帧图像的编码。而静止图像编码方法都利用了图像中像素的相关性,这种相关性同样在活动图像的一帧图像之内存在,称为帧内相关性。除此之外,相邻或相近的帧之间,通常也存在较强的相关性,这种时间上的相关性叫做帧间相关性。对活动图像的压缩编码,也应充分利用这两种相关性。

本章主要介绍静止图像的编码和压缩技术。

6.1.1 图像的信息冗余

图像数据的压缩是基于图像存在冗余这种特性。压缩就是去掉信息中的冗余,即保留不确定的信息,去掉确定的信息(可推知的);也就是用一种更接近信息本身的描述代替原有冗余的描述。

一般来说,图像数据中存在的冗余有 8 种。

(1) 空间冗余。在同一幅图像中,规则物体或规则背景的物理表面特性具有的相关性,这种相关性会使它们的图像结构趋于有序和平滑,表现出空间数据的冗余。邻近像素灰度分布的相关性很强。

(2) 频间冗余。多谱段图像中各谱段图像对应像素之间灰度相关性很强。

(3) 时间冗余。对于动画或电视图像所形成的图像序列(帧序列),相邻两帧图像之间有较大的相关性,其中有很多局部甚至完全相同,或变化极其微细,这就形成了数据的时间冗余。

(4) 信息熵冗余。信息熵是指一组数据(信源)所携带的平均信息量。一般定义为

$$H = -\sum_{i=0}^{N-1} P_i \mathrm{lb} P_i \tag{6.1.1}$$

式中,N 为数据类或码元数(例如,具有 256 级灰度等级的黑白图像就是 256 个码元);P_i 为码元 y_i 发生的概率。若令 $b(y_i)$ 是分配给码元 y_i 的比特数,则从理论上说应该取 $b(y_i) = -\mathrm{lb}\, P_i$。实际的数据 $d = -\sum_{i=0}^{N-1} P_i b(y_i)$ 必然大于 H。由此产生的冗余称为信息熵冗余,又称为编码冗余。

(5) 结构冗余。有些图像存在纹理或图元(分块子图)的相似结构(例如布纹图像等),这就是图像结构上的冗余。

(6) 知识冗余。对有些图像的理解与某些知识有相当大的相关性。例如,对某一类军舰或飞机图像的理解可以由先验知识和背景知识得到,只要抓住了它们的某些特征就能加以识别而无需更多的数据量,这一类称为知识冗余。

(7) 视觉冗余。人类视觉对于图像场的任何变化并不是都能感知的。如果因为噪声的干扰使图像产生的畸变不足以被视觉感知,则认为这种图像仍然足够好。事实上,人眼的一般分辨能力约为 2^6 灰度等级,而一般图像的量化采用 2^8 灰度等级,把这类冗余称为视觉冗余。

(8) 其他冗余。例如,由图像的空间等其他特性所带来的冗余。

6.1.2 图像压缩编码技术的分类

图像压缩编码的方法很多,其分类方法视出发点不同而有差异。

从图像压缩技术发展过程可将图像压缩编码分为两代,第一代是指 20 世纪 80 年代以前,图像压缩编码主要是根据传统的信源编码方法,研究的内容是有关信息熵、编码方法以及数据压缩比;第二代是指 20 世纪 80 年代以后,它突破了信源编码理论,结合分形、模型基、神经网络、小波变换等数学工具,充分利用视觉系统生理特性和图像信源的各种特性。

图像压缩编码系统的组成框图如图 6.1 所示。

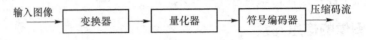

图 6.1　图像压缩编码系统的组成框图

图像数据压缩过程有 3 个基本环节:变换、量化和编码。变换的作用是将原始图像表示在另一个量化和编码数据较少的域中,对变换器的要求应是高度去相关的、重建均方差最小的、可逆的和方法简便的。常见的变换包括线性预测、正交变换、多分辨率变换、二值图像的游程变换等。量化器要完成的功能是按一定的规则对抽样值作近似表示,使量化器输出幅值的大小为有限个数。量化器可分为无记忆量化器和有记忆量化器 2 大类。编码器为量化器输出端的每个符号分配一个码字或二进制比特流,编码器可采用等长码或变长码。不同的图像编码系统可能采用上述框图中的不同组合。

根据解压重建后的图像和原始图像之间是否有误差,图像编码压缩分为无损(也称为无失真、无误差、信息保持、可逆压缩)编码和有损(有误差、有失真、不可逆)编码 2 大类。无损编码中删除的仅仅是图像数据中冗余的数据,经解码重建的图像和原始图像没有任何失真,压缩比不大,通常只能获得 1～5 倍的压缩比,常用于复制、保存十分珍贵的历史、文物图像等场合;有损编码是指解码重建的图像与原图像相比有失真,不能精确地复原,但视觉效果基本上相同,是实现高压缩比的编码方法,数字电视、图像传输和多媒体等常采用这类编码方法。

在图 6.1 中,变换器和编码器是无损的,而量化器是有损的。

根据编码的作用域划分,图像编码分为空间域编码和变换域编码 2 大类。但是,近年来,随着科学技术的飞速发展,许多新理论、新方法的不断涌现,特别是受通信、多媒体技术、信息高速公路建设等需求的刺激,一大批新的图像压缩编码方法应运而生,其中有些是基于新的理论和变换,有些是 2 种或 2 种以上方法的组合,有的既在空间域也要在变换域进行处理,将这些方法归属于其他方法。表 6.1 为图像编码压缩的技术分类。

表 6.1　图像编码压缩技术的分类

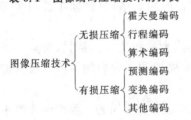

6.2　图像压缩编码评价

图像信号在编码和传输过程中会产生误差,尤其是在熵压缩编码中,产生的误差应在允许的范围内。数据压缩编码的优劣主要由压缩比,以及从压缩后的数据所恢复的图像的质量 2 个方面来衡量。除此之外,算法的复杂性、延时等也是应当考虑的因素。

6.2.1　基于压缩编码参数的评价

1. 图像熵

设数字图像像素灰度级集合为 $\{d_1,d_2,\cdots,d_m\}$，其对应的概率分别为 $p(d_1),p(d_2),\cdots,$ $p(d_m)$。按信息论中信源信息熵的定义，图像的熵定义为

$$H=-\sum_{i=1}^{m} P(d_i)\, \mathrm{lb}P(d_i)　　\mathrm{bit/}\text{字符}　　　(6.2.1)$$

图像的熵表示像素各个灰度级位数的统计平均值，给出了对此输入灰度级集合进行编码时所需的平均位数的下限。

2. 平均码字长度

设 β_i 为数字图像中灰度级 d_i 所对应的码字长度（二进制代码的位数），其相应出现的概率为 $P(d_i)$，则该数字图像所赋予的平均码字长度为

$$R=\sum_{i=1}^{m} \beta_i P(d_i)　　　　　　(6.2.2)$$

3. 编码效率

$$\eta=\frac{H}{R}\times100\%　　　　　　(6.2.3)$$

根据信息论中信源码理论，可以证明在 $R\geqslant H$ 条件下，总可以设计出某种无失真编码方法。当然如果编码结果使 R 远大于 H，表明这种编码方法效率很低，占用比特数太多。最好编码结果是使 R 等于或接近于 H。这种状态的编码方法，称为最佳编码。

4. 压缩比

压缩比是指编码前后平均码长之比，如果用 n 表示编码前每个符号的平均码长，通常为用自然二进制码表示时的位数，则压缩比可表示为

$$r=\frac{n}{R}　　　　　　　　(6.2.4)$$

一般来讲，压缩比大，则说明被压缩掉的数据量多。一个编码系统要研究的问题是设法减小编码平均长度 R，使编码效率 η 尽量趋于 1，而冗余度趋于 0。

6.2.2　图像的逼真度准则

描述解码图像相对原始图像偏离程度的测度一般称为保真度（逼真度）准则。常用的准则可分为 2 大类：客观保真度准则和主观保真度准则。

1. 客观保真度准则

最常用的客观保真度准则是原图像和解码图像之间的均方根误差和均方根信噪比。令 $f(x,y)$ 代表大小为 $M\times N$ 的原图像，$\hat{f}(x,y)$ 代表解压缩后得到的图像，对任意 x 和 y，$f(x,y)$ 和 $\hat{f}(x,y)$ 之间的误差定义为

$$e(x,y)=\hat{f}(x,y)-f(x,y)　　　　　(6.2.5)$$

则均方根误差 e_{rms} 为

$$e_{rms} = \left\{ \frac{1}{MN} \sum_{x=0}^{M-1} \sum_{y=0}^{N-1} \left[\hat{f}(x,y) - f(x,y) \right]^2 \right\}^{1/2} \tag{6.2.6}$$

如果将 $\hat{f}(x,y)$ 看作原始图像 $f(x,y)$ 和噪声信号 $e(x,y)$ 的和,那么解压图像的均方根信噪比(SNR)R_{rms} 为

$$R_{rms} = \frac{\sum\limits_{x=0}^{M-1} \sum\limits_{y=0}^{N-1} \hat{f}(x,y)^2}{\sum\limits_{x=0}^{M-1} \sum\limits_{y=0}^{N-1} \left[\hat{f}(x,y) - f(x,y) \right]^2} \tag{6.2.7}$$

实际使用中常将 R_{rms} 归一化,并用分贝(dB)表示。令

$$\overline{f} = \frac{1}{MN} \sum_{x=0}^{M-1} \sum_{y=0}^{N-1} f(x,y) \tag{6.2.8}$$

则有

$$R = 10\lg \frac{\sum\limits_{x=0}^{M-1} \sum\limits_{y=0}^{N-1} \left[f(x,y) - \overline{f} \right]^2}{\sum\limits_{x=0}^{M-1} \sum\limits_{y=0}^{N-1} \left[\hat{f}(x,y) - f(x,y) \right]^2} \tag{6.2.9}$$

如果令 $f_{max} = \max[f(x,y)], x=0,1,\cdots,M-1, y=0,1,\cdots,N-1$,则可得到峰值信噪比(PSNR)为

$$PSNR = 10\lg \frac{f_{max}^2}{\sum\limits_{x=0}^{M-1} \sum\limits_{y=0}^{N-1} \left[\hat{f}(x,y) - f(x,y) \right]^2} \tag{6.2.10}$$

2. 主观保真度准则

图像处理的结果,绝大多数是给人观看,由研究人员来解释的,因此,图像质量的好坏与否,既与图像本身的客观质量有关,也与人的视觉系统的特性有关。有时客观保真度完全一样的两幅图像可能会有完全不相同的视觉质量,所以又规定了主观保真度准则。这种方法是把图像显示给观察者,然后把评价结果加以平均,以此评价一幅图像的主观质量。

主观评价也可对照某种绝对尺度进行。例如评价广播电视图像质量时多采用表 6.2 所示的国际上规定的 5 级评分量和妨碍尺度。

表 6.2 国际上规定的 5 级评分量和妨碍尺度

级数/分	妨碍尺度	质量尺度
5	丝毫看不出图像质量变坏	非常好
4	能看出图像质量变化但并不妨碍观看	好
3	清楚地看出图像质量变坏对观看稍有妨碍	一般
2	对观看有妨碍	差
1	非常严重地妨碍观看	非常差

6.3 图像的统计编码

统计编码是指一类建立在图像的统计特性基础之上的压缩编码方法,根据信源的概率

分布特性分配不同长度的码字,降低平均码字长度,以提高传输速度,节省存储空间。

由于二值图像只有两个亮度值,所以采集时每像素用一个比特表示,用"1"代表"黑","0"代表"白",或者反之,这通常称为直接编码。直接编码时,代表一帧图像的码元数等于该图像的像素数。

二值图像的质量一般用分辨率表示,它是一个单位长度所包含的像素数。分辨率越高,图像细节越清晰,图像质量越高,但同时表示一幅图像的比特数就越多。

二值图像的相邻像素之间也存在很强的相关性。其突出的表现为图像中的黑点或白点都是以很大的概率连续出现的,这种相关性构成了研究和设计二值图像编码方法的基础。

常用的二值图像编码有 2 种,即行程长度编码和二值图像方块编码。

6.3.1 行程编码

行程长度编码,又叫做游程编码(RLC,Run-Length Coding),其基本思想是,当按照二值图像从左到右的扫描顺序去观察每一行时,一定数量的连续白点和一定数量的连续黑点总是交替出现,如图 6.2 所示。通常把具有相同灰度值的相邻像素组成的序列称为一个游程,游程中像素的个数称为游程长度,简称游长;把连续白点和黑点的数目分别叫做"白行程"和"黑行程"。如果对于不同的行程长度根据其概率分布分配相应的码字,可以得到较好的压缩。在进行行程编码时可以将黑行程与白行程合在一起统一编码,也可以将它们分开,单独进行编码。

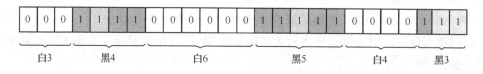

图 6.2 白游长和黑游长

行程长度编码先对每一行交替出现的白游长和黑游长进行统计,然后进行变长编码。在进行变长编码时,经常采用霍夫曼编码,在大量统计的基础上,得到每种白游长和黑游长的发生概率。其概率可分为 2 种情况,一种是白长和黑长各自发生的概率分布;另一种是游长的概率分布,而不区分白游长和黑游长。对于第一种情况,要分别建立白游长和黑游长的霍夫曼码表;对于第二种情况,只需建立游长的霍夫曼码表。在编码时对每一行的第一个像素要有一个标志码,以区分该行是以白游长还是黑游长开始,对于后面的游长,按照其值查相应的霍夫曼码表,并输出对应的码字。由于白游长和黑游长是交替出现的,所以在解码时,只要知道了每一行是以白游长还是黑游长开始的,以后各游长是白还是黑就自然确定了。

图 6.2 可写成 3、4、6、5、4、3、(其含义为 3 个白、4 个黑、6 个白、5 个黑、4 个白、3 个黑),然后再对游长进行变长编码,根据其不同的出现概率分配以不同长度的码字。

设行程长度编码的信息符号集由长度为 $1,2,\cdots,N$ 的各种游程组成,这里 N 是一条扫描线上的像素总数。如果不分黑、白长而进行统一编码,并设 P_i 为长度为 i 的游长的概率,则游长的熵 H 和平均游长 $\overline{L}$ 分别为

$$H = -\sum_{i=1}^{N} p_i \,\mathrm{lb}\; p_i \tag{6.3.1}$$

$$\bar{L} = \sum_{i=1}^{N} i p_i \tag{6.3.2}$$

行程长度的符号熵(即平均每个像素的熵)为

$$h = \frac{H}{\bar{L}} \tag{6.3.3}$$

当根据各游长的概率利用霍夫曼编码时,则每个行程的平均长度 $\bar{N}$ 满足下列不等式:

$$H \leqslant \bar{N} \leqslant H+1 \tag{6.3.4}$$

将该不等式两边同除以平均游长 $\bar{L}$,可得每个像素的平均码长 n 的估计值为

$$h \leqslant n \leqslant h+1 \tag{6.3.5}$$

因此,每个像素的熵 h 即为游长编码可达到的最小比特率的估计值。

游长编码主要应用于 ITU(CCITT)为传真制定的 G3 标准中,在该标准中游长的霍夫曼编码分为行程码和终止码两种。在 0~63 之间的游长,用单个的码字,即用终止码表示;大于 63 的游长,用一个行程码和一个终止码的组合表示,其中,行程码表示实际游长中含有 64 的最大倍数,终止码表示其余小于 64 的差值。

6.3.2 方块编码

将一幅二值图像分成大小为 $m \times n$ 的子块,一共有 $2^{m \times n}$ 种不同的子块图案。采用霍夫曼编码为每个子块分配码字,可以得到最佳压缩。但如果子块尺寸大于 3×3,符号集将迅速增大,使霍夫曼码的码表过于庞大而无法实际应用,因而在很多场合使用了降低复杂度的准最佳编码方案。

在实际中,大多数二值图像都是白色背景占大部分,黑像素只占图像像素总数的很少一部分,因此分解的子块中像素为全白的概率远大于其他情况,如果跳过白色区域,只传输黑色像素信息,就可使每个像素的平均比特下降。跳过白色块(WBS)编码正是基于这一思想提出的。

WBS 的编码方法是,对于出现概率大的全白子块,分配最短码字,用 1 比特码字"0"表示;对有 N 个黑色像素的子块用 $N+1$ 比特的码字表示,第 1 个比特为前缀码"1",其余 N 个比特采用直接编码,白为 0,黑为 1。

对图像分别逐行或逐列进行 WBS 编码,可用一维 WBS,此时 $N=1 \times n$,即将图像的每条扫描线分成若干像素段,每段的像素个数为 n。

例如:

某段像素值	相应编码
黑白白黑	1001
白白白白	0

将一维 WBS 的像素段扩展为像素块,按照 $m \times n$ 的方形块进行编码,称为二维 WBS,$N=m \times n$。

WBS 编码的码字平均长度,即比特率 b_N 为

$$b_N = \frac{p_N + (1-p_N)(N+1)}{N} = 1 + \frac{1}{N} - p_N \quad \text{bit/像素} \tag{6.3.6}$$

式中，p_N 为 N 个像素为全白的子块的概率，可由实验确定。

如果能根据图像的局部结构或统计特性改变段或子块的大小，进行自适应编码，则编码效果会得到进一步的改善。下面是两个自适应编码的实例。

例 6.1　图 6.3 是一种一维自适应 WBS。设一行像素为 1 024 个，编码时将 1 024 个像素分成几段，每段长度分别为 1 024、64、16、4，所设计的码字如图 6.3 所示。

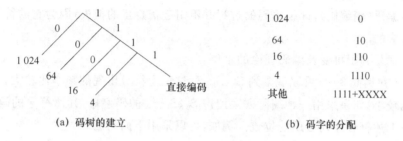

1 024	0
64	10
16	110
4	1110
其他	1111+XXXX

(a) 码树的建立　　　　　　　(b) 码字的分配

图 6.3　一维自适应 WBS 编码的码字分配

例 6.2　图 6.4 为二维自适应 WBS 编码的码字分配图。图像分为 $2^n \times 2^n$（n 为正整数）的子块，每个子块按四叉树结构分为 4 个次子块，并依次分割下去，如图 6.4(a) 所示；码字的构造与一维时的类似，如图 6.4(b) 所示。在编码过程中，如某一块全白，则直接由图中得到码字；反之，依次考察下面 4 个子块，如果最小的 2×2 子块不是全白，则对其进行直接编码，并加前缀 1111。

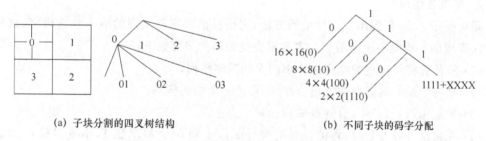

(a) 子块分割的四叉树结构　　　　　　(b) 不同子块的码字分配

图 6.4　二维自适应 WBS 编码的码字分配图

6.3.3　霍夫曼编码

霍夫曼（Huffman）编码是根据可变长最佳编码定理，应用霍夫曼算法而产生的一种编码方法。

1. 可变长编码

对于每个符号，例如经过量化后的图像数据，如果对它们每个值都是以相同长度的二进制码表示的，则称为等长编码或均匀编码。采用等长编码的优点是编码过程和解码过程简单，但由于这种编码方法没有考虑各个符号出现的概率，实际上就是将它们当作等概率事件处理的，因而它的编码效率比较低。例 6.3 给出了一个等长编码的例子。

例 6.3　假设一个文件中出现了 8 种符号 S_0、S_1、S_2、S_3、S_4、S_5、S_6、S_7，那么每种符号编码至少需要 3 bit，假设编码成

$S_0 = 000$，$S_1 = 001$，$S_2 = 010$，$S_3 = 011$，$S_4 = 100$，$S_5 = 101$，$S_6 = 110$，$S_7 = 111$
那么，符号序列 $S_0 S_1 S_7 S_0 S_1 S_6 S_2 S_2 S_3 S_4 S_5 S_0 S_0 S_1$ 编码后变成

000 001 111 000 001 110 010 010 011 100 101 000 000 001(共 42 bit)

和等长编码不同的一种方法是可变长编码。在这种编码方法中，表示符号的码字的长度不是固定不变的，而是随着符号出现的概率而变化，对于那些出现概率大的信息符号编以较短的字长的码，而对于那些出现概率小的信息符号编以较长的字长的码。可以证明，在非均匀符号概率分布的情况下，变长编码总的编码效率要高于等字长编码。变长编码是一种信息保持型编码（熵编码），即编解码的过程并不引起信息量的损失，因为它的符号和码字之间是唯一对应的。

例 6.4 就是利用可变长编码理论的示例。

例 6.4 在例 6.3 中，可以观察到 S_0、S_1、S_2 这三个符号出现的频率比较大，其他符号出现的频率比较小，如果采用一种编码方案使得 S_0、S_1、S_2 的码字短，其他符号的码字长，这样就能够减少上述符号序列占用的位数。例如，可以采用下面的编码方案：

$S_0 = 01$，$S_1 = 11$，$S_2 = 101$，$S_3 = 0000$，$S_4 = 0010$，$S_5 = 0001$，$S_6 = 0011$，$S_7 = 100$
那么上述符号序列变成

01 11 100 01 11 0011 101 101 0000 0010 0001 01 01 11(共 39 bit)

可见，利用可变长编码方案对符号进行编码，尽管有些码字如 S_3、S_4、S_5、S_6 变长了（由 3 位变成 4 位），但使用频繁的几个码字如 S_0、S_1 变短，使得整个序列的编码缩短，从而实现了压缩。

2. 霍夫曼编码

霍夫曼于 1952 年提出了一种编码方法，它根据信源字符出现的概率构造码字，这种编码方法形成的平均码字长度最短。实现霍夫曼编码的步骤如下：

（1）将信源符号出现的概率按从小到大的顺序排列。

（2）把两个最小的概率进行组合相加，形成一个新的概率。

（3）重复第（1）、（2）步，直到概率和达到 1 为止。

（4）在每次合并符号时，将被合并的符号赋以 1 和 0（大概率赋 1，小概率赋 0，或者相反）。

（5）寻找从每一个信源符号到概率为 1 处的路径，记录下路径上的 1 和 0。

下面介绍一个霍夫曼编码的具体实例。

例 6.5 一个有 8 个符号的信源 X，各个符号出现的概率为

$$X = \begin{cases} \text{符号：} & u_1 \quad u_2 \quad u_3 \quad u_4 \quad u_5 \quad u_6 \quad u_7 \quad u_8 \\ \text{概率：} & 0.40 \quad 0.18 \quad 0.10 \quad 0.10 \quad 0.07 \quad 0.06 \quad 0.05 \quad 0.04 \end{cases} \tag{6.3.7}$$

试进行霍夫曼编码，并计算编码效率、压缩比、冗余度等。

解 霍夫曼编码算法过程如图 6.5 所示。

最终的各符号的霍夫曼编码如下：

u_1：1 u_2：001 u_3：011 u_4：0000

u_5：0100 u_6：0101 u_7：00010 u_8：00011

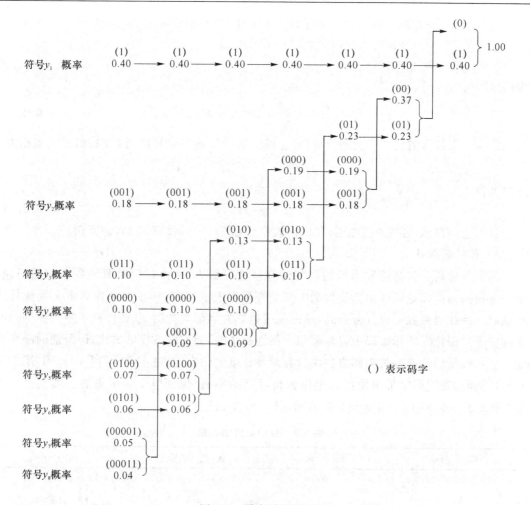

图 6.5　霍夫曼编码过程

　　霍夫曼编码时,对同一源图像序列,霍夫曼编码并不是唯一的。在图 6.5 中,如果节点标 1 的和标 0 的对调,则相应的霍夫曼编码变成

$$u_1：\quad 0 \qquad u_2：\quad 110 \qquad u_3：\quad 100 \qquad u_4：\quad 1111$$
$$u_5：\quad 1011 \qquad u_6：\quad 1010 \qquad u_7：\quad 11101 \qquad u_8：\quad 11100$$

对照两组霍夫曼编码不难看出,尽管两者的组成不同,但两者的平均码长是一致的。

　　根据以上数据,可分别计算其信源的熵、平均码长、编码效率及冗余度,即

熵

$$H(x) = -\sum_{k=1}^{8} P_k \text{lb} P_k$$
$$= -0.4 \text{lb} 0.4 - 0.18 \text{lb} 0.18 - 0.10 \text{lb} 0.1 - 0.07 \text{lb} 0.07$$
$$- 0.06 \text{lb} 0.06 - 0.05 \text{lb} 0.05 - 0.04 \text{lb} 0.04$$
$$= 2.55 \tag{6.3.8}$$

平均码长

$$R(x) = \sum_{k=1}^{8} \beta_k P_k$$

$$-1 \times 0.04 + 3 \times 0.18 + 3 \times 0.10 + 4 \times 0.10 + 4 \times 0.07$$
$$+4 \times 0.06 + 5 \times 0.05 + 5 \times 0.04$$
$$= 2.61 \tag{6.3.9}$$

编码效率

$$\eta = \frac{H}{R} = \frac{2.55}{2.61} \times 100\% = 97.7\% \tag{6.3.10}$$

压缩之前 8 个符号需要 3 个比特量化,经压缩之后的平均码字长度为 2.61,因此压缩比为

$$C = 3/2.61 = 1.15$$

冗余度为

$$r = 1 - \eta = 2.3\% \tag{6.3.11}$$

对上述信源 X 的霍夫曼编码,其编码效率已达 97.7%,仅有 2.3%的冗余。

3. 准变长编码

霍夫曼编码是依据符号出现的概率对符号进行编码,因而需要对原始数据扫描两遍。第一遍扫描要精确地统计出原始数据中每个符号出现的概率;第二遍是建立霍夫曼树并进行编码。因此当源数据成分复杂时,霍夫曼编码非常麻烦与耗时,从而限制了霍夫曼编码的实际应用。因此在实际编码中经常采用一种性能稍差,但实现方便的方法,即所谓的准变长编码。在最简单的准变长编码方法中只有两种长度的码字,对概率大的符号用长码,反之用短码。同时,在短码字集中留出一个作为长码字的字头,保证整个码字集的非续长性。表 6.3 示出了一个 3/6 bit 双字长编码的示例(字头为 111)。

表 6.3 3/6 bit 双字长码

符　号	编　码	符　号	编　码
0	000	7	111111
1	001	8	111000
2	010	9	111001
3	011	10	111010
4	100	11	111011
5	101	12	111100
6	110	13	111101
		14	111110
出现概率:0.9	3 bit 长码字	出现概率:0.1	6 bit 长码字

从表中可以看出,该编码方式可表示 15 种符号,相当于 4 bit/符号的等字长码的表达能力,而其平均字长实际上是 3.3 bit。由此可知,这种编码方法对于符号集中,各符号出现概率可以明显分为高、低两类时,可得到较好的结果。这种方法在现行的图像系统中应用很广泛,例如在 H.261 建议的变长编码的码表中,就是将常用的(大概率)码型按霍夫曼编码的方式处理,而对于其他极少出现的码型,则给它分配一个前缀,后面就是此码字本身。这种方法是一种准霍夫曼编码方式。

6.3.4 算术编码

算术编码是 20 世纪 60 年代初期 Elias 提出的,由 Rissanen 和 Pasco 首次介绍了它的实用技术,是另一种变字长无损编码方法。算术编码是信息保持型编码,与霍夫曼编码不同,它无需为一个符号设定一个码字,可以直接对符号序列进行编码。算术编码既有固定方式的编码,也有自适应方式的编码。自适应方式无需事先定义概率模型,可以在编码过程中对信源统计特性的变化进行匹配,因此对无法进行概率统计的信源比较合适,在这点上优于霍夫曼编码。在信源符号概率比较接近时,算术编码比霍夫曼编码效率高,但算术编码的算法实现要比霍夫曼编码复杂。在最新的 JPEG2000 标准中主要采用算术编码进行熵编码。

1. 算术编码基本原理

算术编码用区域划分来表示信源输出序列。对一个独立信源,根据信源信息的概率将半开区间 $[0,1)$ 划分为若干子区间,使每个子区间对应一个长度为 N(任意整数)的可能序列,各个子区间互不重叠。这样,每个子区间有一个唯一的起始值或左端点,只要知道了该端点,也就能确定具体的符号序列。

算术编码将待编码的图像数据看作是由多个符号组成的序列,对该序列递归地进行算术运算后,成为一个小数。在接收端,解码过程也是算术运算,由小数反向算术运算,重建图像符号序列。

设输入符号串 s 取自符号集

$$X = \left\{ \begin{matrix} x_1, x_2, \cdots, x_m \\ p_1, p_2, \cdots, p_3 \end{matrix} \right\}$$

式中,x_i 表示符号序列,p_i 为对应的概率。s 后跟符号 $x_i (x_i \in X)$ 扩展成符号串 sx_i,空串记作 ϕ,只有一个符号的序列就是 ϕx_i。算术编码的迭代关系可表示为

① 码字刷新

$$C(sx_i) = C(s) + \widetilde{P}(x_i)A(s) \tag{6.3.12}$$

② 区间刷新

$$A(sx_i) = P(x_i)A(s) \tag{6.3.13}$$

其中

$$\widetilde{P}(x_i) = \sum_{j=1}^{i-1} P(x_i) \tag{6.3.14}$$

是符号的累积概率。初始条件为 $C(\phi) = 0, A(\phi) = 1$ 和 $\widetilde{P}(\phi) = 0, P(\phi) = 1$。

可见,算术编码在传输任何符号 x_i 之前,信息的完整范围是

$$[C(\phi), C(\phi) + A(\phi)) = [0,1) \text{ , 表示 } 0 \leqslant P(x_i) < 1 \tag{6.3.15}$$

当处理 x_i 时,这一区间的宽度 $A(s)$ 就依据 x_i 的出现概率 $P(x_i)$ 而变窄。符号序列越长,相应的子区间就越窄,编码表示该区间所需要的位数就越多。而大概率符号比小概率符号使区间缩窄的范围要小,所增加的编码位数也少。从上述迭代公式可以看出,每一步新产生的码字 $C(sx_i)$ 都是由上一次的符号串 $C(s)$ 和新的区间宽度 $A(sx_i)$ 进行算术相加而得到的,这便是"算术编码"名称的由来。

下面通过两个具体的算术编码实例说明算术编码的原理及过程。

例 6.6　表 6.4 给出一组信源符号及其概率,试根据该表对符号序列 a_2、a_1、a_3、a_4 进行

算术编码。

表 6.4　信源符号图

符　号	概　率	符　号	概　率
a_1	0.5	a_3	0.125
a_2	0.25	a_4	0.125

（1）编码

根据表中字符概率，将区间$[0,1.0]$分为 4 个子区间，每个子区间的长度分别为 0.5、0.25、0.125、0.125，如图 6.6 所示。

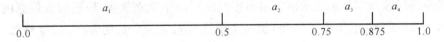

图 6.6　区间概率分布图

① 设整个序列的概率初值 $C(\phi)=0, A(\phi)=1$。

② 对 a_2 进行编码：

$$\widetilde{P}(a_2) = \sum_{j=1}^{i-1} P(a_j) = P(a_1) = 0.5$$

$$C(a_2)=C(s)+\widetilde{P}(x_i)A(s)=C(\phi)+P(a_2)A(\phi)=0.0+0.5\times1.0=0.5$$

$$A(a_2)=P(x_1)A(s)=P(a_2)A(\phi)=0.25\times1.0=0.25$$

a_2 所在的编码区间为

$$[C(a_2),C(a_2)+A(a_2))=[0.5,0.5+0.25)=[0.5,0.75)$$

③ 对 a_1 进行编码：

$$\widetilde{P}(a_1) = \sum_{j=1}^{i-1} P(a_j) = 0.0$$

$$C(a_1)=C(s)+\widetilde{P}(x_i)A(s)=C(a_2)+P(a_1)A(a_2)=0.5+0.0\times0.25=0.5$$

$$A(a_1)=P(x_i)A(s)=P(a_1)A(a_2)=0.5\times0.25=0.125$$

a_1 所在的区间为

$$[C(a_1),C(a_1)+A(a_1))=[0.5,0.5+0.125)=[0.5,0.625)$$

④ 对 a_3 进行编码

$$\widetilde{P}(a_3) = \sum_{j=1}^{i-1} P(a_j) = P(a_1)+P(a_2) = 0.5+0.25 = 0.75$$

$$C(a_3) = C(s) + \widetilde{P}(x_i)A(s) = C(a_1)+P(a_3)A(a_1)$$
$$= 0.5+0.75\times0.125 = 0.593\,75$$

$$A(a_3)=P(x_i)A(s)=P(a_3)A(a_1)=0.125\times0.125=0.015\,625$$

a_3 所在的区间为

$$[C(a_3),C(a_3)+A(a_3))=[0.593\,75,0.593\,75+0.015\,625)$$
$$=[0.593\,75,0.609\,375)$$

⑤ 对 a_4 进行编码

$$\widetilde{P}(a_4) = \sum_{j=1}^{i-1} P(a_j) = P(a_1) + P(a_2) + P(a_3) = 0.5 + 0.25 + 0.125 = 0.875$$

$$C(a_4) = C(s) + P(x_i)A(s) = C(a_3) + P(a_4)A(a_3)$$
$$= 0.593\ 75 + 0.875 \times 0.015\ 625$$
$$= 0.607\ 421\ 875$$

$$A(a_4) = P(x_i)A(s) = P(a_4)A(a_3) = 0.125 \times 0.015\ 625 = 0.001\ 953\ 125$$

最后输出的区域为

$$[C(a_4), C(a_4) + A(a_4)) = [0.607\ 421\ 875, 0.607\ 421\ 875 + 0.001\ 953\ 125)$$
$$= [0.607\ 421\ 875, 0.609\ 375)$$

取最后的区间的左端点数值 0.607 421 875, 转换为二进制数, 并去掉小数点, 得到字符串 a_2、a_1、a_3、a_4 的编码结果为 100110111。

以上编码过程的区间子分过程如图 6.7 所示。从图中的区间子分过程可以看出, 随着输入符号越来越多, 子区间分割越来越精细, 因此表示其左端点的数值的有效位数也越来越多。如果等到整个符号序列输入完毕后, 再将最终得到的左端点输出, 将遇到两个问题: 第一, 当符号序列很长时, 例如整幅图像, 将不能实时编解码; 第二, 有效位太长的数实际是无法表示的。

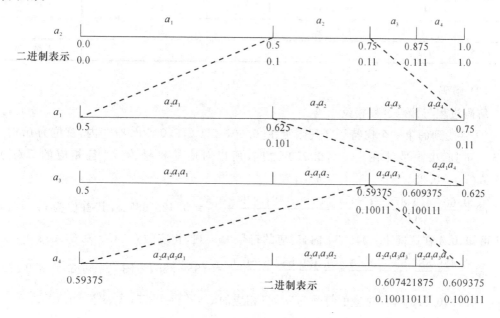

图 6.7　区间子分过程

实用的算术编码方案都只用整数(因为浮点数运算慢且精度会丢失), 而且不能太长(最好只用单精度)。通常是采用两个有限精度的寄存器存放码字的最新部分。以例 6.6 中二进制数表示的端点说明这个问题。从图 6.7 中看到, 当某个地区的左端点(Low)和右端点(High)中的最高位相同后, 再划分区间时就不会再变了, 因此可以把不变的最高位数字移出, 并向输出流中写一个数字。随着数字从这两个寄存器中移出, 在 Low 的右端移入 0, 在

High 的右端移入 1。可将这两个寄存器中的数看成是无限长的数字的左端：Low ＝ xxxx0000…。High＝yyy1111…。

右端点 High 应该初始化为 1，但是 Low 和 High 的内容应该理解为小于 1 的小数，所以用 0.1111… 对 High 进行初始化，因为无限长小数 0.1111… 逼近于 1。同样，在编码过程中，High 的值始终以无限长小数的形式出现，在求得的右端点值的最低位减去 1。例 6.6 中，如果用 8 位寄存器表示，右端点 0.11 减去 0.00000001，其输入到寄存器中的值为 0.10111111。

对以上实例的编码过程见表 6.5，子区间的左、右端点分别采用 8 位寄存器。

表 6.5　算术编码过程

输　入	输　出	Low	移　出	High	操　作
		00000000		11111111	初始区间
a_2		10000000		10111111	
	10	00000000	10	11111111	左移 2 位
a_1		00000000		01111111	
	0	00000000	0	11111111	左移 1 位
a_3		11000000		11011111	
	110	00000000	110	11111111	左移 3 位
		11100000		11111111	
a_4	111		111		左移 3 位

（2）解码

解码过程与编码过程相反。

① 接受到的第一个比特子区间限定在 [0.607 421 875, 0.609 375] 内，首位为 0.6。由图 6.7 可知，0.6 是处在 [0.5, 0.75) 之间，所以对应的符号为 a_2，且相应的 $C(s') = 0.5$，$A(s') = 0.25$。

② $\dfrac{0.607\ 421\ 875 - C(s')}{A(s')} = \dfrac{0.607\ 421\ 875 - 0.5}{0.25} = 0.429\ 687\ 5$，其首位为 0.4。由图 6.7 可知，0.4 在区间 [0.0, 0.5] 内，对应的符号为 a_1，且相应的 $C(s') = 0.0$，$A(s') = 0.5$。

③ $\dfrac{0.429\ 687\ 5 - C(s')}{A(s')} = \dfrac{0.429\ 687\ 5 - 0.0}{0.5} = 0.859\ 375$，由图 6.7 可知，0.859 375 在区间 [0.75, 0.875] 内，对应的符号为 a_3，且相应的 $C(s') = 0.75$，$A(s') = 0.125$。

④ $\dfrac{0.859\ 375 - C(s')}{A(s')} = \dfrac{0.859\ 375 - 0.75}{0.125} = 0.875$。由图 6.7 可知，0.875 在区间 [0.875, 1.0] 内，所以对应的符号为 a_4。

至此，解码完成。

6.3.5　行程编码和霍夫曼编码的 Matlab 实现

Matlab 的图像处理工具箱并没有提供直接进行图像编码的函数或命令，这是因为

Matlab 的图像输入、输出和读、写函数能够识别各种压缩图像格式文件,利用这些函数可以间接地实现图像压缩。但是为了说明图像的编码过程,这里利用 Matlab 的基本语法和某些基本图像函数来进行编码实现。

1. 行程编码的实现方法

在以上介绍的几种编码方法中,行程编码最简单、最容易实现。进行行程编码的方法可以是多种多样的,下面代码将每一个不同行程(即不同颜色的像素块)的起始坐标和灰度值都记录下来。

```
I = imread('code.gif');
[m n] = size(I);
c = I(1,1);E(1,1) = 1;E(1,2) = 1;E(1,3) = c;
t1 = 2;
for k = 1:m
    for j = 1:n
        if(not(and(k == 1,j == 1)))
            if(not(I(k,j) == c))
                E(t1,1) = k;E(t1,2) = j;E(t1,3) = I(k,j);
                c = I(k,j);
                t1 = t1 + 1;
            end
        end
    end
end
```

编码后的图像存储在变量 E 中,该变量是一个三维数组,前两维表示起始像素的横、纵坐标,第三维表示该行程的颜色值。通过调用 imfinfo 函数观察返回变量 info 可以知道,原始图像的大小为 175×123,在 Matlab 中的位深度为 8,所以存储该图像文件需要 21 525 B,而调用 whos 命令可以知道 E 是一个 205×3 的数组,所以 E 仅仅占用 615 B,这就大大减少了图像的存储空间。

2. 哈夫曼编码的实现方法

进行哈夫曼编码首先要统计图像中各种颜色值出现的概率,然后再进行排序编码。这种编码方法较为复杂,但是相对于行程编码方法而言,其效果要好得多。下面是哈夫曼编码的 Matlab 实现代码。

```
[m,n] = size(I);
p1 = 1;s = m * n;
for k = 1:m          %获取图像中的颜色总数
    for l = 1:n
        f = 0;
        for b = 1:p1 - 1
```

```
                    if(c(b,1) == I(k,1))f = 1;break;end
            end
        if(f == 0) c(p1,1) = I(k,1);p1 = p1 + 1;end
    end
end
for g = 1:p1 - 1      %计算各种颜色值出现的概率
    p(g) = 0;c(g,2) = 0;
    for k = 1:m
        for l = 1:n
            if(c(g,1) == I(k,1)) p(g) = p(g) + 1;end
        end
    end
    p(g) = p(g)/s;
end
pn = 0;po = 1;
while(1)            %按照概率排序生成一个符号(0 或 1)树并记录各节点
    if(pn> = 1.0)break;
    else
        [pm,p2] = min(p(1:p1 - 1));p(p2) = 1.1;
        [pm2,p3] = min(p(1:p1 - 1));p(p3) = 1.1;
        pn = pm + pm2;p(p1) = pn;
        tree(po,1) = p2;tree(po,2) = p3;
        po = po + 1;p1 = p1 + 1;
    end
end
for k = 1:po - 1      %沿符号树进行搜索生成霍夫曼编码
    tt = k;m1 = 1;
    if(or(tree(k,1)<9,tree(k,2)<9))
        if(tree(k,1)<9)
            c(tree(k,1),2) = c(tree(k,1),2) + m1;
            m2 = 1;
            while(tt<po - 1)
                m1 = m1 * 2;
                for l = tt:po - 1
                    if(tree(l,1) == tt + g)
                        c(tree(k,1),2) = c(tree(k,1),2) + m1;
                        m2 = m2 + 1;tt = 1;break;
```

```
            elseif(tree(1,2) == tt + g)
                m2 = m2 + 1;tt = 1;break;
            end
        end
    end
c(tree(k,1),3) = m2;
end
tt = k;m1 = 1;
if(tree(k,2)<9)
    m2 = 1;
    while(tt<po - 1)
        m1 = m1 * 2;
        for l = tt:po - 1
            if(tree(1,1) == tt + g)
                c(tree(k,2),2) = c(tree(k,2),2) + m1;
                m2 = m2 + 1;tt = 1;break;
            elseif(tree(1,2) == tt + g)
                m2 = m2 + 1;tt = 1;break;
            end
        end
    end
    c(tree(k,2),3) = m2;
end
    end
end
```

　　以上代码中的输出数组 c 的第一维表示颜色值,第二维表示代码的数值大小,第三维表示该代码的位数,将这 3 个参数作为码表写在压缩文件头部,则其以下的数据将按照这 3 个参数记录图像中的所有像素颜色值,就可以得到霍夫曼编码的压缩文件。这里要注意的是,由于 Matlab 不支持对某一位(bit)的读和写,所以利用该码表生成的每一个码字实际上还是 8 bit 的,最好使用其他软件(例如 C 语言等)进行改写,以实现真正的压缩。事实上 Matlab 将图像写成 JPEG 文件也是用 C 语言实现的。

6.4　预测编码

　　预测编码主要是减少数据在时间上和空间上的相关性。对于图像信源而言,预测可以在一帧图像内进行(即帧内预测)。也可以在多帧图像之间进行(即帧间预测),无论是帧内预测还是帧间预测,其目的都是减少图像帧间和帧内的相关性。

　　预测编码就是用已传输的样本值对当前的样本值进行预测,然后对预测值与样本实际值的差值(即预测误差)进行编码处理和传输。预测编码有线性预测和非线性预测 2 类,目前应用较多的是线性预测,线性预测法通常称为差分脉冲编码调制法(DPCM)。

6.4.1　DPCM 编码

DPCM 系统的基本原理是指基于图像中相邻像素之间具有较强的相关性。每个像素可以根据前几个已知的像素值来作预测。因此在预测编码中,编码与传输的值并不是像素取样值本身,而是这个取样值的预测值(也称为估计值)与实际值之间的差值。

DPCM 系统的原理框图如图 6.8 所示。

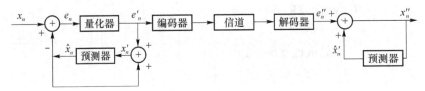

图 6.8　DPCM 系统的原理框图

设输入信号 x_n 为 t_n 时刻的抽样值;$\hat{x}_n$ 是根据 t_n 时刻以前已知的 m 个取样值 $x_{n-m}, \cdots, x_{n-1}$ 对 x_n 所作的预测值,即

$$\hat{x}_n = \sum_{i=1}^{m} a_i x_{n-1} = a_1 x_{n-1} + \cdots + a_m x_{n-m} \tag{6.4.1}$$

式中,$a_i = (i = 1, \cdots, m)$ 称为预测系数,m 为预测阶数。

e_n 为预测误差信号,显然

$$e_n = x_n - \hat{x}_n \tag{6.4.2}$$

设 q_n 为量化器的量化误差,e_n' 为量化器输出信号,可见

$$q_n = e_n - e_n' \tag{6.4.3}$$

接收端解码输出为 x_n'',如果信号在传输过程中不产生误差,则有 $e_n' = e_n''$,$x_n' = x_n''$,$\hat{x}_n = \hat{x}_n'$。此时发送端的输入信号 x_n 与接收端输出信息 x_n'' 之间的误差为

$$x_n - x_n'' = x_n - x_n' = x_n - (e_n' + \hat{x}_n) = (x_n - \hat{x}_n) - e_n' = e_n - e_n' = q_n \tag{6.4.4}$$

可见,接收端和发送端的误差由发送端量化器产生,与接收端无关。接收端和发送端之间误差的存在使得重建图像质量会有所下降。因此,在这样的 DPCM 系统中就存在一个如何能使误差尽可能减少的问题。

6.4.2　最佳线性编码

在线性预测的预测表达式(6.4.1)中,预测值 $\hat{x}_n$ 是 $x_{n-m}, \cdots, x_{n-1}$ 的线性组合,由分析可知,需选择适当的预测系数 a_i 使预测误差最小,这是一个求解最佳线性预测的问题。一般情况下,应用均方误差为极少值准则获得的线性预测称为最佳线性预测。

在讨论如何确定预测系数 a_i 之前,首先简单讨论一下在线性预测 DPCM 中,对 x_n 作最佳预测时,如何取用以前的已知像素值 $x_{n-1}, x_{n-2}, \cdots, x_1$。$x_n$ 与邻近像素的关系如图 6.9 所示。

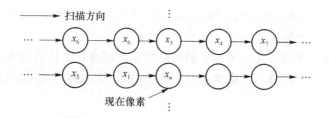

图 6.9　x_n 与邻近像素的关系

对于以前的已知像素的选取方法,可分为 4 种情况。

(1)若取用现在像素 x_n 的同一扫描行中前面最邻近像素 x_1 预测 x_n,即 x_n 的预测值 $\hat{x}_n = x_1$,则称为前值预测;

(2)若取用 x_n 的同一扫描行中前几个已知像素值,如 x_1,x_5,$\cdots$预测 x_n,则称为一维预测;

(3)若取用 x_n 的同一行和前几行若干个已知像素值,如 x_1,x_5,x_2,x_3,x_4,$\cdots$预测 x_n,则称为二维预测;

(4)若取用已知像素不但是前几行的而且还包括前几帧的,那么相应地称其为三维预测。在一维预测情况下不失一般性。

设 x_n 是期望 $E\{x_n\}=0$ 的广义平稳随机过程,则设

$$\sigma_{e_n}^2 = E\{e_n\} = E\left\{\left(x_n - \sum_{i=1}^{m} a_i x_{n-1}\right)^2\right\} \tag{6.4.5}$$

为使 $\sigma_{e_n}^2$ 最小,必定有

$$\frac{\partial \sigma_{e_n}^2}{\partial a_i} = -2E\left\{x_{n-i}\left(x_n - \sum_{k=1}^{m} a_k x_{n-k}\right)\right\} = 0 \qquad i=1,2,\cdots,m \tag{6.4.6}$$

解这 m 个联立方程可得 $a_i(i=1,2,\cdots,m)$。x_n 的自相关函数为

$$R(k)=E\{x_n x_{n-k}\} \tag{6.4.7}$$

且 $R(-k)=R(k)$,代入式(6.4.6)得

$$R(i) - \sum_{K=1}^{m} a_k R(|k-i|) = 0 \qquad i=1,2,\cdots,m \tag{6.4.8}$$

写成矩阵形式为

$$\begin{bmatrix} R(0) & R(1) & \cdots & R(m-1) \\ R(1) & R(0) & \cdots & R(m-2) \\ \vdots & \vdots & & \vdots \\ R(m-1) & R(m-2) & \cdots & R(0) \end{bmatrix} \begin{bmatrix} a_1 \\ a_2 \\ \vdots \\ a_m \end{bmatrix} = \begin{bmatrix} R(1) \\ R(2) \\ \vdots \\ R(m) \end{bmatrix} \tag{6.4.9}$$

上式最左边的矩阵是 x_n 的相关矩阵,为 Toeplitz 矩阵,所以用 Levinson 算法可解出各 $a_i(i=1,2,\cdots,m)$,从而得到在均方误差最小意义下的最佳线性预测。

式(6.4.5)也可以用自相关函数表示,即

$$\sigma_{e_n}^2 = R(0) - \sum_{i=1}^{m} a_i R(i) \tag{6.4.10}$$

因为 $E\{x_n\}=0$,所以 $R(0)$ 即为 x_n 的方差 $\sigma_{x_n}^2$,可见 $\sigma_{e_n}^2 < \sigma_{x_n}^2$。因而传送差值 e_n 比直接传送原始信号 x_n 更有利于数据压缩。$R(k)$ 越大,表明 x_n 的相关性越强,则 $\sigma_{e_n}^2$ 越小,所能达到的压缩比就越大。当 $R(k)=0(k>0)$ 时,即相邻点不相关时,$\sigma_{e_n}^2 = \sigma_{x_n}^2$,此时预测并不能提高压缩比。

二维、三维线性预测的情况与一维完全类似,只不过推导的过程相对一维来说要复杂一些,这里不再推导,有兴趣的读者可以参考相关文献。

应用均方差极小准则所获得的各个预测系数 a_i 之间有什么样的约束关系呢?

假设图像中有一个区域亮度值也是一个常数,那么预测器的预测值也应是一个与前面相同的常数,即

$$\hat{x}_n = x_{n-1} = x_{n-2} = \cdots = x_2 = x_1 = \text{常数}$$

将此结果代入式(6.4.1)得

$$\hat{x}_n = \sum_{i=1}^{n-1} a_i x_{n-1} = x_{n-1} \tag{6.4.11}$$

因此

$$\sum_{i=1}^{n-1} a_i = 1 \tag{6.4.12}$$

1980 年 Pirsch 进一步研究并修正了这个结论。他认为,为了防止 DPCM 系统中出现"极限环"振荡和减少传输误码的扩散效应,应满足 2 个条件。

(1) 预测误差 $e=0$ 应该是一个量化输出电平,也就是量化分层的总数 K 应是奇数。

(2) 所有预测系数 a_i 除满足 $\sum_{i=1}^{n-1} a_i = 1$ 外,还应满足

$$\sum_{i=1}^{n-1} |a_i| = 1 \tag{6.4.13}$$

对于一幅二维图像,常常使用简化预测公式进行预测,即

$$f(m,n) = \frac{1}{2} f(m,n-1) + \frac{1}{4} f(m-1,n) + \frac{1}{8} f(m-1,n-1) + \frac{1}{8} f(m-1,n+1)$$

$$\tag{6.4.14}$$

式(6.4.14)中的系数总和为 1,这是为了保持图像的平均亮度不变。

6.4.3　DPCM 系统中的图像降质

由于预测器和量化器的设计,以及数字信道传输误码的影响,在 DPCM 系统中会出现一些图像降质现象。经过许多实验可总结为下列 5 种。

(1) 斜率过载引起图像中黑白边沿模糊,分辨率降低。这主要是当扫描到图像中黑白边沿时,预测误差信号比量化器最大输出电平还要大得多,从而引起很大的量化噪声。

(2) 颗粒噪声。颗粒噪声主要是最小的量化输出电平太大,而图像中灰度缓慢变化区域输出可能在两个最小的输出电平之间随机变化,从而使画面出现细斑,而人眼对灰度平坦区域的颗粒噪声又很敏感,从而使人主观感觉上图像降质严重。

(3) 假轮廓图案。假轮廓图案主要是由于量化间隔太大,而图像灰度缓慢变化区域的预测误差信号太少,就会产生像地形图中等高线一样的假轮廓图案。

(4) 边沿忙乱。边沿忙乱主要是在电视图像 DPCM 编码中出现,因为不同帧在同一像素位置上量化噪声各不相同,黑白边沿在电视监视上将呈现闪烁跳动犬齿状边沿。

(5) 误码扩散。任何数字信道中总是存在着误码。在 DPCM 系统中,即使某一位码有差错,对图像一维预测来讲,将使该像素以后的同一行各个像素都产生差错;而对二维预测,误码引起的差错还将扩散到以下各行。这样将使图像质量大大下降,其影响的程度取决于误码在信号代码中的位置,以及有误码的数码所对应的像素在图像中的位置。

一般来说,一维预测误码呈水平条状图案,而二维预测误码呈"彗星状"向右下方扩散。

二维预测比一维预测抗误码能力强的多。对电视图像来讲,要使图像质量达到人不能察觉的降质,实验表明,对 DPCM 要求传输误码应优于 5×10^{-6},而对于一维前值预测 DPCM 则应优于 10^{-9},二维 DPCM 应优于 10^{-8}。

6.4.4　预测编码的 Matlab 实现

下面的代码将使用简化预测公式(6.4.14)进行线性预测编码。这里以灰度图像为例,通过使用 Matlab 的文件读写函数 fopen、fwrite 和 fclose,将计算所得的误差以最小的位深度(在 Matlab 中为 8 bit)写入文件中。对于真彩色图像,只需对 3 个颜色通道调用以下代码即可。

```
I2 = imread('cell.tif'); %读入图像
I = double(I2);
fid = fopen('mydata.dat','w');
[m,n] = size(I);
J = ones(m,n);
J(1:m,1) = I(1:m,1);
J(1,1:n) = I(1,1:n);
J(1:m,n) = I(1:m,n);
J(m,1:n) = I(m,1:n);
for k = 2:m-1
    for l = 2:n-1
        J(k,l) = I(k,l) - (I(k,l-1)/2 + I(k-1,l)/4 + I(k-1,l-1)/8
+ I(k-1,l+1)/8);
    end
end
J = round(J);
cont = fwrite(fid,J,'int8');
cc = fclose(fid);
```

显然,上面代码实现的压缩比为 4∶1(即双精度数据位数与 8 位符号整数位数的比值)。调用以下代码对以上预测编码文件进行解码,并通过显示原始文件和解压后的文件比较压缩效果。

```
fid = fopen('mydata.dat','r');
I1 = fread(fid,cont,'int8');
tt = 1;
for l = 1:n
    for k = 1:m
        I(k,l) = I1(tt);
        tt = tt + 1;
    end
end
I = double(I);
J = ones(m,n);
J(1:m,1) = I(1:m,1);
```

```
J(1,1 : n) = I(1,1 : n);
J(1 : m,n) = I(1 : m,n);
J(m,1 : n) = I(m,1 : n);
    for k = 2 : m − 1
        for l = 2 : n − 1
            J(k,l) = I(k,l) + (J(k,l−1)/2 + J(k−1,l)/4 + J(k−1,l−1)/8
+J(k−1,l+1)/8);
        end
    end
cc = fclose(fid);
J = uint8(J);
subplot(1,2,1),imshow(I2);
subplot(1,2,2),imshow(J);
```

原始图像如图 6.10(a)所示,编码后的解码图像如图 6.10(b)所示,2 幅图像稍有差别。

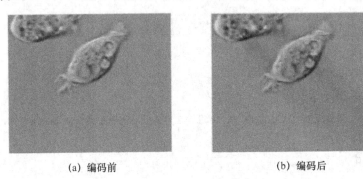

(a) 编码前　　　　　　　　　　(b) 编码后

图 6.10　图像预测编码前后显示效果比较

6.5　比特面编码

比特面编码(bit plane coding)是一种非常简单的编码方法,它把灰度图像的编码转换为对各比特面的二值编码。假如灰度图像为 8 bit/像素,将每个像素的第 j 个比特抽取出来,就得到一个称为比特面的二值图像,于是图像完全可以用一组共 8 个比特面表示,对灰度图像的编码转化为对比特面的编码。通常将每个比特面分为不重叠的 $m \times n$ 个元素的子块,然后再进行二值编码。图 6.11 是对 8 bit 的灰度图像的比特面分解(以一个像素为例)情况。

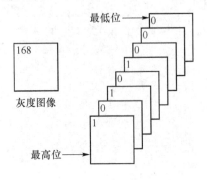

图 6.11　8 bit 灰度图像的比特面分解

由于在进行比特面转换过程中,自然地对数据按重要性进行了分割,可以实现逐渐显示的编码,因此比特面编码得到了广泛的应用。例如在 JPEG 扩展模式中,基于 DCT 的渐显方式就是采用比特面编码;在 JPEG 2000 中对各子带 DWT 量化系数也是用比特面编码,以便实现渐显方式的编码。

1. 次最佳方块编码

统计分析表明,比特平面中有 2 种结构的方块经常出现:$m \times n$ 个全 1 和全 1,并且前者出现的概率多于后者,于是可得下面的次最佳方块编码方案。

全 0 子块:码字为 0

全 1 子块:码字为 11

其他情况:码字为 10+xxx⋯x

xxx⋯x 为将子块的比特内容直接输出,故又称为直接编码。

这种编码方案的平均码长为 L。

$$L = P(0;n,m) + 2P(1;n,m) + (2+nm)[1 - P(0;n,m) - p(1;n,m)]$$
$$= nm[1 - P(0;m,n) - P(1;n,m)] + 2 - P(0;n,m) \tag{6.5.1}$$

式中,$P(0;n,m)$ 和 $P(1;n,m)$ 分别为 $m \times n$ 个全 0 和全 1 子块出现的概率。

压缩比 $C_r = nm/L$,将 L 代入可得

$$C_r = \frac{1}{1 - P(0;n,m) - p(1;n,m) + [2 - P(0;n,m)]/nm} \tag{6.5.2}$$

可见,C_r 是 $P(0;n,m)$ 和 $P(1;n,m)$ 的递增函数。

2. 用格雷码表示像素亮度

通常,数字化后像素的电平值都是 PCM 自然二进制码,这种码的特点是高位最重要的比特面图像简单,并适用于上述方块编码,但重要性稍差的比特面图像相当复杂,尤其是低位最不重要的比特面噪声为主要成分,因而不适宜用方块编码。这样,由高位 4 个最重要的比特面获得的压缩效益将被其他几个低位比特面所抵消,其原因在于对于 PCM 编码,若相邻像素的灰度值变化了一个等级,其码字也可能相差好几个比特。例如,灰度图像中相邻像素的值分别为 63 和 64,其自然二进制码为 00011111 和 01000000,相邻像素间只发生了细微的灰度变化,却引起比特面的突变。因此,常常采用格雷(Gray)码表示像素的灰度值。由于格雷码的特点是码距为 1,两个相邻值的格雷码之间只有一个比特是不同的,使得比特面上取值相同的面积增大,即 $P(0;n,m)$ 和 $P(1;n,m)$ 增大,因而增大了压缩比。表 6.6 列出了部分自然二进制码和格雷码的对照。

表 6.6　部分自然二进制码和格雷码的对照

自然二进制码	格雷码	自然二进制码	格雷码
000	000	100	110
001	001	101	111
010	011	110	101
011	010	111	100

自然二进制码和格雷码之间的转换规则如下:

若自然二进制码为 $b_{k-1}, \cdots, b_1, b_0$,相应的格雷码为 $g_{k-1}, \cdots, g_1, g_0$,则有 $g_{k-1} = b_{k-1}$ 及 $g_i = b_{i+1} \oplus b_i (0 \leqslant i < k-1)$,式中 $\oplus$ 表示模二相加。

3. 视觉心理编码

视觉心理编码是指允许恢复图像有一定的失真,只要视觉感觉不出或可以容忍。具体做法是把子块内不超过 K 个 1 的子块视为全 0 子块,而把不超过 K 个 0 的子块视为全 1 子块,这样也等效于取值相同的面积增大,即 $P(0;n,m)$ 和 $P(1;n,m)$ 增大,因而也提高了压缩比。

据实验表明,若子块大小为 $n=m=4$,当 $K=6$ 时引起的失真人眼尚可接受。

4. 方块尺寸的选择

在压缩比 C_r 的表示中,它与 n,m 的关系是复杂的。当 nm 增加时,$1/nm$ 减少,但很可能导致 $P(0;n,m)$ 和 $P(1;n,m)$ 减少。因而 nm 不能盲目增大。实验表明,取 $n=m=4$ 较为合适。

5. 逐渐浮现的编码传输

将图像从最高到最低位的次序依次传送比特面,接收端将各比特面累加可以得到由粗到细的显示图像,这种编码传输方式是一种简单的逐渐浮现编码方式。如果对每一个比特面采用前述的比特面编码方法,还可以提高传输速率。

6.6 变换编码

变换编码就是对图像数据进行某种形式的正交变换,并对变换后的简单数据进行编码,从而达到数据压缩的目的。无论是对单色图像、彩色图像、静止图像,还是运动图像,变换编码都能够获得较好的压缩比。

变换编码的基本过程是将原始图像分块,然后对每一块进行某种形式的正交变换;也可以简单地理解为将小块图像由时域变换到频域,使变换图像的能量主要集中在直流分量和低频分量上。在误差允许的条件下,用直流和部分低频分量来代表原始数据,从而达到数据压缩的目的。在解压缩时,利用已压缩的数据计算并补充高频分量,经过逆变换就可恢复原始数据。显然,变换编码减少了图像的信息熵,造成了信息量的减少,从而带来了一定的图像失真。

变换编码采用的正交变换种类很多,比如傅里叶变换、沃尔什-哈达玛变换、哈尔变换、斜变换、余弦变换、正弦变换,还有基于统计特性的 K-L 变换等。K-L 变换后的各系数相关性小,能量集中,压缩生成的误差最小;但是计算复杂,执行速度慢。由于离散余弦变换(DCT 变换)与 K-L 变换性能最接近,而且具有易于硬件实现的快速算法,所以得到了广泛的应用。在前面的章节中已经介绍了 DCT 变换的概念,下面主要介绍 DCT 在变换编码中的具体应用。

用 DCT 变换实现图像的压缩编码需经过变换、压缩和编码 3 个步骤。二维 DCT 变换编码压缩和解压缩的框图如图 6.12 所示。

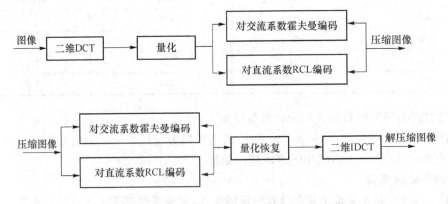

图 6.12　二维 DCT 变换编码压缩和解压缩框图

利用二维 DCT 进行图像数据压缩时,首先要将输入图像分成若干 $N\times N$ 的图像块。

由于 N 取值小到一定程度时,采用变换处理可能会出现块与块之间边界上存在边界效应的现象(即存在不连续点)。当 $N<8$ 时,边界效应比较明显,所以要求 $N \geqslant 8$。在实际应用中一般取 $N=8$。二维快速 DCT 则是把 8×8 个图像不断分成更小的无交叠子块,然后直接再对数据块进行运算操作。

8×8 数据块将输入分解成 64 个正交基信号后,每个基信号都对应于 64 个独立二维空间中的某一个频率。DCT 变换编码输出这 64 个 DCT 变换系数值(即基信号的幅值),这些变换系数中包括一个代表直流分量的 DC 系数和 63 个代表交流分量的 AC 系数,DCT 变换的解压过程就是对这 64 个 DCT 变换系数进行逆变换运算,重建一个 64 点的输出图像。

为了达到压缩数据的目的,对 DCT 系数 $F(u,v)$ 还需作量化处理。量化就是通过减少精确度减少存储整数所需比特数的过程。图像经过 DCT 变换压缩后,离原点 $(0,0)$ 越远的元素对图像的贡献就越小,因而也就越不关心此处取值的精确性。量化首先要对每个系数确定一个量化步长(量化间隔),然后用对应的量化步长去除对应的 DCT 系数,并对其求整。

6.7　编码技术的新进展——第二代编码方法

20 世纪 80 年代后期和 90 年代初,人们结合人类的视觉生理和心理特性、模式识别、计算机视觉、神经网络、小波分析和分形几何学等理论,开始探索图像压缩编码的新途径,称为第二代图像编码技术。第二代编码方法并不局限于 Shannon 信息论框架,而是充分利用视觉的生理和心理特性,以及信源的各种性质以获得更高的压缩比。

1. 分裂合并法(split and merge)

这类编码方法的特点是先要对图像进行预处理,一般是根据视觉的敏感性将图像数据进行分割。这种分割可以按空域和频域两种方法进行。空域中一般先将图像分割为纹理和边缘轮廓两个图像,两者各采用不同的编码方法,解码后再合并。这种方法的优点是明显的,因为轮廓细线和粗纹理分开了。频域方法是基于人眼视觉对图像的各种方向滤波有不同的敏感性,可以对各向频率图像采用特定的方法进行单独编码。这种强调视觉的编码方法可获得 $30 \sim 60$ 倍的压缩比。

2. 分形编码方法(fractal encoding)

分形图像编码是在 Mandelbort 分形几何理论的基础上发展起来的一种编码方法。分形几何是欧式几何的扩展,是研究不规则图形和混沌运动的一门学科。它描述了自然界物体的自相似性,这种自相似性可以是确定的,既可以用函数描述,也可以是统计意义上的。M. Barnsley 引入了迭代函数系统(Iterated Function System)来刻画这种自相似性,并将其用于图像编码,这种编码对某些特定图像获得了 10 000∶1 的压缩比。

3. 基于模型的编码(model-based coding)

该方法利用了计算机视觉和计算机图形学的方法和理论,是一种很有前途的低比特率编码方法。其基本出发点是在编、解码两端分别建立起相同的模型。基于模型的编码器并不压缩实际数据,而是采用一个表示景物(一般是人、人脸)的模型,传送的信息是告诉接受方如何改变模型以匹配输入景物(如眨眼、扭头等)。基于模型的解码器只需根据接受到的数据调整其景物模型以生成供显示的图像。

4. 小波编码(wavelet coding)

小波图像分解是一个多分辨率分解,实际上是属于子带分解的一个特例。因此,利用小波变换对图像进行压缩的原理与子带编码方法是很相似的。

小波变换用于图像压缩的思路是先进的。在空域里,可以理解为小波分析将信号分解为不同层次,每一层次的分辨率不同。小波变换在空域中进行多层次分解的同时,形成频域中的多层次分解。它将原图像信号分解成不同的频率区域,虽然多次分解后,总的数据量与原数据量一样,不增不减,但后续的压缩编码方法是根据人的视觉特性及原图像的统计特性,对不同的频率区域采用不同的压缩编码手段,从而使数据量减少。由于这种不同频率的不同压缩比是根据视觉对频率感知的对数特性,因此非常适合满足视觉要求的图像压缩编码方法,且压缩比可以达到 100 左右。

从去除图像冗余信息的角度来讲,由于小波变换本身的正交性,分解后不同层次数据之间的相关性完全由数据本身的相关性所决定,不会增加。由此排除了由分解方法本身的内在相关性引入的数据的额外的相关冗余度。进一步的分析表明,小波编码还能够消除图像数据中的统计冗余信息。

为了进一步提高小波变换编码的压缩比,还有很多尚待研究探讨的问题,例如变换系数(层次)的最有效组织、人类视觉特性的更深入研究及其在编码方法中的最佳应用、小波基的选取等。

6.8 静止图像压缩编码标准

图像编码技术的发展给图像信息的处理、存储、传输和广泛应用提供了可能性,但要使这种可能性变为现实,还需要做很多工作。因为图像压缩编码只是一种基本技术,所以只能把待加工的数据速率和数字图像联系起来。然而数字图像存储和传输在压缩格式上需要国际广泛接受的标准,使不同厂家的各种产品能够兼容和互通。目前,图像压缩标准化工作主要由国际标准化组织(ISO)、国际电工委员会(IEC)和国际电信联盟(ITU-T)进行,在他们的主持下形成的专家组征求一些大的计算机及通信设备公司、大学和研究机构所提出的建议,然后以图像质量、压缩性能和实际约束条件为依据,从中选出最好的建议,并在此基础上作出一些适应国际上原有的不同制式的修改,最后形成相应的国际标准。

6.8.1 JPEG 标准

JPEG(Joint Photographic Experts Group)是 ISO/IEC 和 ITU-T 的联合图片专家组的简称,成立于 1986 年,是从事静态图像压缩标准制定的委员会。现在人们也用 JPEG 表示静态图像压缩标准,其国际标准号为 ISO/IEC 10918。该标准于 1992 年正式通过,它的正式名称为"信息技术连续色调静止图像的数字压缩编码"。JPEG 标准描述了关于连续色调(即灰度级或彩色)静态图像的一系列压缩技术,由于图像中涉及到数据量和心理视觉冗余,因此 JPEG 采用基于变换编码的有损压缩方案。

JPEG 标准的目标和适应性如下所述。

(1) 适用于任何连续色调的数字图像,对彩色空间、分辨率、图像内容等没有任何限制。

(2) 采用先进的算法,图像的压缩保真度可在较大范围内调节,可以根据应用情况进行选择。

(3) 压缩/还原的算法复杂度适中,使软件实现时(在一定处理能力的 CPU 上)能达到一定的性能,硬件实现时成本不太高。

(4) 有以下多种操作模式可供设计和使用时选择:

- 无损压缩编码模式(lossless encoding mode)。这种模式保证准确恢复数字图像的所有样本数据,与原数字图像相比不会产生任何失真。
- 基于 DCT 的顺序编码模式(DCT-based sequential encoding)。它以 DCT 变换为基础,按照从左到右、从上到下的顺序对原图像数据进行压缩编码。图像还原时,也是按照上述顺序进行。
- 基于 DCT 的累进编码模式(DCT-based progressive encoding)。它也以 DCT 变换为基础,但使用多次扫描的方法对图像数据进行编码,以由粗到细逐步累加的方式进行。解码时,重建图像的过程也是如此,效果与基于 DCT 的累进编码模式类似,但处理更复杂,压缩比可更高一些。
- 基于 DCT 的分层编码模式(DCT-based hierarchical encoding)。它以多种分辨率进行图像编码,先从低分辨率开始,逐步提高分辨率,直到与原图像分辨率相同为止。解码时,重建图像的过程也是如此,效果与基于 DCT 的累进编码模式类似,但处理等复杂,压缩比可更高一些。

1. 无损压缩编码

为了满足某些应用领域的要求,如传真机、静止画面的电话电视会议等,JPEG 选择了一种简单的线性预测技术,即 DPCM 作为无损压缩编码的方法。这种方法简单、易于实现,重建的图像质量好,其编码器如图 6.13 所示。

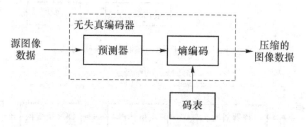

图 6.13　JPEG 无损编码器

图中,预测器的 3-邻域预测模型如图 6.14 所示,以 A、B、C 分别表示当前取样点 X 的 3 个相邻点 a、b、c 的取样值,则预测器可按式(6.6.1)进行选择。然后,预测值与实际值之差再进行无失真的熵编码,编码方法可选用霍夫曼法和二进制算术编码。

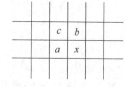

图 6.14　预测值区域

$$\text{预测值} = \begin{cases} A & 1 \\ B & 2 \\ C & 3 \\ A+B-C & 4 \\ A+(B-C)/2 & 4 \\ B+(A-C)/2 & 4 \\ (A+B)/2 & 4 \end{cases} \tag{6.8.1}$$

2. 基于 DCT 的顺序编码模式

基于 DCT 的顺序编码模式是,先对源图像中的所有 8×8 子图像进行 DCT 变换;然后再对 DCT 系数进行量化,并分别对量化以后的系数进行差分编码和游程长度编码;最后再进行熵编码。整个压缩编码过程如图 6.15 所示。图 6.16 表示基于 DCT 的顺序解码过程。这 2 个图表示的是一个单分量(如图像的灰度信息)的压缩编码和解码过程。对于彩色图像,可以看作多分量进行压缩和解压缩过程。

整个压缩编码的处理过程大体分成以下 4 个步骤。

(1) 离散余弦变换

JPEG 采用 8×8 大小的子图像块进行二维的离散余弦变换。在变换前要将数字图像采用数据从无符号整数转换到带正负号的整数,即把范围为 $[0,2^8-1]$ 的整数映射为 $[-2^{8-1}-1,2^8-1]$ 范围内的整数。这时的子图像采样精度为 8 bit,以这些数据作为 DCT 的输入,在解码器的输出端经 IDCT 后,得到一系列 8×8 图像数据块,并须将其位数范围由 $[-2^{8-1}-1,2^8-1]$ 再变回到 $[0,2^8-1]$ 范围内的无符号整数,才能重构图像。DCT 变换可以看作是把 8×8 的子图像块分解为 64 个正交的基信号,变换后输出的 64 个系数就是这 64 个基信号的幅值,其中第 1 个是直流系数,其他 63 个都是交流系数。

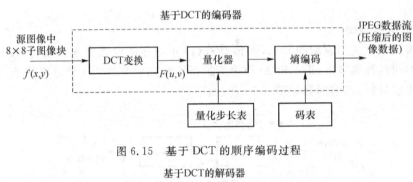

图 6.15　基于 DCT 的顺序编码过程

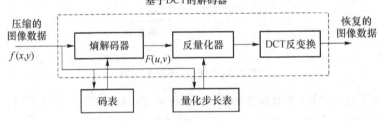

图 6.16　基于 DCT 的顺序解码过程

(2) 量化

DCT 变换输出的数据 $F(u,v)$ 还必须进行量化处理。这里所说的量化并非 A/D 转换,而是指从一个数值到另一个数值范围的映射,其目的是为了减少 DCT 系数的幅值,增加零值,以达到压缩数据的目的。JPEG 采用线性均匀量化器,将 64 个 DCT 系数分别除以它们各自相应的量化步长(量化步长范围是 1~255),四舍五入取整数。64 个量化步长构成了一张量化步长表,供选用。

量化的作用是在图像质量达到一定保真度的前提下,忽略一些次要信息。由于不同频率的基信号(余弦函数)对人眼视觉的作用不同,因此可以根据不同频率的视觉范围值来选择不同的量化步长。通常人眼总是对低频成分比较敏感,所以量化步长较小;对高频成分人眼不太敏感,所以量化步长较大。量化处理的结果一般都是低频成分的系数比较大,高频成分的系数比较小,甚至大多数是 0。表 6.7 和表 6.8 分别给出了 JPEG 推荐的亮度和色度量化步长。

量化处理是压缩编码过程中图像信息产生失真的主要原因。

表 6.7 JPEG 推荐的亮度量化步长表

16	11	10	16	24	40	51	61
12	12	14	19	26	58	60	55
14	13	16	24	40	57	69	56
14	17	22	29	51	87	80	62
18	22	37	56	68	109	103	77
24	35	55	64	81	104	113	92
49	64	78	87	103	121	120	101
72	92	95	98	112	100	103	99

表 6.8 JPEG 推荐的色度量化步长表

17	18	24	47	99	99	99	99
18	21	26	66	99	99	99	99
24	26	56	99	99	99	99	99
47	66	99	99	99	99	99	99
99	99	99	99	99	99	99	99
99	99	99	99	99	99	99	99
99	99	99	99	99	99	99	99
99	99	99	99	99	99	99	99

（3）DC 系数的差分编码与 AC 系数的游程长度编码

64 个 DCT 系数中，DC 系数实际上等于源子图像中 64 个采样值的均值，源图像是被划分成许多 8×8 子图像进行 DCT 变换处理的，相邻子图像的 DC 系数有较强的相关性。JPEG 把所有子图像量化以后的 DC 系数集合在一起，采用差分编码的方法表示，即用两相邻的 DC 系数的差值（ $\Delta_j = DC_j - DC_{j-1}$ ）来表示。

子图像中其他 63 个交流 AC 系数量化后往往会出现较多的零值，JPEG 标准采用游程编码方法对 AC 系数进行编码，并建议在 8×8 矩阵中按照 Z 形次序进行（或称为"之"字形扫描），如图 6.17 所示，这样可以增加连续的零值的个数。扫描后将二维 DCT 系数矩阵重组为一个一维数组。

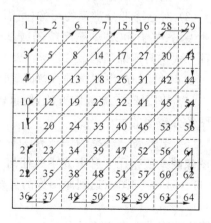

图 6.17 AC 系数进行游程长度编码的"Z"形扫描顺序

（4）熵编码

经过以上转换后的符号通过熵编码过程进一步压缩。JPEG 建议的熵编码方法有两种，一种是霍夫曼编码；另一种是算术编码；前者使用霍夫曼码表，而后者使用算术码的条件码表。

3. 基于 DCT 的累进编码模式

累进编码模式与压缩编码的算法相同，但每个图像分量的编码要经过多次扫描才能完成，每次扫描均传输一部分 DCT 量化系数。第一次扫描只进行粗糙的压缩，以很快的速度传送出粗糙的图像，接收方据此可重建一幅质量较低但尚可识别的图像。在随后几次的扫描中再对图像做较细的压缩处理，这时只传送增加的一些信息，接收方收到后把可重建图像的质量逐步提高。这样逐步累进，直到全部图像信息处理完毕后为止。

为实现累进编码的操作模式，必须在图 6.14 中量化器的输出与熵编码的输入之间增添缓冲存储器，用来存放一幅图像量化后的全部 DCT 系数值；然后对缓冲器中存储的 DCT 系数进行多次扫描，分批进行熵编码。

累进编码的操作方式可以有 2 种做法。

（1）频谱选择法

频谱选择法（spectral selection）指每一次扫描 DCT 系数时，只对 64 个 DCT 系数中的某些频段的系数进行压缩编码和传送。随后进行的扫描中，再对余下的其他段进行编码和传送，直到全部系数都处理完毕为止。

（2）连续逼近法

连续逼近法（successive approximation）指沿着 DCT 系数由高位到低位的方向逐渐累进编码。例如，第一次扫描只取高 n 位进行编码和传送，然后在随后的几次扫描中，再对剩余的位数进行编码和传送。

4. 基于 DCT 的分层编码模式

分层编码的操作模式是把一幅原始图像的空间分辨率分成多个低分辨图像进行"锥形"编码的方法。例如，水平方向和垂直方向分辨率均以 2^n 的倍数改变，如图 6.18 所示。

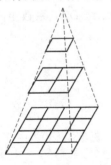

图 6.18　分层编码图像分辨率的分层降低示意图

分层编码的处理过程如下：

（1）把原始图像的分辨率分层降低。

（2）对已降低分辨率的图像（可看成小尺寸图像）采用无失真预测编码、基于 DCT 的顺序编码或基于 DCT 的累进编码中任何一种方式进行压缩编码。

（3）对低分辨率图像进行解码，重建图像。

（4）使用插值、滤波的方法，使重建图像的分辨率提高至下一层图像分辨率的大小。

（5）把升高分辨率的图像作为原始图像的预测值，将它与原始图像的差值采用 3 种方式中的任何一种进行编码。

（6）重复上述步骤（3）、（4）、（5），直到图像达到原图像的分辨率为止。

5. JPEG 实现

JPEG 标准规定，JPEG 算法结构由 3 个主要部分组成。

（1）独立的无损压缩编码。采用线性预测编码和霍夫曼编码（或算术编码），可保证重建图像与原始图像完全一致(均方误差为 0)。

(2) 基本系统。提供最简单的图像编码/解码能力,实现图像信息的有损压缩,对图像主观评价能达到损伤难以觉察的程度。采用了 8×8 DCT 变换线性量化和霍夫曼编码等技术,只有顺序操作模式。

(3) 扩充系统。它在基本系统的基础上再扩充一组功能,例如熵编码采用二进制算术编码,并使用累进构图操作模式、累进无损编码模式等。它是基本系统的扩展或增强,因此也必须包含基本系统。

实践表明,基于 DCT 的 JPEG 压缩编码算法,其压缩的效果与图像和内容有较大的关系,高频成分少的图像可以得到较高的压缩比,且图像仍能保持较好的质量。对于给定的图像品质系数(Q 因子,可分为 1~255 级),必须选用相应的量化步长表和编码参数等,才能达到相应的压缩效果。

6.8.2　JPEG 2000 标准

JPEG 静止图像压缩标准在高速率上有较好的压缩效果,但是,在低比特率情况下,重构图像存在方块效应,不能很好地适应当代对网络图像传输的需求。虽然 JPEG 标准有 4 种操作模式,但是大部分模式是针对不同的应用提出的,不具有通用性,这给交换、传输压缩图像带来了很大的麻烦。

JPEG 2000 是 JPEG 工作组制定的最新的静止图像压缩编码的国际标准,标准号为 ISO/IEC 15444(ITU-T T.800),并于 2000 年陆续公布。它与传统 JEPG 的最大不同在于,它放弃了 JPEG 所采用的以 DCT 为主的区块编码方式,而采用以小波变换算法为主的多解析编码方式,其主要目的是要将影像的频率成分抽取出来。离散小波变换是现代谱分析工具,在包括压缩在内的图像处理与图像分析领域正得到越来越广泛的应用。此外,JPEG 2000 还将彩色静态图像采用的 JPEG 编码方式与二值图像采用的 JBIG 编码方式统一起来,成为对应各种图像的通用编码方式。

1. JPEG 2000 主要部分

(1) 图像编码系统,这是标准的核心系统,规定了实现 JPEG 2000 功能基本部分的编解码方案;

(2) 编码扩展,规定了核心编码系统不具备的功能扩展;

(3) 运动 JPEG 2000,针对运动图像提出的解决方案,规定了以帧内编码形式将 JPEG 2000 用于运动图像压缩的扩展功能;

(4) 一致性测试,规定了用于一致性测试的规程;

(5) 参考软件,提供了实现标准可参考的样本软件;

(6) 混合图像文件格式,规定了以图形文字混合图像为对象的代码格式,主要是针对印刷和传真应用。

其中,第一部分为编码的核心部分,具有相对而言最小的复杂性,可以满足约 80% 的应用需要,是公开的并可免费使用。它对于二值、灰度或彩色静止图像的编码定义了一组有损和无损的方法。具体地说,有以下规定:

• 规定了解码过程,以便于将压缩的图像数据转换成重建图像数据;

- 规定了码流的语法，由此包含了对压缩图像数据的解释信息；
- 规定了 JP2 文件格式；
- 提供了编码过程的指导，由此可以将原图像数据转变为压缩图像数据；
- 提供了在实际进行编码处理时的实现指导。

2. JPEG 2000 主要特点

（1）良好的低比特率压缩性能

这是 JPEG 2000 标准最主要的特征。JPEG 标准对于细节分量多的灰度图像，当压缩数码率低于 0.25 bit/像素（bit per pixel）时，视觉失真大。JPEG 2000 格式的图片压缩比可在 PPEG 标准的基础上再提高 10%～30%，而且压缩后的图像显得更加细腻平滑。尤其在低比特码率下，具有良好的率失真性能，以适应窄带网络、移动通信等带宽有限的应用要求。

（2）连续色调和二值图像压缩

JPEG 2000 的目标是成为一个标准编码系统，既能压缩连续色调图像又能压缩二值图像。该标准对于每一个彩色分量使用不同的动态范围进行压缩和解压。

（3）同时支持无损和有损压缩

针对渐近解压的应用提供了自然的无损压缩。例如，医学图像一般是不允许失真的，在图像检索中，重要的图像要求高质量保存，而显示则可以降低质量。JPEG 2000 提供的是嵌入式码流，允许从有损到无损的渐近解压。

（4）按像素精度和图像分辨率的渐近传输

通过不断向图像中插入像素以不断提高图像的空间分辨率或增加像素精度实现图像的渐近传输（progressive transmission）。可以根据需要，对图像传输进行控制，在获得所需的图像分辨率或质量要求后，在不必接收和解码整个图像的压缩码流的情况下可终止解码。

（5）感兴趣区域编码

ROI（Region of Interest）编码可以将一些内容比较重要的部分定义为感兴趣的区域，在对这些区域压缩时，指定特定的压缩质量，或在恢复时指定解压要求。也就是说，可以对 ROI 区域采用低压缩比以获取较好的图像质量，而对其他部分采用高压缩比以节省空间。同时还允许对 ROI 部分进行随机处理，即对码流进行旋转、移动、滤波和特征提取等操作。

（6）良好的抗误码性

在传输图像时，JPEG 2000 系统采取一定的编码措施和码流格式减少因解码失败而造成的图像失真。

（7）开放的框架结构

开放的框架结构为不同的图像类型和应用提供最优化的系统。

JPEG 2000 的特点还有：基于内容的描述，增加附加通道空间信息，图像保密性，与 JPEG 兼容等。

3. JPEG 2000 编/解码原理

JPEG 2000 图像编码系统基于 David Taubman 提出的 EBCOT（Embedded Block Coding with Optimized Truncation of the embedded bits streams）算法，使用小波变换，采用两层编码策略，对压缩位流分层组织，不仅可获得较好的压缩效率，而且压缩码流具有较大的

灵活性。其编码器和解码器的原理框图如图 6.19 和图 6.20 所示

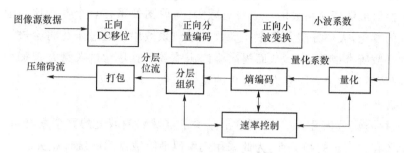

图 6.19　JPEG 2000 编码原理框图

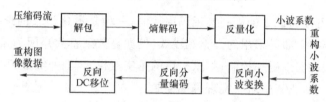

图 6.20　JPEG 2000 解码原理框图

在编码时,首先对源图像进行离散小波变换,根据变换后的小波系数特点进行量化。将量化后的小波系数划分成小的数据单元——码块,对每个码块进行独立的嵌入式编码。将得到的所有码块的嵌入式位流,按照率失真最优原则分层组织,形成不同质量的层。对每一层,按照一定的码流格式打包,输出压缩码流。

解码过程相对比较简单。根据压缩码流中存储的参数,对应于编码器各部分进行逆向操作,输出重构图像数据。

(1) DC 电平位移

对图像的无符号分量进行 DC 电平位移,目的是去掉图像的直流分量,从而使小波变换后系数取正负值的概率基本相等,提高后续的自适应熵编码的效率。若无符号图像分量用 p 位二进制数表示,则对这些无符号分量样本值减去 2^{p-1}。

(2) 分量变换

许多图像是由多个分量组成的,如彩色图像。分量之间存在一定的相关性,通过解相关的分量变换,可减小数据间的冗余度,提高压缩效率。

在 JPEG 编码系统中,分量变换是可选的,采用了可逆的分量变换(RCT, Reversible Component Transformation)和不可逆的分量变换(ICT, Irreversible Component Transformation)2 种变换。可逆的分量变换既可用于无损压缩,也可用于有损压缩;而不可逆的分量变换只能用于有损压缩。

(3) 小波变换

小波分解可采用提升小波变换快速算法。提升小波变换的优点在于速度快、运算复杂度低、所需存储空间少,而且得到的小波系数与使用传统小波变换结果相同。首先对二维图像数据进行列方向和行方向上的一维滤波,然后把滤波后的数据进行解交织,得到相应的 LL、HL、LH 和 HH 子带。与正向提升小波变换过程相反,反向提升小波变换则先把 LL、HL、LH 和 HH 子带交织成一个二维矩阵,然后进行行方向和列方向上的反向一维滤波。

（4）量化

小波变换后虽然变换系数的个数没有减少（与原图像采样点个数相比），但信息的分布发生了很大的变化，大部分能量集中在少数的小波系数中。通过量化将会进一步减少大量幅度很小的系数所携带的能量，从而提高整体压缩效率。量化的关键是根据变换后图像的特征、重构图像质量要求等因素设计合理的量化步长。

（5）熵编码

图像经过变换、量化后，在一定程度上减少了空域和频域上的冗余度，但是这些数据在统计意义上还存在一定的相关性，为此采用熵编码消除数据间的统计相关。

（6）码率控制

在编码器中，可以通过 2 种机制实现码率控制，一种是量化步长的选择；另一种是编码流中编码通道的选择。如果采用的是整数模式（例如整数到整数），因为量化步长固定为 1，那么只能使用方法二实现码率控制；如果采用的是实数模式（例如实数到实数变换），则可以同时使用这两种机制，或其中之一实现码率控制。

JPEG 2000 作为一种新型图像压缩技术标准，其涉及的应用领域比 JPEG 广泛得多，包括互联网、彩色传真、打印、扫描、数字摄像、遥感、移动通信、医疗图像和电子商务等。虽然在一些低复杂度的应用中，JPEG 2000 不可能代替 JPEG，因为 JPEG 2000 的算法复杂度不能满足这些领域的要求；但是，对于有较好的图像质量、较低的比特率或者是一些特殊行要求（渐近传输和感兴趣区域编码等），JPEG 2000 将是最好的选择。

表 6.9 列出了主要音频和视频数据压缩标准及其应用。近年来，图像数据压缩的新的技术和标准还在不断出现，如用于描述多媒体内容的 MPEG-7、融合不同多媒体标准的 MPEG-21 等。

表 6.9 数据压缩的几个主要标准

标准代号	俗称	适用信源	典型应用
ITU-T T.82；ISO/IEC 11544	JBIG-1	二值图像、图形	G4 传真机、计算机图形
ISO/IEC 14492	JBIG-2	二值图像、图形	传真、WWW 图形库、PDA 等
ITU-T T.81；ISO/IEC 10918	JPEG	连续色调静止图像	图像库、传真、数码相机等
ITU-T T.81；ISO/IEC 14495	JPEG-LS		医学、遥感图像的无损压缩
ISO/IEC 15444	JPEG2000		各种图像图形
ITU-T G.723，G.728，G.729		语音	数字通信和电话录音等
ITU-T H.261 建议	P×64	运动图像	ISDN 上的会议电视及可视电话
ITU-T H.263 建议			
ISO/IEC 11172	MPEG-1	运动图像及伴音	VCD、DAB、VOD、多媒体等
ITU-T H.262：ISO/IEC 13818-2	MPEG-2 视频	高质量运动图像	DVD、DVB、DTV/HDTV 等
ISO/IEC 13818-3	MPEG-2 音频	高质量多声道声音	DAT、数字视频伴音、DAB
ISO/IEC 14496	MPEG-4	多媒体音像数据	WWW 上的视频、音频扩展

习　　题

1. 图像数据中存在哪几种冗余性？简述形成的原因。

2. 最常用的客观保真度准则包括哪些，各有什么特点？

3. 统计题图 6.1 所示的图像的灰度直方图，并计算熵。

0	1	3	2	1	3	2	1
0	5	7	6	2	5	6	7
1	6	0	6	1	6	3	4
2	6	7	5	3	5	6	5
3	2	2	7	2	6	1	6
2	6	5	0	2	7	5	0
1	2	3	2	1	2	1	2
3	1	2	3	1	2	2	1

题图 6.1　图像的灰度直方图

4. 信源

$$X = \begin{cases} u_1 & u_2 & u_3 & u_4 & u_5 & u_6 & u_7 & u_8 \\ p_1 & p_2 & p_3 & p_4 & p_5 & p_6 & p_7 & p_8 \end{cases}$$

其中 $p_1 = 0.20$、$p_2 = 0.09$、$p_3 = 0.11$、$p_4 = 0.13$、$p_5 = 0.07$、$p_6 = 0.12$、$p_7 = 0.08$、$p_8 = 0.20$。将信源进行霍夫曼编码（采用二叉树），绘出二叉树，并计算信源的熵、平均码长、编码效率及冗余度。

5. 已知信源 $X\{0,1\}$，信源符号的概率分别为 0.2、0.3、0.1、0.2、0.1、0.1，对 0.233 55 进行算术编码。

6. 离 DCT 中，为什么要对图像进行分块？简述该编码的基本原理。

7. 对于一个具有 3 个符号的信源，有多少个唯一的霍夫曼码？构造这些码。

8. 解释分辨率、像素比特率、保真度、误差和信噪比这 5 个名词。

9. 图像编码有哪些国际标准？它们的基本应用对象分别是什么？

10. 试对算术编码和霍夫曼编码进行比较，算术编码在哪些方面具有优越性？

第7章　数字图像处理的应用与发展

7.1　指纹识别技术

7.1.1　概　述

生物识别技术（Biometric Identification Technology）是利用人体生物特征进行身份认证的一种技术。由于每个人的生物特征都有与其他人不同的唯一性和在一定时期内不变的稳定性，不易伪造和假冒，所以利用生物识别技术进行身份认定，安全，可靠，准确。此外，生物识别技术产品均借助于现代计算机技术实现，很容易配合电脑和安全、监控、管理系统整合，实现自动化管理。

常见的生物识别技术主要有指纹、脸形、虹膜、视网膜、手写体、声音、掌纹、手形和脸部热谱图9种，指纹识别是生物识别技术的一种。迄今为止，最为人们所关注、最为成熟的生物识别技术就是指纹识别。

近年来，国内外学者对自动指纹识别技术进行了深入和广泛的研究，取得了较大的进展，研究的重点主要集中在如何提高识别的准确率和速度。目前，已经有很多自动指纹识别的产品面市，并开始逐步在企业考勤、门禁、金融、公安和网络安全等领域得到应用。以指纹为代表的生物识别技术的发展和应用，不仅可以开发相关的系列产品，获得巨大的经济效益，还可以带动图像处理、模式识别、光学、电子、生理学和计算机应用等相关学科的发展，具有很高的学术价值，会产生巨大的社会效益。以指纹为代表的生物识别技术的发展和应用已被公认将会给身份识别领域带来一场革命，并已经成为各国学术界和工业界研究的热点之一。

7.1.2　指纹识别系统分类

自动指纹识别系统的工作模式可以分为2类：验证模式（verification）和辨识模式（identification）。验证就是通过把一个现场采集到的指纹与一个已经登记的指纹进行一对一的比对（one-to-one matching），来确认身份的过程。作为验证的前提条件，验证者的指纹必须在指纹库中已经注册。指纹以一定的压缩格式存储，并与其姓名或其标志（ID，PIN）联系起来。随后在比对现场，先验证其标志，然后利用系统的指纹与现场的指纹比对证明其标志是否是合法的。验证过程如图7.1所示。

辨识则是把现场采集到的指纹同指纹数据库中的指纹逐一对比，从中找出与现场指纹相匹配的指纹。这也叫做"一对多匹配（one-to-many matching）"。指纹辨识过程如图7.2所示。

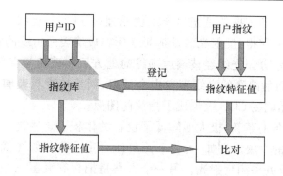

图 7.1　指纹验证过程

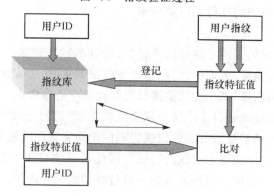

图 7.2 指纹辨识过程

7.1.3　指纹识别系统工作原理

一般来讲,自动指纹识别算法体系大致由指纹图像采集、指纹图像预处理、特征提取、指纹分类和指纹比对几个部分组成。如图 7.3 所示。

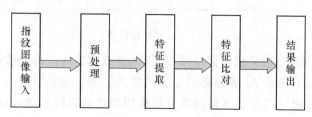

图 7.3　指纹识别系统框图

1. 指纹图像采集

较早出现的活体指纹采集设备是光电式的,现在仍为大多数自动指纹识别系统所使用。后来出现的电容式和电感式的采集设备,在某些条件下可提高指纹采集的质量,但在耐磨性和稳定性等方面还存在一些问题。对干、湿、脏的指头或磨损严重的指纹均能可靠、正确的进行采集和尽量减少采集时的变形,是指纹采集技术需要解决的主要问题。

到目前为止,光学采集头提供了更加可靠的解决方案。通过改进原来的光学取像技术,新一代的光学指纹采集器更是以无可挑剔的性能与非常低的价格使电容方案相形见绌。

光学技术需要一个光源从棱镜反射到按在取像采集头上的手指,光线照亮指纹从而采集到指纹。光学取像设备依据的是光的全反射原理(FTIR)。光线照到压有指纹的玻璃表面,反射光线由 CCD 去获得,反射光的量依赖于压在玻璃表面指纹的脊和谷的深度,以及皮肤与玻璃间的油脂和水分。光线经玻璃射到谷的地方后在玻璃与空气的界面发生全反射,光线被反射到 CCD,而射向脊的光线不发生全反射,而是被脊与玻璃的接触面吸收或者漫反射到别的地方,这样就在 CCD 上形成了指纹的图像。

由于最近光学设备的革新,极大地降低了设备的体积。这些进展取决于多种光学技术的发展而不是 FTIR 的发展。例如,可以利用纤维光束获取指纹图像。纤维光束垂直射到指纹的表面,照亮指纹并探测反射光。另一个方案是把含有微型三棱镜矩阵的表面安装在弹性的表面上,当手指压在此表面上时,由于脊和谷的压力不同而改变了微型三棱镜的表面,这些变化通过三棱镜光的反射而反映出来。

2. 预处理

通常,指纹采集器采集到的指纹是低质量的,存在的噪声较多。通过预处理,将采集到的指纹灰度图像通过预滤波、方向图计算、基于方向图的滤波、二值化、细化等操作转化为单像素宽的脊线线条二值图像,基于此二值图像对指纹的中心参考点,以及细节特征点特征等进行提取。指纹图像预处理是自动指纹识别系统基础,是进行指纹特征提取和指纹识别不可缺少的重要步骤。好的预处理方法可以使得到的单像素宽脊线线条二值图像更接近被提取者的指纹,更准确地反映被提取指纹的特征。因此可以使后续处理中提取的指纹特征更准确,特征提取更迅速。指纹图像预处理的一般过程如图 7.4 所示。

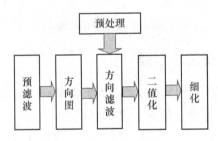

图 7.4 预处理框图

指纹图像的预处理一般采用图像增强、二值化和细化的方法抽取脊的骨架。这类方法受指纹图像质量的影响比较大,难以得到令人满意的结果。很多研究者提出了不同的预处理方法,这些方法是用局部脊方向和局部自适应阈值增强指纹图像,但各自都有一些局限性。例如,用分块的方法实现局部自适应阈值并得到该块内的脊方向等,这些方法通常是分别得到骨架和方向流结构,缺乏相关性。

3. 特征提取

指纹的特征点分为全局特征(如奇异点、中心点)和局部特征(指纹细节点)。在考虑局部特征的情况下,英国的 E. R. Herry 认为,在比对时只要 13 个特征点重合,就可以确认是同一个指纹,对于不同的应用情况,要求匹配的特征点的个数会有所不同,如用在公安刑侦时要求匹配特征点的个数就要比用在指纹考勤时多。指纹的细节特征可以有 150 种之多,但这些特征出现的概率并不相等,很多特征是极其罕见的。一般在自动指纹识别技术中只使用两种细节特征:纹线端点与分叉点。纹线端点指的是纹线突然结束的位置,而纹线分叉点则是纹线突然一分为二的位置。大量统计结果和实际应用证明,这两类特征点在指纹中出现的机会最多、最稳定,而且比较容易获取。更重要的是,使用这两类特征点足以描述指纹的唯一性。通过算法检测指纹中这两类特征点的数量以及每个特征点的类型、位置和所在区域的纹线方向是特征提取的任务。

4. 指纹分类

指纹分类的主要目的是方便大容量指纹库的管理,减小搜索空间,加速指纹匹配过程。指纹分类技术越完善,能够划分的类型越细,样本数据库每个类别中所包含的样本数量就会越少,对一次识别任务来讲,需要比对的次数和时间开销就会越少。在大部分研究中,指纹一般分为漩涡型(whorl)、左环型(left loop)、右环型(right loop)、拱型(arch)、尖拱型(tented arch)5 类。对于要求严格的指纹识别系统,仅按此分类是不够的,还需要进一步更加细致地分类。

5. 指纹比对

指纹比对是通过对 2 枚指纹的比较确定它们是否同源的过程,即 2 枚指纹是否来源于同一手指。指纹比对主要是依靠比较 2 枚指纹的局部纹线特征和相互关系决定指纹的唯一性。指纹的局部纹线特征和相互关系通过细节特征点的数量、位置和所在区域的纹线方向等参数度量。细节特征的集合形成一个拓扑结构,指纹比对的过程实际就是 2 个拓扑结构的匹配问题。由于采集过程中的变形、特征点定位的偏差、真正特征点的缺失和伪特征点的存在等问题,即使是 2 枚同源的指纹,所获得的特征信息也不可能完全一样,指纹比对的过程必然是一个模糊匹配问题。

6. 可靠性问题

计算机处理指纹图像时,只是涉及了指纹有限的信息,而且比对算法不是精确的匹配,因此其结果不能保证 100% 准确。指纹识别系统的重要衡量标志是识别率,它主要由 2 部分组成:拒判率(FRR,false reject rate)和误判率(FAR,false accept rate)。可以根据不同的用途调整这 2 个值,FRR 和 FAR 是成反比的,可以用 0~1 的数或百分比来表示。图 7.5 的 ROC(Receiver Operating Curve)曲线给出 FAR 和 FRR 之间的关系。尽管指纹识别系统存在可靠性问题,但其安全性也比相同可靠性级别的"用户 ID＋密码"方案的安全性高得多。例如采用 4 位数字密码的系统,不安全概率为 0.01%,如果同采用误判率为 0.01% 指纹识别系统相比,由于不诚实的人可以在一段时间内试用所有可能的密码,因此 4 位数密码并不安全,但是他绝对不可能找到 1 000 个人为他把所有的手指(10 个手指)都试一遍。正因为如此,权威机构认为在应用中 1% 的误判率就可

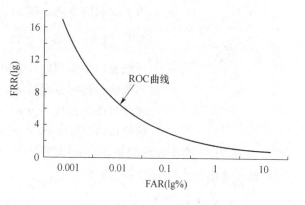

图 7.5　FAR 和 FRR 之间的 ROC 关系曲线

以接受。FRR 实际上也是系统易用性的重要指标。由于 FRR 和 FAR 是相互矛盾的,这就使得在实际应用系统的设计中,要权衡易用性和安全性。一个有效的办法是比对 2 个或更多的指纹,从而在不损失易用性的同时,最大限度地提高系统的安全性。

7.1.4 指纹识别模块算法

1. 预处理

指纹的特征是指指纹脊线的某种构型,如端点、分叉等。为了提取这些特征,必须先把灰度的指纹图处理为二值线型图,此过程即指纹图像预处理。图像预处理是指纹自动识别过程的第一步,它的好坏直接影响指纹识别的效果。图像预处理通常包括增强、分割、细化等几个步骤。增强是通过平滑、锐化、灰度修正等手段,改善图像的视觉效果;分割则是把图像划分为若干个区域,分别对应不同的物理实体;细化则是把分割后的图像转为只有一个像素点宽度的线型图,以便提取特征。

在预处理过程中,必须保证尽可能不出现伪特征,并尽量保持其真实特征不受损失。这里所谓的真实特征是指实际存在的指纹脊线构型,而不是指纹图上表现出的构型。由于在指纹摄取时手指用力不均匀,在用力的区域纹线可能会出现误连,而在用力小的区域可能会出现纹线误断。在这种情况下,用通常的基于灰度的预处理方法就会产生误特征。为了避免这种情况,可以利用指纹图的局部方向特性,即在纹线的切线方向上进行平滑,在其法线方向上进行边缘锐化,以求得最接近指纹实际构型的处理结果。

2. 方向滤波算法

指纹图像获取时,由于噪音及压力等的不同影响,将会导致 2 种破坏纹线的情况:断裂及叉连。这 2 种干扰必须清除,否则会造成假的特征点,影响指纹的识别。如断裂可能被认为是 2 个端点,而叉连可能被当作 2 个分叉点。为了消除干扰及增强纹线,针对指纹纹线具有较强方向性的特点,可以采用方向滤波算法对其进行增强,为此必须利用指纹图上各个像素点上的局部方向性。

(1)方向图的获取

方向图是用每个像素点的方向来表示指纹图像。像素点的方向是指其灰度值保持连续

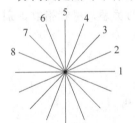

图 7.6　8 个方向

性的方向,可以根据像素点邻域中的灰度分布判断,反映了指纹图上纹线的方向。如图 7.6 所示设定 8 个方向,各方向之间夹角为 $\frac{\pi}{8}$,以 1~8 表示。每个像素点上方向值的判定是在其 $N \times N$ 邻域窗口中得到的。邻域窗口的尺寸并无严格限定,但其取值与图像的分辨率直接有关。如果邻域取得过小,则难以从其中的灰度分布得出正确的方向性;若取得过大,则在纹线曲率较大的区域窗口内纹线方向不一致,会对以后的滤波操作造成不良影响。

一般可取 N 为 1~2 个纹线周期。实验中取 $N = 9$,该 9×9 邻域窗口如图 7.7 所示。

分别求出沿各个方向的灰度变化

$$S_d = \sum_{k=1}^{4} |f(i,j) - f_{dk}(i_k,j_k)| \qquad d = 1,2,3,\cdots,8 \qquad (7.1.1)$$

$$S_{d'} = \sum_{k=1}^{4} |f(i,j) - f_{d'k}(i_k,j_k)| \qquad (7.1.2)$$

式中,d' 代表与 d 垂直的方向,即 $d' = (d+4) \bmod 8$;$f(i,j)$ 是点 $p(i,j)$ 的灰度值;i_k 是 d 方向上的第 k 点;$f_{dk}(i_k,j_k)$,$f_{d'k}(i_k,j_k)$ 分别是点 p_{dk} 与 $p_{d'k}$ 的灰度值。

p_{71}		p_{61}		p_{51}		p_{41}		p_{31}
p_{81}		p_{72}	p_{62}	p_{52}	p_{42}	p_{32}		p_{21}
		p_{82}				p_{11}		
p_{14}		p_{13}				p_{12}		p_{22}
		p_{23}				p_{83}		
p_{24}		p_{33}	p_{43}	p_{53}	p_{63}	p_{73}		p_{84}
p_{34}		p_{44}		p_{54}		p_{64}		p_{74}

图 7.7　9×9 邻域窗口

点 $p(i,j)$ 的方向应该是 S_d 取值最小、$S_{d'}$ 取值最大的方向。这不仅考虑了指纹纹线的切线方向灰度变化最小,同时考虑了它的法线方向应是灰度变化最大的方向。当 $d=1,2,\cdots,8$ 时分别求出 $S_d/S_{d'}$,进一步得到其最小值 $S=\min(S_d/S_{d'})$,$p(i,j)$ 的方向取与 S 对应的 d。

对指纹图中的每一像素都按如上算法操作,可以得到指纹的方向图。将方向图中各像素点的方向值乘以 30,并作为该点的灰度值,根据各点的亮暗可判断其方向值。

(2) 方向图的平滑算法

方向图求出后,由于纹线中的毛刺、背景中的细小污点等影响,会存在一定的噪音,需要对其进行平滑。方向图平滑的基本思想是,指纹纹线的走向是连续变化的,邻近像点上的方向不应该有突然的大角度转折。平滑也是在窗口中进行的,窗口中心像点上的平滑结果由窗口中各像素点方向值及其分布确定。

设 $N(d)$ 是某一像素在 8 邻域中方向为 d 的像素个数,$N(d)$ 的最大值定义为 $N(D_1)$,次大值定义为 $N(D_2)$,其对应的方向值分别是 D_1 和 D_2,$C(i,j)$ 是点 (i,j) 校正后的方向代码。按如下算法平滑:

$$C(i,j)=\begin{cases}D_1 & 5\leqslant N(D_1)\leqslant 8 \\ (D_1+D_2)/2 & 3\leqslant N(D_1)\leqslant 5 \text{ 且 } N(D_2)\geqslant 2 \text{ 且 } N(D_1)-N(D_2)\leqslant 2 \\ D(i,j) & \text{其他}\end{cases}$$

$$(7.1.3)$$

式 (7.1.3) 中的各界值由实验确定。经过以上处理后,方向图得到了平滑。

(3) 方向滤波器的设计

在得到指纹的方向图后,可以根据每个像素点的方向值利用方向滤波器对指纹进行滤波,以消除噪音,增强纹线,提高脊和谷之间的反差。一般情况下处理图像只需一个滤波器,而方向滤波器是一系列与像素点方向有关的滤波器,使用时根据某一块区域的方向特征,从一系列滤波器中选择一个相应的滤波器对这一块进行滤波。由于其应用的特殊性,决定其特殊的设计方法。

滤波器设计原则如下所述。

① 滤波器模板的尺寸要合适。模板过小难以达到良好的去噪音、清晰化效果；模板过大则可能在纹线曲率较大处破坏纹线构型。一般取模板边长为 1～1.5 个纹线周期。

② 模板边长为奇数，模板关于其朝向轴及朝向垂直方向轴均为对称。

③ 为提高脊、谷之间的灰度反差，达到边缘锐化的效果，模板应设计为在垂直于朝向方向上，中央部分系数为正，两边系数为负。

④ 滤波结果应与原图的平均灰度无关，因此模板中所有系数的代数和应为 0。

根据以上设计原则，先求水平方向的滤波器，其他方向的滤波器可以通过旋转得到。

2. 局域自适应二值化算法

以上所得的是增强后的 256 级灰度图像，需要将其进一步二值化。二值化指纹图像是将灰度图像变成 0、1 两个灰度级的图像，前景点（指纹脊线）取作 1，背景点取作 0，以把指纹脊线提取出来，便于后续处理。根据指纹图中脊线与谷线宽度大致相等的特点，即二值化后黑白像素的个数应大致相同，采用局部域值自适应算法。把指纹图分成 $w \times w$（w 为一个纹线周期）的子块，在每一子块内计算灰度均值

$$A_{\mathrm{V}} = \frac{1}{w \times w} \sum_i \sum_j f(i,j) \tag{7.1.4}$$

$f(i,j)$ 为子块内 (i,j) 的灰度值。在该块内若某一点的灰度值 $f(i,j) > A_{\mathrm{V}}$，则 $f(i,j)=1$；若 $f(i,j) \leqslant A_{\mathrm{V}}$，则 $f(i,j)=0$。对每一块都进行这样的处理，可得到指纹的二值图像。

3. 二值化后的去噪

由于灰度去噪的不完全及二值化过程又可能引入噪音，所以对二值化后的指纹图像还需要进行一次二值滤波去噪，目的是去除或减弱图像中的噪音，增强图像中有意义的部分。这一过程可以填补二值化后纹线上的孔洞，或者删除模式上的"毛刺"和孤立的值为 1 的像素，即包括填充和删除 2 个算法。

（1）填充

填充算法把同时满足以下条件的像素 p 值取为 1。

• p 为 0 像素；

• p 的 4 邻域中有 3 个以上的邻点为 1 像素。

图 7.8 示出了填充算法的一个实例。

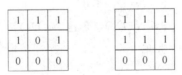

图 7.8 填充过程实例

（2）删除

删除算法把同时满足以下条件的像素 p 值取为 0。

• p 为 1 像素；

• $(p_1 + p_2 + p_3)(p_5 + p_6 + p_7) + (p_3 + p_4 + p_5)(p_7 + p_8 + p_1) = 0$；

• p 不是端点。

图 7.9 示出了删除过程的一个实例。

图中 $p_1 \sim p_8$（值为 0 或 1）定义如图 7.10 所示。经过去噪后，有效地清除了原二值图

中的大部分孔洞和"毛刺"。

图 7.9　删除过程实例　　　　　　　图 7.10　模板

4. 细化及细化后的去噪处理

细化是图像分析、信息压缩、特征提取和模式识别常用的基本技术,它使图像的每条纹线都变为单像素宽的"点线",且细化后的纹线近似处于原图的"中轴"。在指纹的自动识别过程中,需要把二值指纹图进行细化,可以大大减少冗余的信息,突出指纹纹线的主要特征,从而便于后面的特征提取。

细化过程中,在判断是否删除一个前景像素点时,需要考虑其 3×3 邻域中除其自身外的 8 个像素点中的连接成分数。如果此连接成分数为 1,则说明删除当前像素点不会改变原图的连通性;若大于 1,则改变了原图的连通性。令 N_c 为 p 的 8 邻域中的连接成分数,则其由序列 $p_1p_2p_3p_4p_5p_6p_7p_8p_1$ 中 $0\rightarrow1$ 变化的次数可以得到。

这里采用逐层迭代算法。本算法把一次迭代分作两次扫描,细化过程中由周边向中间逐层细化,使细化结果位于原图的"中轴"。

令 B_N 为 3×3 窗口内目标像素的个数,$B_N=\sum_{i=1}^{8}Pi$,2 次扫描中需满足下面条件。

- $2\leqslant B_N\leqslant6$(排除 p 为端点和内部像点的情况);
- 若已标记 p_i 视为 1 时,有 $N_c=1$(保证删除当前像素不会改变原图的连通性);
- p 的值是 1(保证 p 为前景点);
- 当 p_3 或 p_5 已标记时,若视 p_3、p_5 为 0,依然有 $N_c=1$(保证宽度为 2 的线条只删除一层像点,避免其断开)。

本细化算法重复执行 2 个步骤。

步骤 1　从左到右,从上到下顺序扫描图像,对同时满足以上条件的像素,如果 $p_1p_3p_7=0$ 且 $p_1p_5p_7=0$,则将其做上标记;

步骤 2　从左到右,从上到下顺序扫描图像,对同时满足以上条件的像素,如果 $p_1p_3p_5=0$ 且 $p_3p_5p_7=0$,则将其做上标记。

当扫描完整幅图像后,去掉作了标记的像素。重复步骤 1、2 操作,直至得到单位宽度的线条为止。经过此细化算法处理后,得到单像素宽的 8 连通的指纹图像。经上述处理后的图像有利于特征提取。

7.1.5　指纹特征提取和比对

1. 指纹的特征提取和剪枝

由细化所得的指纹点线图,很容易找到指纹的细节特征:端点和分叉点,记录这些特征的位置、类型和方向。因为指纹预处理的不完善性,在细化后的纹线图中总存在或多或少的伪特征点。因此有必要对这些粗筛选出的特征进行剪枝,以达到去伪存真的目的。细节特征剪枝的标准主要依赖于以下 3 个条件。

- 特征点到边缘的距离;
- 细节特征间的距离和角度关系;
- 指纹脊线和细节特征的空间分布。

根据以上 3 个条件组合各种特征剪枝的标准,凡符合标准的特征点删除,其余的给予保留。保留下来的特征点以链码方式记录它们之间的相对位置关系,用以与指纹库中的数据比对匹配。

2. 指纹的比对

在进行指纹比对之前,一定要存在指纹数据库。建立指纹数据库,一般要采集同一枚指纹的 3~5 个样本,分别对这些样本进行预处理和特征抽取,由特征点间的相互位置关系确定样本图像是否两两匹配,根据特征点被匹配上的次数,确定该特征点的匹配权值,从所有样本图像中找出权值大于给定阈值的特征点,以这些特征为模板建立指纹数据库样本。对于待匹配的指纹图像,经预处理和特征提取后,形成一个坐标链码记录,根据这些特征的相互位置关系与指纹数据库中的样本做图形匹配,得到最终的识别结果。图 7.11 展示了指纹原始图像经增强、分割和细化后的效果。

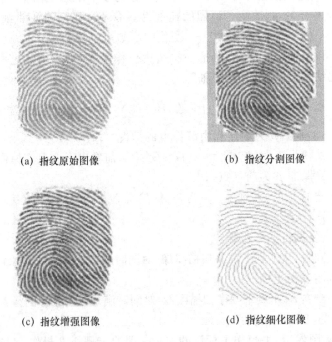

(a) 指纹原始图像   (b) 指纹分割图像

(c) 指纹增强图像   (d) 指纹细化图像

图 7.11　增强、分割和细化后的效果

7.2　车辆牌照识别技术

7.2.1　概　述

智能交通系统(ITS)是 21 世纪世界道路交通管理体系的模式和发展方向。智能交通系统应用人工智能技术、GPS(全球定位系统)和网络通信技术、检测技术、电子收费技术等革新道路交通,试图有效地调整交通需求,提高道路通行能力,改善服务水平,减少环境污染和油料损耗,增加交通安全。汽车牌照自动识别系统是智能交通系统的关键技术之一,是在交通监控的基础上,引入了计算机信息管理技术,采用了先进的图像处理、模式识别和人工智能技术,通过对图像的采集和处理,获得更多的信息,从而达到更高的智能化管理程度。

近年来,汽车牌照智能识别的技术发展很快,就其识别基础而言,主要可以分为间接法和直接法 2 种。间接法是基于 IC 卡(即无线电频率鉴别),或者是基于条码的识别;直接法是基于图像的汽车牌照识别。

(1) 间接法是将车牌的信息存储在 IC 卡或条码中。利用 IC 卡技术进行汽车牌照的识别,是在每辆汽车上安装一个微型电子信号接收和发射装置即 IC 卡,通过卡内存储的信息辨识出汽车的车牌号码和其他相关内容。尽管 IC 卡技术识别准确度高,运行可靠,可以全天候作业,但它整套装置价格昂贵,硬件设备十分复杂,不适用于异地作业。条形码技术虽然具有识别速度快、准确度高、可靠性强以及成本较低等优点,但是对于扫描器要求很高。此外,二者都需要制定出全国统一的标准,并且无法核对车、卡(条码)是否相符,也是技术上存在的缺点,这给近期短时间内推广造成困难。

(2) 基于图像的车牌识别技术属于直接法。直接法一般有图像处理技术、传统模式识别技术及人工神经网络技术。它是一种无源型汽车牌照智能识别方法,能够在无任何专用发送车牌信号的车载发射设备情况下,对运动状态车辆或静止状态车辆的车牌号码进行非接触性信息采集,并实时智能识别。与间接法识别系统相比,① 直接法系统节省了设备安置及大量资金,从而提高了经济效益。② 由于采用了先进的计算机应用技术,可提高识别速度,较好地解决实时性问题。③ 它是根据图像进行识别,所以通过人的参与可以解决系统中的识别错误,而其他方法是难以与人交互的。近年来基于图像的车牌识别系统的研究引起了许多学者的广泛兴趣,但车牌识别由于要适应各种复杂背景以及不同光照条件影响,使车牌分割及识别增加了难度,目前虽然国内外都有一些实用的车牌识别系统面市,但是,这些系统的应用都存在一定的约束,至今车牌自动识别技术尚未达到很完善的程度。

7.2.2　车辆牌照识别系统的结构

车牌识别(LPR,License Plate Recognition)技术的任务是处理、分析摄取的汽车图像,实现车牌号码的自动识别。典型的车辆牌照识别系统是由图像采集系统、中央处理器、识别系统组成,一般还要连接相应的数据库以完成特定的功能。当系统发现(通过埋地线圈或者光束检测)有车通过时,则发出信号给图像采集系统,然后采集系统将得到的图像输入识别系统进行识别,其识别结果应该是文本格式的汽车牌照号码。图 7.12 显示了车牌识别系统的结构框图。

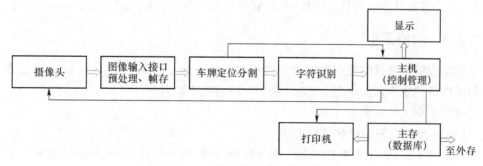

图 7.12　车牌识别系统的结构框图

整套系统实际是一种硬件和软件的集成。在硬件上,它需要集成可控照明灯、镜头、图像采集模块、数字信号处理器、存储器、通信模块、单片机等;在软件上,它需要包括车牌定位、车牌字符分割、车牌字符识别算法。

车牌识别系统的硬件是整个系统中的一个十分关键的组成部分,它决定了软件所摄的图像的质量。现在的硬件基本上采用了嵌入式一体化的结构形式,照明、拍摄、图像采集、车牌辨识算法及通信模块都集成在一起,作为一个整体设备加以设计和实现。它主要是基于2大关键技术:光电耦合器件和数字信号处理器。其中前者用于采集车辆图像;后者用于运行算法。

车牌识别过程大体可分为 4 个步骤:图像预处理、车牌定位和分割、车牌字符的分割和车牌字符识别。而这 4 个步骤又可以归结为 2 大部分,即车牌分割和车牌字符识别。如图 7.13 所示。

图 7.13　车牌识别系统流程图

7.2.3　预处理

为了便于车牌的分割和识别,摄像机摄下的原始图像应具有适当的亮度和对比度。但摄像时的光照条件、牌照的整洁程度、摄像机的状态(焦距、角度和镜头的光学畸变),以及车速的不稳定等因素都会不同程度地影响图像效果,出现图像模糊、歪斜或缺损,车牌字符边界模糊、细节不清、笔画断开、粗细不均等现象,从而影响车牌区域分割与字符识别的工作,所以识别之前需要对原始图像进行预处理。

预处理工作包括以下 4 个方面。

(1) 消除模糊。图像的摄取一般在汽车运动的情况下进行,有时难免出现图像的运动模糊。因此需在原系统中加入逆滤波处理,对由匀速直线运动造成的图像模糊进行恢复。

(2) 图像去噪。通常得到的汽车图像会有一些污点,为了保证识别的效果,需要对图像进行去噪。

(3) 图像增强。由于车牌识别系统需要全天候工作,自然光照度的昼夜变化会引起汽车图像对比度的严重不足,所以增强图像是很有必要的。

(4) 水平校正。摄像机的位置、车辆的运动等因素经常使拍摄出来的汽车图像有一定的倾斜,这就需要对图像进行水平校正,或者在分割出车牌区域之后对字符水平校正。

7.2.4　牌照定位

牌照定位的主要目的是在预处理后的灰度图像中确定牌照的具体位置,并将包含牌照字符的子图像从整个图像中划分出来,供字符识别系统识别。

车牌的定位方法主要有 3 种。

(1) 基于边缘监测的车牌定位方法

首先运用 Canny 边缘算子在全图范围检测边缘,然后利用 Hough 变换搜索与竖直投影重叠的水平直线,定位车牌上下边界,最后在得到的水平直线附近搜索竖直直线定位车牌的左右边界,从而定位车牌区域。基于边缘监测的定位方法的优点是定位准确,但是受车牌变形和边缘断裂的影响大,运算时间长,且车牌的边缘容易和背景上的车窗、树木的边缘混淆。

（2）基于水平方向灰度变化的车牌定位方法

首先,利用车牌区域水平灰度高于背景的特点对图像二值化;然后,在二值图上搜索连通域,并根据连通域的几何特征定位车牌区域。方法（2）要比方法（1）的效果好,速度快,漏检率低,但不能够准确地定位车牌的边界,很难与背景文字、车灯等同样灰度变化明显的区域区分开。

（3）基于彩色特征的车牌定位方法

该方法定位比较准确,漏检率较低,但是在车牌倾斜和变形的情况下无法准确确定牌照的位置,容易和背景上的相似颜色区域相混淆。

另外,在车牌定位中还有其他多种方法,如形态滤波法、模糊 C 类算法、模糊聚类法及神经网络法等。

7.2.5　字符的分割

在分割之前首先对图像进行针对性的处理,即要对图像进行二值化处理,它的实质是将图像中的每个像素按一定规则进行分类,也就是将图像转化成只有 2 个等级（黑,白）的二值图像。

经过牌照字符图像的二值化,得到的是一个只包含牌照字符的水平条形区域。为了进行字符识别,需要将牌照字符从二值化图像中分割出来。

字符分割可采用垂直投影法。由于字符块在垂直方向上的投影必然在字符间的间隙处取得局部最小值,因此字符的正确分割位置应该在上述最小值附近,并且这个位置应满足车牌的字符书写格式、字符尺寸限制和其他一些条件。垂直投影法处理过程是,对已切割出来的车牌在水平方向上从左至右检测各坐标的投影数值。检测到第一个投影值不为 0 的坐标可视为首字符的左边界,从该坐标向右检测到的第一个投影值为 0 的坐标可视为首字符的右边界,其余字符的边界坐标同理可得。

7.2.6　车牌字符识别

车牌字符识别目前最常用的方法是基于模板匹配和神经网络的方法。模板匹配方法是一种经典的模式识别方法,首先对待识字符进行二值化,并归一化为模版的大小,最后选最佳匹配作为分类结果。模版匹配方法的缺点是抗干扰力差,识别率低,任何有关光照、字符清晰度和大小的变化都会影响模板匹配的正确率。

神经网络理论自 20 世纪中叶提出以来,取得了一系列的研究成果。近年来,随着计算机技术和非线性科学的发展,神经网络理论的研究又进入一个新的高潮。其应用已经渗透到各个领域,并取得巨大进步。神经网络所具有的信息分布式存储、大规模自适应并行处理,以及高度的容错性等是它们用于模式识别的基础,特别是其具有学习能力和容错能力,对不确定模式识别具有独到之处。

用神经网络进行字符识别,主要有 2 种方法。

（1）首先对待识别字符进行特征提取,然后用所获得的特征训练神经网络。这种网络的识别效果与字符特征的提取有关，而字符的特征提取往往比较耗时。

（2）充分利用神经网络的特点，直接把待处理图像输入网络，由网络自动实现特征提取直至识别。这种网络互联较多，待处理信息量大。

下面给出一个字符识别的实例，采用先提取字符特征，然后根据字符的特征矩阵构建神经网络，再用理想样本训练神经网络，最终实现对字符的识别。

神经网络的方法具有抗噪声、容错、自适应、自学习能力强等优点；融预处理和识别于一体，而且识别速度快，因而受到人们的广泛重视，在车辆牌照识别系统技术中也得到了广泛应用。其识别原理如图 7.14 所示。

图 7.14　识别流程图

字符识别部分一般分为预处理、特征提取和神经网络构建组成，其中预处理就是将原始数据中的无用信息删除，并对数据进行平滑等。在众多环境中，特征提取、神经网络构建是整个识别的核心。特征提取必须能反映整个字符的特征。神经网络的输入是字符的特征向量，输出结果是文本格式的字符信息。

1. 字符识别的预处理

为了神经网络识别的进行，识别前要对单个字符进行预处理。在上一步字符分割的基础上，得到二值化的单一字符图像，如图 7.15 所示。

图 7.15　分割后图像

由于各种因素的影响，得到的分割图像的边缘是不太平滑的，有时甚至可能出现笔画断裂的可能。为了尽可能好地提取字符特征，提高神经网络的识别准确率，需要对得到的二值化图像进行边缘处理，去掉边缘上突出的点，补上凹陷的点。这里用形态学处理中的腐蚀和膨胀操作，首先对图像进行先膨胀再腐蚀的处理，补充凹陷的点；然后再进行先腐蚀再膨胀的处理，去掉凸出的点。经过以上操作，图像边缘更加平滑，这样可以使图像压缩时得到更好的效果，如图 7.16 所示。

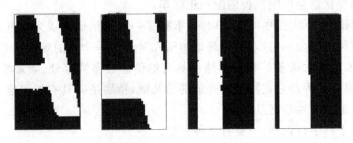

图 7.16　腐蚀膨胀处理后的字符边缘图像

为了减少特征矩阵大小,要对得到的图像做尺寸的压缩,这里选择将图像压缩为 17 像素×8 像素的图像,由于压缩比例比较大(原始图像为 136 像素×64 像素,压缩到 17 像素×8 像素,压缩为原始图像的 1/8),所以得到的特征图像个别字符形变比较严重,图 7.17 所示为压缩后的效果。

图 7.17　压缩后的特征图像

2. 特征编码

构造一个高性能的识别系统,最重要的是如何选择一个有效的特征。特征是从原始数据中提取出来的与分类最相关的信息,这些信息使类内差距极小化,类间差距极大化。这里选取图像的灰度特征编码方式。

要选取图像的灰度特征,就要考虑到特征量的维数与识别的准确率的要求,将字符归一化为 17 像素×8 像素点阵图,按每个像素位为 0 或 1,形成网络的 136 个输入特征值。如图7.18 所示。

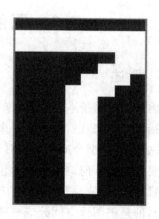

图 7.18　字符特征编码

得到的特征图像是二值图像,对应一个元素为 0 和 1 的 17 像素×8 像素的特征矩阵,然后是对特征图像编码。编码规则是,按照从左至右、从上到下的顺序,依次扫描整个特征矩阵,将每一行的 0 和 1 转换成一个 136 像素×1 像素的特征列。将每一个字符都进行编码后,顺序送入已经训练好的神经网络识别,识别结果最后以文本格式输出。

3. BP(Error Back Propagation)神经网络的构建

(1) 构造输入样本库

对于每一个样本分别按灰度提取特征构造特征矢量。构造方法如下。

① 对于字符的灰度特征,分别按从左到右,从上到下的扫描顺序把 136 个像素点的灰度值排列成 136 行×1 列的一个列矢量;

② 把所有 36 个字符按顺序分别构成 136 行×1 列的列矢量,然后把它们排列起来,构成一个 136 行×36 列的矩阵。

应尽可能多的采集汽车图像,提取车牌部分,切分出车牌字符,按上面步骤构造出更多的 136 行×36 列矩阵作为神经网络的训练样本库。

(2) 构造输出样本库

对于输出样本,要构造一个 36 行×36 列的一个矩阵,要求矩阵的每一列的 36 个元素中只有一个位置为 1,其余的值为 0。在用神经网络进行文字识别时。网络的输出端输出一个只有 36 个元素的输出向量,这 36 个元素也只有一位为 1。用这个输出向量与上面所构选的 36 列向量对比,从而判定输出的字符。

(3) 网络训练

训练的目的就是通过在梯度的方向上不断地调整网络的权值和阈值使网络的误差平方和最小,针对本文所述网络,训练的目的就是要使其将输出向量中正确的位置设置为 1,其余位置全为 0。为了使网络对输入向量有一定的容错能力,最好的办法是先用理想的信号对网络进行训练,直到其平方和误差足够小。然后再用含噪声信号进行训练,保证网络对噪声不敏感;同时还要选取不同隐含层神经元的数目,观察其收敛的速度。

设定 BP 网络的训练函数的各项参数。其中训练的目标误差为 0.1,训练次数为 50 000。显示训练结果的间隔步数为 20,当训练时间达到 50 000 次,或者网络平方和误差小于 0.1 时,停止训练。

7.3 图像型火灾探测技术

7.3.1 概 述

当前室内火灾报警技术已经比较成熟。通过对光、烟、湿度等参考量加以判断,然后直接实施灭火措施,进行断电、喷水等并报警。而对于室外的或大面积的监控对象(如高层建筑、船舶码头、油库、大型仓库等),相对来说可以使用的探测方式较少,利用图像进行火灾监控是目前主要的研究方向。由于图形包含的数据量很大,所以首先需要对图像进行预处理,通常包括图像增强、滤波、细化等几个方面,然后对图像进行分割。

分割的目的是把图像空间分成一些有意义的区域,可以逐像素为基础去研究图像分割,也可以利用在指定区域中的某些图像信息去分割。分割可以建立在相似性和非连续性两个基本概念上,其目的就是为下一步的图像识别打下坚实的基础。精确地分割处理是提高整个探测系统准确性、健壮性的前提条件,但同时由于各种环境下光照亮度的变化,以及经常存在的干扰光源的影响,实现精确分割的难度较大。

7.3.2 火灾图像的分割处理

所谓图像分割是指将图像中具有特殊含义的不同区域分开,这些区域是互不相交的,每一个区域都满足特定区域的一致性。

均匀性一般是指同一区域内的像素点之间的灰度值差异较小或灰度值的变化较缓慢。

图像分割方法很多,其中最常用的图像分割方法是将图像分成不同的等级,然后用设置灰度门限的方法确定有意义的区域或欲分割的物体的边界,这种方法也称为阈值分割法。阈值分割法就是简单地用一个或几个阈值将图像的灰度直方图分成几个类,并且认为图像中灰度值在同一个灰度类内的像素属于同一个物体。

1. 二维最大熵阈值法图像分割技术

要从复杂的景物中分辨出目标并将其提取出来,阈值的选取是图像分割技术的关键。如果阈值选得过高,则过多的目标点将被误归为背景;阈值选得过低,则会出现相反的情况,这将影响分割后图像中的目标大小和形状,甚至会使目标丢失。从最近几年有关的文献资料看,最大熵阈值法是一种颇受关注的方法。

熵定义为

$$H = -\int_{-\infty}^{+\infty} p(x)\log p(x)\,\mathrm{d}x \qquad (7.3.1)$$

式中 $p(x)$ 是随机变量 x 的概率密度函数。对于数字图像,x 可以是灰度、区域灰度、梯度等特征。根据最大熵大批量,用灰度的一维熵求取阈值就是选择一个阈值,使图像用这个阈值分割出的两部分的一阶灰度统计的信息量最大,即一维熵最大。一维最大熵阈值法基于图像的原始直方图,仅仅利用了点灰度信息而未充分利用图像的空间信息,当信噪比降低时,分割效果并不理想。Abutaleb 提出的二维最大熵阈值法,利用图像中各像素的点灰度及其区域灰度均值生成二维直方图,并以此为依据选取最佳阈值,其原理如所述。

若原始灰度图像的灰度级为 L,则原始图像中的每一个像素都对应于一个点灰度——区域灰度均值对,设 f_{ij} 为图像中点灰度为 i 及其区域灰度均值为 j 的像素点数,p_{ij} 为点灰度——区域灰度对 (i,j) 发生的概率,即 $p_{ij} = f_{ij}/(N \times N)$,其中 $N \times N$ 为图像大小,那么 $\{p_{ij} \mid i,j = 1,2,3,\cdots,L\}$ 就是该图像的关于点灰度——区域灰度均值的二维直方图。图 7.19 是一幅海上目标图像的二维直方图的 XOY 平面图,点灰度——区域灰度均值对 (i,j) 的概率高峰主要分布在平面 XOY 的对角线附近,并且在总体上呈现出双峰和唯一波谷的状

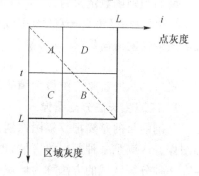

图 7.19　二维直方图的平面图

态,这是由于图像的所有像素中,目标点和背景点所占比例最大,而目标区域和背景区域内部的像素灰度级比较均匀,点灰度及区域灰度均值相关不大,所以都集中在对角线附近。偏离平面 XOY 对角线的坐标处,峰的高度急剧下降,这部分所反映的是图像中的噪声点、边缘点。

沿对角线分布的 A 区和 B 区分别代表目标和背景,远离对角线的 C 区和 D 区代表边界和噪声,所以应该在 A 区和 B 区上用点灰度——区域灰度均值二维最大熵法确定最佳阈值,使真正代表目标和背景的信息量最大。

设 A 区和 B 区各自具有不同的概率分布,如果阈值设为 (s,t) 则

$$P_A = \sum_i \sum_j p_{ij} \quad i = 1,2,3,\cdots,s;\, j = 1,2,3,\cdots,L \qquad (7.3.2)$$

$$P_B = \sum_i \sum_j p_{ij} \quad i = s+1,\cdots,L;\, j = t+1,\cdots,L \qquad (7.3.3)$$

定义离散二维熵如下

$$H = -\sum_i \sum_j p_{ij} \log p_{ij} \qquad (7.3.4)$$

则 A 区和 B 区的二维熵分别为

$$H(A) = -\sum_i \sum_j (p_{ij}/P_A) \log (p_{ij}/P_A) = \log P_A + H_A/P_A \qquad (7.3.5)$$

$$H(B) = -\sum_i \sum_j (p_{ij}/P_B) \log (p_{ij}/P_B) = \log P_B + H_B/P_B \qquad (7.3.6)$$

式中

$$H_A = -\sum_i \sum_j p_{ij} \log p_{ij} \quad i = 1,2,\cdots,s; j = 1,2,\cdots,t; \qquad (7.3.7)$$

$$H_B = -\sum_i \sum_j p_{ij} \log p_{ij} \quad i = s+1,\cdots,L; j = t+1,\cdots,L; \qquad (7.3.8)$$

由于 C 区和 D 区所包含的是关于噪声和边缘的信息,所以可以将其忽略不计。假设 C 区和 D 区的 $p_{ij} \approx 0, i = s+1,\cdots,L; j = 1,\cdots,t$ 以及 $i = 1,\cdots,s; j = t+1,\cdots,L$;可以得到

$$P_B = 1 - P_A$$

$$H_B = H_L - H_A$$

式中 $H_L = -\sum_i \sum_j p_{ij} \log p_{ij} \quad (i,j = 1,\cdots,L)$,则

$$H(B) = \log (1-P_A) + (H_L - H_A)/(1-P_A) \qquad (7.3.9)$$

熵的判别函数定义为

$$\phi(s,t) = H(A) + H(B) = \log [P_A(1-P_A)] + H_A/P_A + (H_L - H_A)/(1-P_A)$$

选取的最佳阈值向量 (s^*,t^*) 满足

$$\phi(s^*,t^*) = \max\{\phi(s,t)\} \qquad (7.3.10)$$

式(7.3.10)就是二维最大熵的表达式。

2. 区域生长法分割图像

分割的目的是要把一幅图像划分成一些小区域,对于这个问题的最直接的方法是把一幅图像分成满足某种判据的区域;也就是说,把点组成区域。与此相对应,数字图像处理中存在一种分割区域的方法称为区域生长或区域生成。

假定区域的数目,以及在每个区域中单个点的位置已知,则可推导出一种算法。从一个已知点开始,加上与已知点相似的邻近点形成一个区域。这个相似性准则可以是灰度级、颜色、几何形状、梯度或其他特性。相似性的测度可以由所确定的阈值判定。它的方法是从满足检测准则的点开始,在各个方向上生长区域。当其邻近点满足检测准则就并入小区域中,当新的点合并后再用新的区域重复这一过程,直到没有可接受的邻近点生成过程终止。

当生成任意物体时,接受准则可以以结构为基础,而不是以灰度级或对比度为基础。为了把候选的小群点包含在物体中,可以检测这些小群点,而不是检测单个点,如果它们的结构与物体的结构充分并已足够相似时就接受它们。另外,还可以使用界线检测对生成建立"势垒",如果在"势垒"的邻近点和物体之间有界线,则不能把该邻近点接受为物体中的点。

3. 最大方差自动取阈法

最大方差自动取阈法一直被认为是阈值自动选取方法的最优方法。该方法计算简单,在一定条件下不受图像对比度与亮度变化的影响,因而在许多图像处理系统中得到了广泛的应用。

图 7.20 所示为包含有 2 类区域的某个图像的灰度直方图,设 t 为分离 2 区域的阈值。

由直方图经统计可得被 t 分离后的区域 1 和区域 2 占整幅图像的面积比为

$$\left.\begin{array}{ll} \text{区域 1 面积比} & \theta_1 = \sum_{j=0}^{t} \dfrac{n_j}{n} \\[4mm] \text{区域 2 面积比} & \theta_2 = \sum_{j=t+1}^{G-1} \dfrac{n_j}{n} \end{array}\right\} \tag{7.3.11}$$

整幅图像、区域 1、区域 2 的平均灰度为

$$\left.\begin{array}{ll} \text{整幅图像的平均灰度} & \mu = \sum_{j=0}^{G-1}\left(f_j \times \dfrac{n_j}{n}\right) \\[4mm] \text{区域 1 的平均灰度} & \mu_1 = \dfrac{1}{\theta_1} \sum_{j=0}^{t}\left(f_j \times \dfrac{n_j}{n}\right) \\[4mm] \text{区域 2 的平均灰度} & \mu_2 = \dfrac{1}{\theta_2} \sum_{j=t+1}^{G-1}\left(f_j \times \dfrac{n_j}{n}\right) \end{array}\right\} \tag{7.3.12}$$

式中 G 为图像的灰度级数。

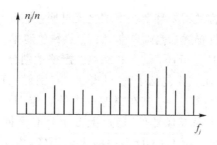

图 7.20　灰度直方图

整幅图像平均灰度与区域 1 和区域 2 平均灰度值之间的关系为

$$\mu = \mu_1 \theta_1 + \mu_2 \theta_2 \tag{7.3.13}$$

同一区域常常具有灰度相似特性,而不同区域之间则表现为明显的灰度差异,当被阈值 t 分离的两个区域间灰度差较大时,两个区域的平均灰度 μ_1、μ_2 与整幅图像平均灰度 μ 之差也较大,区域间的方差就是描述这种差异的有效参数,其表达式为

$$\sigma_B^2 = \theta_1(t)(\mu_1(t)-\mu)^2 + \theta_2(t)\left[\mu_2(t)-\mu\right]^2 \tag{7.3.14}$$

式中 σ_B^2 表示了图像被阈值 t 分割后 2 个区域之间的方差。显然,不同的 t 值,就会得到不同的区域间方差;也就是说,区域间方差、区域 1 的均值、区域 2 的均值、区域 1 面积比、区域 2 面积比都是阈值 t 函数,因此式(7.3.14)要写成

$$\sigma_B^2 = \theta_1(t)(\mu_1(t)-\mu)^2 + \theta_2(t)\left[\mu_2(t)-\mu\right]^2 \tag{7.3.15}$$

经数学推导,区域间方差可表示为

$$\sigma_B^2 = \theta_1(t) \cdot \theta_2(t)\left[\mu_1(t)-\mu_2(t)\right]^2 \tag{7.3.16}$$

被分割的 2 区域间方差达最大时,是 2 区域的最佳分离状态,由此确定阈定值 T,如图 7.21 所示。

$$T = \max\left[\sigma_B^2(t)\right] \tag{7.3.17}$$

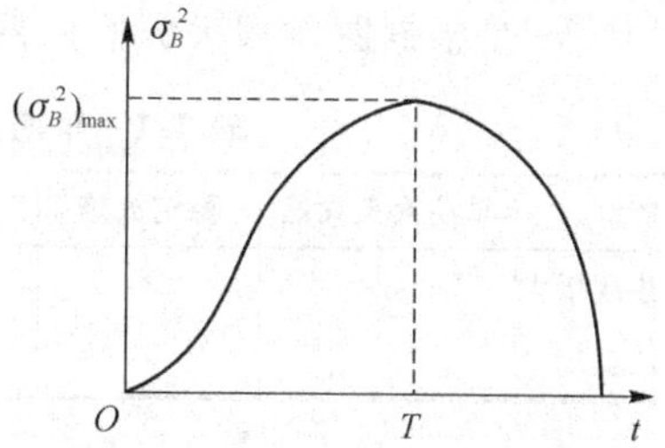

图 7.21　区域间方差 σ_B^2 与阈值 t 的关系

以最大方差决定阈值不需要人为设定其他参数,是一种自动选择阈值的方法,它不仅适用于 2 个区域的单阈值选择,也可扩展到多区域的多阈值选择中。

7.3.3 火灾图像识别

火灾中的燃烧过程是一个典型不稳定过程。由于可燃物、几何条件、环境和气候的影响,火灾燃烧过程要比一般动力装置中的燃烧过程更为复杂。同时,火灾现场存在各种干扰因素,如阳光、照明灯等。图像型火灾探测方法立足于早期火灾图像的基本特性,可以排除各种干扰,使火灾探测快速、可靠。

在早期火灾阶段,由于火焰从无到有,是一个发生发展的过程。这个阶段火焰的图像特征就更加明显。早期火灾火焰是非定常的,不同时刻火焰的形状、面积、辐射强度等都在变化。抓住火灾的这些特点可以为火灾的识别打下良好的基础。图像型火灾探测中的图像处理是动态图像的连续处理,对图像上的每个目标,根据一定的算法确定它们同前一帧中目标的匹配关系,从而得到各个目标的边界变化规律。

1. 火焰面积增长判据

火灾早期是整个火灾过程的重要环节。所谓火灾早期,从安全的观点来看,它是指轰燃发生前的阶段。火灾的早期特性描述参量通常包括:① 热释放速率;② 烟气释放量及成分分析;③ 火焰影像面积;④ 烟气毒性分析;⑤ 熔点和滴点。严格地划分,②和④可合并为一类。

火灾现象的物理化学特征主要包括了光(火焰)、热(辐射)、声(燃烧音)、烟(燃烧产物)等。火焰形状是火焰的重要特征之一,其在摄像机中的影像即可称为火焰影像。对于普通CCD 摄像机来说,它是一种平面成像器件,通过上万个具有不同灰度值的像素点的有序组合,形成被摄物体的平面影像。对于 CCD 摄取的火焰影像,由于其影像灰度值固定在某个阈值范围内,因此首先利用分割方法获得火焰目标,然后扫描火灾窗口以获得的像素点数目的多少描述火焰的影像面积。火焰是一个立体,影像只是反映该立体在某个观察方位上的投影。常用的算法是计算连续几帧图像的火焰面积,并计算其比值,以此判断是否满足面积增大判据。

在图像处理中,面积是通过取阈值后统计图像的亮点(灰度值大于阈值)数实现的。当其他高温物体向着摄像头移动,或者是从视野处移入时,探测到的目标面积也会逐渐增大,极容易造成干扰,致使系统产生误报警。因此,面积判据需要配合其他图像特性使用。

2. 火焰的边缘变化分析

早期火灾的火焰是一种不稳定且不断发展的火焰,图像型火灾探测系统正是通过对早期火灾火焰特有的形状及辐射特征进行识别的。表 7.1 是早期火灾火焰和其他高温物体的特性比较,是根据图像型火灾监控系统的实验得到的。

表 7.1　早期火灾火焰和其他高温物体的特性比较

特性	早期火灾火焰	稳定火焰	电灯	特性	早期火灾火焰	稳定火焰	电灯
面积连续增大	√	×	×	闪动	√	×	×
边缘抖动	√	×	×	整体移动	√	×	×

由表 7.1 可知,单独使用面积判据是不理想的,"边缘抖动"是早期火灾火焰的重要特征,它与"面积判据"联合工作就可以克服面积判据不足,使火灾监控更加可靠和准确。这个

判据实现的最大困难是算法复杂,判别时间长。

不稳定火焰本身有很多尖角,火焰边缘抖动时一个明显的表现就是火焰的尖角数目呈现无规则的跳动。由此,基于"边缘抖动"的火灾判据——尖角判据得以研究。实现尖角判据的核心问题有尖角的识别;如何确定尖角跳动的阈值,即找出早期火灾火焰与其他发光物体尖角跳动的区别。

(1) 尖角的识别

判别尖角的过程为分割、特征提取、识别。

① 分割。分割的目的是把目标图像从背景中分离出来。

② 边缘增强与提取。边界或轮廓一般对应于景物的几何或物理性质的突变处(例如高度、深度的突变等),边界提取或定位已成为图像处理技术研究中的一个重要课题。对分割后的图像进行边缘增强,将真实轮廓勾勒出来,可大大减少数据量,便于进行进一步的处理。通常,微分算子是考察函数变化特征的有效手段。

③ 特征点的提取和尖角的判别。提取的目标特征主要是几何形状特性,即目标的高度、宽度、体态比及面积等,由于火焰的识别是一种动态的目标识别,每一个几何形状特征都没有固定的值,而只能给出一个合适的范围。

④ 特征点首先应该是它的顶点。对火焰尖角来说,顶点是局部的极值点,尖角的顶点可能是多个点,则都取为特征点。

尖角的另一个特征就是"尖",给人的视觉效果是狭而长,这要求尖角的体态要符合一定的标准。尖角左右两边的夹角应满足一定的条件。在计算机中尖角是由一个个点组成的。令尖角中某一行的亮点数为 $f(n)$,上一行的亮点数记为 $f(n-1)$,要求尖角狭长可以通过控制 $f(n)/f(n-1)$ 的值来实现。

对尖角的宽度和高度也有限制。尖角的高度应该有一个下限。CCD 在监测时往往因为某种原因使图像发生微上的变动,随机地产生一些小突起,高度一般在 3 个像素点以下,这些干扰都应消除。

尖角的宽度应该有一个上限,以避免重复记数,提高尖角检测的精度。

(2) 尖角的比较和尖角判据的检验

表 7.2 记录了早期火灾火焰和其他干扰情况下的尖角数目。数据均取自每一序列的连续 5 帧图像,取数据时遵循一个前提,即该目标的变化特征满足面积连续增大判据。针对表 7.2 的试验结果可以得到以下结论。

① 火灾火焰的尖角数目随着时间推移呈现不规则变化的规律。

表 7.2　火灾火焰及其他干扰情况下的尖角数目统计

序列图像编号	1	2	3	4	5
早期火灾火焰尖角个数	5	7	13	8	24
水银灯尖角个数	1	1	0	0	0
移动的电筒	1	0	1	0	0
晃动的蜡烛	2	1	1	1	0

② 水银灯、蜡烛等干扰物体即使向着摄像头方向运动,其尖角数目也基本不变。

为了得出具体的阈值,设在实验中通过第 i 帧计算得到的尖角数为 J_i,则在连续取 N

幅图像后,考察尖角数目的表达式如下:

$$\sigma = \sum_{i=1}^{N} |J_i - J_{i+1}| \tag{7.3.18}$$

3. 火焰的形体变化分析

对人的视觉系统而言,物体的形状是一个赖以分辨和识别的重要特征。用计算机图像处理和分析系统对目标提取形状特征的过程就称为形状和结构分析。

形状和结构分析的结果有 2 种形式,一种是数字特征,主要包括几何特征(如面积、周长、距离、凸性等)、统计特性(投影等)和拓扑性质(如连通性、欧拉数等);另一种是由字符串和图等所表示的句法语言,这种句法语言既可刻画某一目标不同部分间的相互关系,又可描述不同目标间的关系,从而可对含有复杂目标的景物图像进行描绘,为识别打下基础。

对目标进行形状和结构分析,既可以基于区域本身,也可以基于区域的边界。有时区域的骨架也包含了有用的结构信息,所以也可以基于区域的骨架。对于区域内部或边界来说,由于只关心它们的形状特征,其灰度信息往往可以忽略,只要能将它与其他目标或背景区分来即可。

早期火灾的形体变化反映了火灾火焰在空间分布的变化。在早期火灾阶段,火焰的形状变化、空间取向变化、火焰的抖动及火焰的分合等,具有自己独特的变化规律。在图像处理中形体变化特性是通过计算火焰的空间分布特性,即像素点之间的位置关系实现的。为提高系统的运算速度,增强对火灾的反应能力,在计算目标的形体变化之前,要将目标图像二值化。考虑到火灾火焰特有的形状不规则变化的特殊物质,同时能够区分其他的干扰现象,常采用图像的矩特性描述法和计算相邻帧变化相似度的办法标识火灾火焰的形体变化特征。

(1) 火焰图像的矩特性

矩是一种基于区域内部的数字特征,对于给定的二维连续函数 $f(x,y)$,其 pq 阶距可表示为

$$M_{pq} = \int_{-\infty}^{+\infty} \int_{-\infty}^{+\infty} x^p y^q f(x,y) \mathrm{d}x\mathrm{d}y \quad p,q = 0,1,2\cdots \tag{7.3.19}$$

对于一幅灰度图像 $f(x,y)$ 来说,其 pq 阶距为

$$M_{pq} = \sum \sum f(x,y) x^p y^q \tag{7.3.20}$$

从矩出发可定义几个数字特征,即质心、中心矩、Hu 矩组、扁度等;从火焰识别的角度出发,采用了火焰图像的质心和中心矩特性。对一幅火焰图像,首先计算其质心,表达式为

$$(\overline{x},\overline{y}) = (M_{10}/M_{00}, M_{01}/M_{00}) \tag{7.3.21}$$

得到目标的质心后,再计算 $\overline{x}$ 和 $\overline{y}$ 方向的一阶矩 (M_{10},M_{01}),对于二值图像来说,可以将其简化为 $\overline{x}$ 和 $\overline{y}$ 方向上的目标点的个数。计算图像矩特性的目的,是因为考虑到火焰的形状不断变化这一独特的性质反映在图像的数字特征上,即表现为其一阶也应该是无序的变换,与此对应,如果 M_{10}、M_{01} 同时有规律的变化(如同时增大),则证明有高亮的物体向摄像机方向移动,这样就可以将干扰现象排除。具体实验数据见表 7.3。

表 7.3　火灾火焰及干扰物体的矩特性统计

序列图像编号	1	2	3	4	5
火灾火焰矩特性	(11,14)	(13,11)	(9,16)	(11,15)	(14,19)
电 筒 矩 特 性	(70,76)	(70,76)	(72,78)	(73,78)	(76,81)
煤气火焰矩特性	(58,70)	(57,55)	(58,59)	(53,65)	(46,67)

从表中的数据可看出,火灾火焰的一阶矩呈现不规则的跳动;而电筒的矩特性则在水平和垂直方向呈现出扩张的趋势;煤气炉火焰的矩特性与火灾火焰类似也呈现无规则波动。

(2) 火焰图像的形状的相似特性

图像的相似性描绘通常要借助于与已知描绘子的相似度进行,这种方法可以在任何复杂的程度上建立相应的相似性测度。它可以比较两个简单的像素,也可以比较两个或两个以上的景物。

图像相似性通常包括距离测度、相关性和结构相似性。一般来说,结构相似性难以实现公式化,可以用作相似测度的典型结构描述子,包括线段的长度、线段之间的角度、亮度特性、区域的面积,以及在一幅图像中一个区域相对于另外一个区域的位置等。

火焰的序列图像从其几何性质上看,具有相邻帧图像的边缘不稳定、整体稳定的相似性,以及图像的相似度在一定的区间内变化等特点。常见的干扰信号模式包括快速移动的固定亮点或者大面积的光照变化等。因此,在火焰的识别中,可以考虑利用早期火灾的火焰形体相似度的变化规律。这种变化规律实际上就是火灾火焰相对于其他常见的干扰现象来说具有形状变化的无规律性,但这种无规律性从其形体变化、空间变化、空间分布来说均具有一定的相似性,特别是对于间隔较短的连续帧图像来说,每幅连续帧图像的火焰形状特性有着一定程度的相似性,因此,可用连续图像的结构相似性描述这种规律,这是考虑到虽然火灾火焰呈现不断发展变化的趋势,但可以采用计算连续帧互帧差相似度的方法描述这一特征。

7.3.4　仿真及结果

1. 图像预处理

(1) 灰度变换

一般成像系统只具有一定的亮度响应范围,常出现对比度不足的弊病,使人眼观看图像时视觉效果很差;另外,在某些情况下,需要将图像的灰度级整个范围或者其中某一段扩展或压缩到记录器件输入灰度级动态范围之内。对比度调整前后的图像及其直方图如图7.22所示。

(2) 直方图修正

① 直方图均衡化原始图像及直方图与直方图均匀化后的图像及直方图,如图 7.23所示。

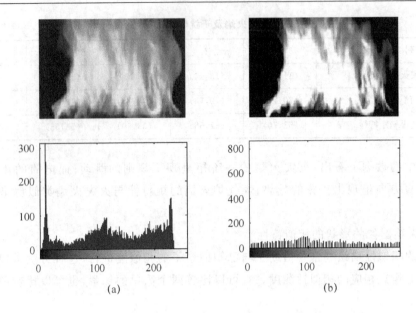

图 7.22　对比度调整前后的图像及其直方图

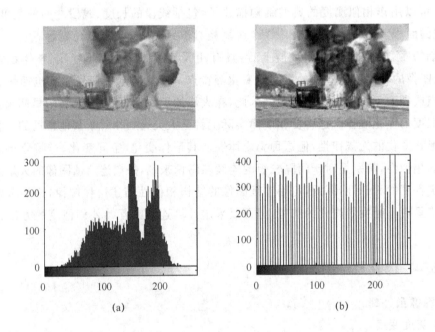

图 7.23　原始图像及直方图与直方图均匀化后的图像及直方图

　　② 直方图规定化。原始图像及其直方图与直方图规定化后的图像及直方图,如图 7.24 所示。

　　③ 图像的平滑。对图像进行低通滤波和中值滤波的效果图,如图 7.25 所示。

　　④ 图像的锐化。图像在传输和变换过程中会受到各种干扰而退化,比较典型的就是图像模糊。图像锐化的目的就是使边缘和轮廓线模糊的图像变得清晰,并使其细节清晰,如图 7.26 和 7.27 所示。

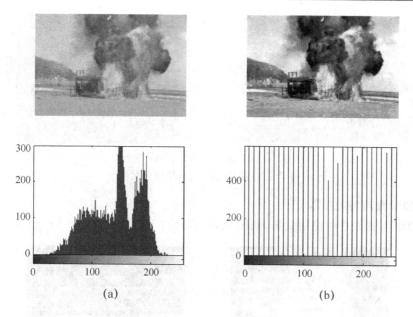

(a) (b)

图 7.24　原始图像及直方图与直方图规定化后的图像及直方图

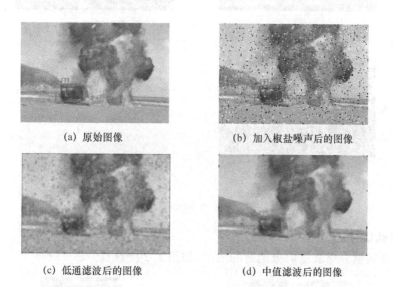

(a) 原始图像　　　　　　　(b) 加入椒盐噪声后的图像

(c) 低通滤波后的图像　　　(d) 中值滤波后的图像

图 7.25　对图像进行低通滤波和中值滤波

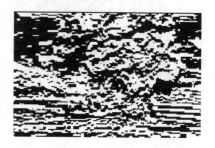

图 7.26　Sobel 算子对图像锐化结果

图 7.27　拉氏算子对图像锐化结果

2. 图像分割与特征提取

利用边缘检测方法的检测效果,如图 7.28 所示。

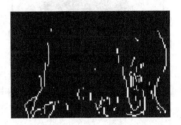

原始图像　　　　　　　　　　　　　　Sobel边缘检测

Canny边缘检测

图 7.28　边缘检测结果

3. 灰度阈值分法

利用灰度阈值分割法截取分割后的图像,如图 7.29 所示。

(a) 原始图像　　　　　　　　　(b) 阈值截取分割后的图像

图 7.29　图像阈值分割

7.4　数字图像水印技术

7.4.1　概　述

计算机技术的快速发展和计算机网络的普及加速了媒体的数字化进程,使数字媒体如数字文本、数字图像、数字视频和数字音频等的制作、发布、传播、获取和复制变得更加容易。在当今的信息社会,数字媒体正在取代传统媒体改变人们日常生活的很多方面,因而具有十分重要的地位。

在数字媒体给社会带来进步、改善人们日常生活和工作的同时,数字媒体的非法篡改、复制和盗版现象也非常普遍,严重阻碍了媒体数字化进程和数字媒体的正常合法使用。因此,对数字媒体进行合法保护,如有效阻止非法篡改、非法复制、盗版跟踪和版权保护,以及维护数字媒体所有者和消费者的合法利益变得十分迫切。传统的加密技术只能保证媒体从发送到接收的安全传输,不能对媒体进行最终有效的保护,因为数据一旦被接收和解密,数字媒体的篡改、复制和传播就无法得到控制。另一方面,对媒体加密不利于媒体的发布,同时加密也限制了数字信息的交流。

数字水印技术(digital watermarking)是目前信息安全领域研究的前沿方向,弥补了传统加密技术的不足,为数字媒体的版权保护和合法使用提供了一种新的解决思路,引起了人们的广泛关注。数字水印技术的基本思想是将具有版权保护、防拷贝、防篡改和产品跟踪等作用的数字信息作为水印信号嵌入到图像、文本、视频和音频等数字媒体中,并且在需要时,能够通过一定的检测或提取方法检测或提取出水印信息,以此作为判断数字媒体的版权归属和跟踪起诉非法侵权的证据。数字水印技术为数字媒体在版权保护、认证、防拷贝、防篡改、保障数据安全和完整性等方面提供了有效的技术手段。

为判断媒体的版权归属和跟踪起诉非法侵权的证据。数字水印为多媒体数据文件在认证、防伪、防篡改、保障数据安全和完整性等方面提供了有效的技术手段。

数字水印研究成果主要应用于媒体所有权的版权认定和保护、防止非法拷贝、盗版跟踪、基于内容的真伪鉴别、隐蔽通信及其对抗,以及多语言电影系统和电影分级这几个方面。

7.4.2　数字图像水印的特性和分类

1. 数字水印的特性

数字水印特性与其具体应用密切相关,不同用途和类型的数字水印具有不同的特性要求。

(1) 鲁棒性。指水印信号在经历多种无意或有意的信号处理后,仍能保持其完整性,或仍能被准确鉴别的特性。可能的信号处理过程包括信道噪声滤波、数/模与模/数转换、重采样、剪切、位移、尺度变化,以及有损压缩编码等。

(2) 知觉透明性。数字水印的嵌入不应引起数字作品的视觉/听觉质量下降,即不向原始载体数据中引入任何可知觉的附加数据。

(3) 内嵌信息量(水印的位率)。数字水印应该能够包含相当的数据容量,以满足多样化的要求。

(4) 安全性。水印嵌入过程(嵌入方法和水印结构)应该是秘密的,嵌入的数字水印是统计上不可检测的,非授权用户无法检测和破坏水印。

(5) 实现复杂度低。数字水印算法应该容易实现,在某些应用场合(如视频水印)下,甚至要求水印算法的实现满足实时性要求。

(6) 可证明性。数字水印所携带的信息能够被唯一地、确定地鉴别,从而能够为已经得到版权保护的信息产品提供完全和可靠的所有权归属证明的证据。

2. 数字水印的分类

(1) 按水印所附载的媒体分类,分为图像水印、音频水印、视频水印、文本水印,以及用于三维网格模型的网格水印等。

(2) 按水印的特性分类,分为鲁棒数字水印和脆弱数字水印。鲁棒数字水印要求嵌入的水印能够抵抗各种有意或无意的攻击;脆弱水印主要用于完整性保护,要求对信号的改动敏感,人们根据脆弱水印的状态可以判断数据是否被篡改过。

(3) 按水印的主观形式分类,分为可见数字水印和隐形数字水印两种。更准确地说,应该是可觉察数字水印和不可觉察数字水印。

(4) 按水印的检测过程分类,分为有源提取水印和无源提取水印。有源提取水印在检测过程中需要原始数据;无源提取水印只需要密钥,不需要原始数据。

(5) 按数字水印的嵌入位置分类,分为时(空)域数字水印、频域数字水印和时/频混合域数字水印 3 种。

(6) 按数字水印的内容分类,分为有意义水印和无意义水印。有意义水印是指水印本身也是某个数字图像(如商标图像)或数字音频片段的编码;无意义水印则只对应于一个序列号。

7.4.3 数字水印原理

无论哪种水印应用都离不开水印算法的设计。不同媒体的水印算法设计都基本相同,即水印媒体的制作过程基本相同,包含水印生成、水印嵌入、水印攻击和水印提取及验证 4 个方面。下面以数字图像水印算法设计为例,对它们进行介绍。

1. 水印生成

数字水印结构不仅影响水印算法的复杂性,而且对水印的鲁棒性也有影响。数字水印按表现形式可分为一维水印和二维水印,一维水印有伪随机序列、产品所有者 ID 号、产品序列号和文本等;二维水印有二维随机阵列、二值图像、灰度图像和彩色图像等。按内容又可将数字水印分为无意义水印和有意义水印两种。无意义水印是指用各种二进制或十进制随机序列或阵列作为水印。该类水印的产生较简单,一般用相关检测的方法进行检测,检测结果只能给出一位信息,即水印媒体中是否含有所加的水印信号,由于这种原因,其应用范围十分有限;有意义水印包括产品所有者 ID 号、产品序列号、文本、公司标志和数字签名等各种有意义的符号和图像(包括二值图像、灰度图像和彩色图像),该类水印的产生相对较复杂,给出的信息较多,可以满足不同应用的需要,且不同的水印对算法的鲁棒性要求不一样。例如,当用产品序列号作为水印时,就要求水印算法有极强的鲁棒性,不允许提取的水印发生任何错误,否则会得出错误的判断;而公司标志等图像水印(包括二值图像、灰度图像和彩色图像),由于图像存在大量视觉冗余,部分像素发生错误不会影响水印的正确识别,因此对算法的鲁棒性要求相对较低,换句话说,水印中的冗余信息可提高水印的鲁棒性。水印信号生成的典型过程如图 7.30 所示。图中,水印信号产生过程的输入是被保护的原始图像 I 和一个可选择的密钥 K_1,过程的输出为要产生的水印信号 W,G 表示水印产生函数,可用

图 7.30 水印信号产生的过程框图

$$W = G(K_1, I) \tag{7.4.1}$$

式(7.4.1)表示。用被保护的原始图像控制产生水印可以有效阻止逆水印攻击,密钥的选择可提高水印的安全性,但这两个参数不是必不可少的,水印信号可由图像所有者或用户根据需要产生或提供。

2. 数字水印的嵌入

数字水印的嵌入过程就是将水印信号加载到数字图像中,通常包括水印信号预处理和水印嵌入两个方面,如图 7.31 所示。

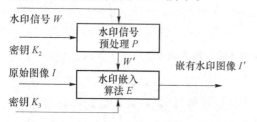

图 7.31 水印嵌入过程框图

3. 水印提取及检测

水印提取及检测是从加有水印的图像中提取水印信号,或检测水印图像中是否含有所加入的水印信号。水印提取及检测过程如图 7.32 所示,系统的输入是待检测的图像、密钥 K_4 及原始水印和/或原始未加水印图像信息。系统的输出是提取的水印信号,或衡量待检测图像中存在给定水印可能性的度量值。

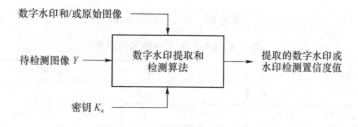

图 7.32 水印提取及检测过程框图

对于视觉可区分的数字水印,如有意义的图像(二值、灰度或彩色图像)水印,通过人眼就能判断水印图像中是否含有已知的水印信号。对于不能由人作出判断的水印信号,需用数学方法对提取水印进行验证。水印验证通常使用相似检验法,其过程如下:计算提取的水印信号 W' 与嵌入的水印信号 W 的相似性 sim,设定一门限值 T_k,当 sim $\geqslant T_k$ 时,则表示图像中嵌有水印信号 W;否则表示没有嵌入水印信号 W。

$$\text{sim}(W, W') = \frac{WW'}{\sqrt{WW}} \qquad (7.4.2)$$

7.4.4 DCT 域数字图像水印技术

基于 DCT 的数字水印方法计算量小,且与国际数据压缩标准(JPEG、MPEG、H261/263)兼容,便于在压缩域中实现。DCT 域数字图像水印嵌入和提取原理如图 7.33 和图 7.34 所示。

基于 DCT 的数字水印算法,首先将原始图像分成 8×8 的块,根据 HVS 特性将图像块进行分类;然后,对所有图像块做 DCT 变换。在 DCT 域,根据块分类的结果,不同强度的水印分量被嵌入到图像块的 DCT 系数中。图 7.34 是图像分块示意图,每一个 8×8 块的 DCT 系数排列顺序如表 7.4 所示。

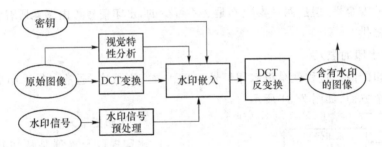

图 7.33　DCT 域数字图像水印嵌入原理图

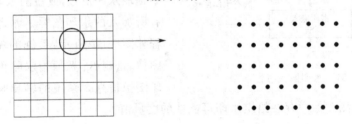

图 7.34　图像分块示意图

表 7.4　8×8 DCT 系数排列顺序

DC	C(0,1)	C(0,2)	C(0,3)	C(0,4)	C(0,5)	C(0,6)	(0,7)
C(1,0)	C(1,1)	C(1,2)	C(1,3)	C(1,4)	C(1,5)	C(1,6)	C(1,7)
C(2,0)	C(2,1)	C(2,2)	C(2,3)	C(2,4)	C(2,5)	C(2,6)	C(2,7)
C(3,0)	C(3,1)	C(3,2)	C(3,3)	C(3,4)	C(3,5)	C(3,6)	C(3,7)
C(4,0)	C(4,1)	C(4,2)	C(4,3)	C(4,4)	C(4,5)	C(4,6)	C(4,7)
C(5,0)	C(5,1)	C(5,2)	C(5,3)	C(5,4)	C(5,5)	C(5,6)	C(5,7)
C(6,0)	C(6,1)	C(6,2)	C(6,3)	C(6,4)	C(6,5)	C(6,6)	C(6,7)
C(7,0)	C(7,1)	C(7,2)	C(7,3)	C(7,4)	C(7,5)	C(7,6)	C(7,7)

如表 7.4 所示,DCT 系数按 Zig — Zag 顺序排列,左上角第一个系数是直流系数,接着排列的是低频系数,随着序号的增大频率增高,最右下角对应最高频系数。因此,DCT 变换

能够将图像的频谱按能量的大小进行区分,有利于进行相应的频谱操作。

根据人类视觉系统的特性,水印嵌入到原始载体信号的高频系数中,其视觉不可见性较好,但其鲁棒性较差;反之,由于直流和低频分量携带了较多的信号能量,在图像失真的情况下,仍能保留主要成分。因此,将数字水印嵌入低频系数中,其鲁棒性较好,但是其数字水印的不可见性较差。所以,一般的水印算法将水印信号嵌入原始图像的中频系数中。

最常用的嵌入规则为

$$X' = \begin{cases} X + \alpha W & \text{加法规则} \\ X + \alpha WX & \text{乘法规则} \end{cases}$$

式中,W 为水印信号;X 为被保护的原始图像载体的 DCT 变换系数;X' 为嵌入水印后的载体系数;α 为根据不同情况而变化的比例因子,表示嵌入水印的强度,具体可由试验确定。

基于人类视觉系统的自适应数字水印,其基本原理就是利用人类视觉特性中的视觉门限阈值 JND 决定是否加入水印及加入水印的强度,其原理如图 7.35 所示。

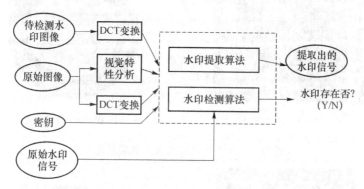

图 7.35　DCT 域数字图像水印提取或检测原理

图像二维 DCT 变换有许多优点。图像信号经过变换后,变换系数几乎不相关,经过反变换重构图像,信道误差和量化误差将像随机噪声一样分散到块中的各个像素中,不会造成误差积累,并且变换能将数据块中的能量压缩到为数不多的几个低频变换系数中(即 DCT 矩阵的左上角)。

在水印提取和检测阶段,首先对可能受到攻击的水印化图像或待检测图像进行 DCT 或分块 DCT 变换,使用与水印嵌入相同的方法和密钥确定嵌有水印的 DCT 系数并提取水印信号;然后对提取的水印信号进行验证,判断是否与所加入的水印信号相同,或者使用相关检测方法检测所加入的水印信号是否存在于待检测图像中。在水印提取过程中,如果需要原始未加水印的图像,则该方法称为有源提取方法,否则称为无源提取方法。

图 7.36 示出了一个数字水印的仿真实例。从图可见,在不受任何攻击时,提取出的水印与原始水印图像基本一样,人眼分辨不出它们的差别。

1. 剪切攻击

图 7.37 示出了一个经剪切攻击后提取水印的实例,从图可见,嵌入水印后的图像被剪切掉一部分后,仍能提取出水印图像。另外还可以进行其他的抗攻击实验,一个水印算法的抗攻击能力越强,说明该算法的鲁棒性越好;同时还应该兼顾良好的不可见性。

(a) 原始图像

(b) 原始水印图像

(c) 嵌入水印后的图像

(d) 提取出的水印图像

图 7.36　不受攻击时的嵌入和提取过程

(a) 剪切后的嵌入水印的图像

(b) 提取出的水印图像

图 7.37　剪切攻击和提取效果

2. 噪声攻击

（1）椒盐噪声

对于椒盐噪声，选择不同的控制参数 0.01、0.02、0.03、0.04 和 0.05 对嵌有水印的图像进行攻击后，再从中提取水印，其仿真实验结果如图 7.38 所示。

（2）高斯噪声

对嵌有水印的图像加入不同分布的高斯噪声，参数取值为 0.001、0.002、0.003、0.004 和 0.005 时，其仿真实验结果和计算分析如图 7.39 所示。

3. JPEG 压缩

由于 JPEG 压缩标准采用分块 DCT 的思想，所以该算法具有较强的抵抗 JPEG 压缩的能力。质量压缩系数的取值分别为 100、95、90、85 和 80 时,仿真实验结果如图 7.40 所示。

(a) 嵌入水印后的Lena图像

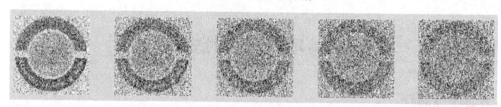

(b) 提取出的水印图像

图 7.38 不同强度的椒盐噪声攻击和提取

(a) 嵌入水印后的Lena图像

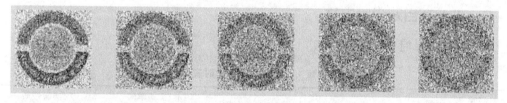

(b) 提取出的水印图像

图 7.39 不同强度的椒盐噪声攻击和提取

(a) 嵌入水印后的Lena图像

(b) 提取出的水印图像

图 7.40 不同质量压缩系数时各种攻击和提取

附录　数字图像处理实验

实验项目及学时安排

一、课程简介

"数字图像处理"是大学本科四年级通信工程、电子与信息工程专业本科生选修的专业课程。课程以满足社会应用和科学研究对数字图像技术的需求为出发点,采用理论和实例相结合的方式,重点讲授与数字图像有关的基础知识和常用方法。使学生掌握数字图像处理的基本概念、原理和处理方法,以及数字图像的时域和频域处理方法、图像恢复和压缩的方法等,同时在学习中掌握 Matlab 仿真语言在图像处理中的具体应用。通过本课程的学习,能够初步掌握解决实际应用中的具体问题。

本课程的实践环节由六个试验组成。目前试验主要基于 Matlab 软件进行仿真试验。

二、实验项目及学时安排

实验项目及学时安排见附表1。

附表 1　实验项目及学时安排

实验	项目	学时	实验性质
一	Matlab 图像工具箱的使用	2	验证
二	图像变换(DFT 和 DCT 变换)	2	验证
三	图像灰度修正技术和直方图均衡化	2	验证
四	图像的平滑	2	验证
五	图像的锐化	2	验证
六	DCT 域图像数字水印算法	2	综合

实验一　Matlab 图像工具箱的使用

一、实验目的

1. 了解 Matlab 语言,熟悉并掌握 Matlab 中有关图像处理的常用语句。

2. 了解 Matlab 在图像处理中的优缺点。

3. 熟悉 Matlab 使用的技巧,能够用 Matlab 语言熟练地对数字图像进行各种处理。

二、实验原理及内容、步骤

1. 实验内容

(1) 用 Matlab 编写程序,读出标准图像 lena. bmp,计算并画出该图像的直方图。

(2) 用 Matlab 读出一个 256 像素×256 像素大小的 bmp 或 jpg 或 tif 格式的图像,写出图像矩阵中第 125 行的第 125～174 列的元素值,将图像显示在屏幕上,最后将该图像存储为 dat 格式的图像文件。

2. 实验步骤

进入计算机房之前,按要求编写需要的所有程序。上机时,按下述步骤分段调试每一个程序。

(1) 用 Matlab 程序读出 lena 图像。

(2) 继续用 Matlab 语言绘制图像的直方图。

(3) Matlab 程序读出所选格式的图像,将指定图像矩阵的元素值写到输出文件"姓名 out. dat"中,分别显示该图像。

三、实验报告要求

1. 根据在实验中的感受和经验,总结在数字图像处理中最有用和常用的 Matlab 语句,并给出使用方法概要。

2. 写出"实验结果及分析",内容包括:

(1) 编程思路和程序流程框图。

(2) 实验源程序清单。要求源程序可读性好,必要时须加注释(如变量名称注释等)。

(3) 实验结果。图像、曲线结果必须打印。

(4) 结果分析。

(5) 程序未调试出来的要分析原因。

四、思考题

Matlab 和 C 语言编程有哪些区别?

实验二　图像变换

一、实验目的

1. 熟练掌握 DFT 和 DCT 变换的 Matlab 实现。

2. 利用 Matlab 完成 DFT 和 DCT 变换,求出图像的频谱。

二、实验原理及内容

1. 二维 DFT 的 Matlab 实现

- fft：一维 DFT 变换

  ifft：一维 DFT 反变换

- fft2：二维 DFT 变换

  ifft2：二维 DFT 反变换

- fftn：N 维 DFT 变换

  ifftn：N 维 DFT 反变换

- fftshift：将经过 fft、fft2 和 fftn 变换后的频谱中心（0 频）移到矩阵或向量的中心。

2. DCT 的 Matlab 实现

  dct2：二维 DCT 变换

  idct2：二维 DCT 反变换

3. 实验内容

（1）编程求给定图像 lena. bmp 的傅里叶频谱。

（2）将给定图像 lena. bmp 旋转 45°，求其傅里叶频谱。

（3）编程求给定图像 lena. bmp 的 DCT 频谱。

（4）利用 DCT 反变换求原始图像。

（5）利用 DCT 实现对图像 lena. bmp 的压缩，压缩率为 80%。

三、实验报告要求

1. 显示原图，以及 DFT 变换后的图像频谱，并分析说明。

2. 显示旋转 45°后的图像，以及 DFT 后的图像频谱，并分析说明。

3. 显示原图，以及图像 lena. bmp 的 DCT 频谱，并分析说明。

4. 显示 DCT 反变换获得的图像，并比较变换前后图像的差异，求出平均差值。

5. 显示利用 DCT 实现对图像 lena. bmp 的压缩后的图像。

四、思考题

1. DFT 和 DCT 变换有什么区别和联系？

2. 为什么一般的 DCT 变换采用 8×8 的分块？ 分块过大或过小会出现什么问题？

实验三　图像灰度修正技术和直方图均衡化

一、实验目的

1. 掌握图像灰度修正技术的原理和实现方法。

2. 掌握图像直方图均衡化处理的方法。

二、实验原理及内容

图像增强的目的是，对一幅给定的图像，突出一些有用的信息，抑制一些无用的信息，提高图像的使用价值。

常用的图像增强方法有灰度修正法、平滑、几何校正、图像锐化、频域增强、维纳滤波、卡尔曼滤波等。

Matlab 图像处理工具箱中的函数 imadjust 实现上述对比度调整算法。

1. 函数实现

J＝imadjust(I,[low high],[bottom top],gamma)

（1）求图像的灰度直方图

Imhist（I,n）

（2）求灰度的等值图

Imcontour（I,n）

（3）直方图均衡化

J＝histeq（I，hgram）

2. 实验内容

（1）显示图像 bacteria. tif 的灰度直方图和灰度等值图。

（2）对给定图像 pout. tif 进行灰度变换、增强对比度,显示增强前后的图像以及它们的灰度直方图。

（3）对给定图像 pout. tif 进行直方图均衡处理,显示处理前后的图像以及它们的灰度直方图。

三、实验报告要求

1. 给出求图像 bacteria. tif 的灰度直方图和灰度等值图的 Matlab 程序,并显示图像的灰度直方图和灰度等值图。

2. 给出对图像 pout. tif 进行灰度变换、增强对比度的 Matlab 程序,显示增强前后的图像以及它们的灰度直方图;对结果进行分析。

3. 给出对图像 pout. tif 进行直方图均衡处理的 Matlab 程序,显示处理前后的图像以及它们的灰度直方图;对结果进行分析。

四、思考题

为什么一般情况下对离散图像进行均衡化并不能产生完全平坦的直方图?

实验四 图像的平滑

一、实验目的

1. 掌握常见的图像噪声种类。

2. 理解邻域平均法和中值滤波的原理、特点、适用对象。

3. 掌握边缘检测的基本思想和常见的边缘检测算子的使用方法。

二、实验原理及内容

1. 实验原理

图像平滑的目的是消除图像噪声、恢复原始图像。

实际中摄取的图像一般都含有某种噪声,引起噪声的原因很多,噪声的种类也很多。总的来说,可以将噪声分为加性噪声和乘性噪声。加性噪声中又包含高斯噪声、椒盐噪声等典型噪声。

Matlab 图像处理工具箱提供了模拟噪声生成的函数 imnoise,可以对图像添加一些典型的噪声。

imnoise 格式:J=imnoise(I,type,parameters);

常见的去除噪声的方法有邻域平均法、空间域低通滤波、频率域低通滤波、中值滤波等。二维中值滤波的 Matlab 函数为 medfilt2。

2. 实验内容

(1) 对图像 lena. tif 叠加零均值高斯噪声,噪声方差为 0.02,然后分别利用邻域平均法和中值滤波法(窗口尺寸可变,先用 3×3,再取 5×5 逐渐增大)对该图像进行滤波,显示滤波后的图像。

(2) 对图像 lena. tif 叠加椒盐噪声,噪声方差为 0.02,选择合适的滤波器将噪声滤除。

(3) 对图像 lena. tif 叠加乘性噪声,噪声方差为 0.02,设计一种处理方法,既能去噪声又能保持边缘清晰。

三、实验报告要求

1. 给出对图像 lena. tif 叠加零均值高斯噪声,以及利用平均法和中值滤波法对该图像进行滤波的 Matlab 程序,显示叠加噪声前后的图像和滤波后的图像,比较滤波效果。

2. 给出对图像 lena. tif 叠加椒盐噪声,以及对该图像进行滤波的 Matlab 程序,显示叠加噪声前后的图像和滤波后的图像,对结果进行分析。

3. 给出对图像 lena. tif 叠加乘性噪声,以及对该图像进行滤波的 Matlab 程序,显示叠加噪声前后的图像和滤波后的图像,对结果进行分析。

4. 比较中值滤波对含有不同噪声的图像的平滑效果,讨论中值滤波最适用于平滑哪种噪声?

四、思考题

1. 在对图像进行邻域滤波时,邻域半径的大小对图像有什么影响,为什么?

2. 为什么中值滤波适用于平滑含有脉冲噪声(椒盐噪声)的图像,而不适用于含有随机噪声(如高斯噪声)的图像和点、线、尖角细节较多的图像?

实验五　图像的锐化

一、实验目的

1. 掌握图像锐化的主要原理和常用方法。

2. 掌握常见的边缘提取算法。

3. 利用 Matlab 实现图像的边缘检测。

二、实验原理及内容

1. 实验原理

图像边缘是图像中特性(如像素灰度、纹理等)分布的不连续处,图像周围特性有阶跃变化或屋脊状变化的那些像素集合。图像边缘存在于目标与背景、目标与目标、基元与基元的边界,标示出目标物体或基元的实际含量,是图像识别信息最集中的地方。

图像的锐化处理主要用于增强图像中的轮廓边缘、细节以及灰度跳变部分,形成完整的物体边界,达到将物体从图像中分离出来或将表示同一物体表面的区域检测出来的目的。

边缘增强是要突出图像边缘,抑制图像中非边缘信息,使图像轮廓更加清晰。由于边缘占据图像的高频成分,所以边缘增强通常属于高通滤波。

常用的边缘检测方法有微分法以及高通滤波法等。

(1) 微分法

微分法的目的是利用微分运算求信号的变化率,加强高频分量的作用,从而使轮廓清晰。微分法又可分为梯度法、Sobel 算子法以及拉普拉斯运算法。

① 梯度法

对于图像 $f(x,y)$,它在点 $f(x,y)$ 处的梯度是一个矢量,定义为

$$\boldsymbol{G}[f(x,y)]=\left(\frac{\partial f}{\partial x}\quad\frac{\partial f}{\partial y}\right)^{\mathrm{T}}$$

梯度的方向在函数 $f(x,y)$ 最大变化率的方向上,梯度的幅值为

$$|\boldsymbol{\nabla}f|=\sqrt{\left(\frac{\partial f}{\partial x}\right)^2+\left(\frac{\partial f}{\partial x}\right)^2}$$

梯度的数值就是 $f(x,y)$ 在其最大变化率方向上的单位距离所增加的量。对于图像而言,微分 $\frac{\partial f}{\partial x}$ 和 $\frac{\partial f}{\partial y}$ 可用差分近似。

$$\|\boldsymbol{\nabla}\|=|\Delta x|+|\Delta y|=|f(x,y)-f(x-1,y)|+|f(x,y)-f(x,y-1)|$$

当梯度计算完后,可采用以下几种形式突出图像的轮廓。

* 梯度直接输出

使各点的灰度 $g(x,y)$ 等于该点的梯度,即

$$g(x,y)=G[f(x,y)]$$

这种方法简单、直接。但增强的图像仅显示灰度变化比较陡的边缘轮廓,而灰度变换比较平缓的区域则呈暗色。

* 加阈值的梯度输出

加阈值的梯度输出表达式为

$$g(x,y)=\begin{cases}G[f(x,y)] & G[f(x,y)]\geqslant T\\f(x,y) & \text{其他}\end{cases}$$

式中,T 是一个非负的阈值,适当选取 T,既可以使明显的边缘得到突出,又不会破坏原来灰度变化比较平缓的背景。

* 给边缘指定一个特定的灰度级

$$g(x,y)=\begin{cases}L_{\mathrm{G}} & G[f(x,y)]\geqslant T\\f(x,y) & \text{其他}\end{cases}$$

式中 L_G 是根据需要指定的一个灰度级,它将明显的边缘用一个固定的灰度级表现,而其他的非边缘区域的灰度级仍保持不变。

- 给背景规定特定的灰度级

$$g(x,y)=\begin{cases} G[f(x,y)] & G[f(x,y)]\geqslant T \\ L_G & 其他 \end{cases}$$

该方法将背景用一个固定灰度级 L_G 表现,便于研究边缘灰度的变化。

- 二值图像输出

在某些场合(如字符识别等),既不关心非边缘像素的灰度级差别,又不关心边缘像素的灰度级差别,只关心每个像素是边缘像素还是非边缘像素,这时可采用二值化图像输出方式,其表达式为

$$g(x,y)=\begin{cases} L_G & G[f(x,y)]\geqslant T \\ L_B & 其他 \end{cases}$$

此法将背景和边缘用二值图像表示,便于研究边缘所在位置。

② Sobel 算子法

Sobel 相当于先对图像进行加权平均再做差分。对于图像的 3×3 窗口 $\begin{bmatrix} a & b & c \\ d & e & f \\ g & h & i \end{bmatrix}$,设

$$X=(c+2f+i)-(a+2d+g)$$
$$Y=(a+2b+c)-(g+2h+i)$$

则定义 Soble 算子为

$$g(x,y)=(X^2+Y^2)^{\frac{1}{2}}$$

其模板为

$$\begin{bmatrix} -1 & 0 & 1 \\ -k & 0 & k \\ -1 & 0 & 1 \end{bmatrix} 和 \begin{bmatrix} 1 & k & 1 \\ 0 & 0 & 0 \\ -1 & -k & -1 \end{bmatrix}$$

k 可取 1 或 2。

③ 拉普拉斯运算法

拉普拉斯算子定义图像 $f(x,y)$ 的梯度为

$$\mathbf{V}^2 f=\frac{\partial^2 f}{\partial x^2}+\frac{\partial^2 f}{\partial y^2}$$

锐化后的图像 g 为

$$g=f-k[\mathbf{V}^2 f]$$

式中 k 为扩散效应系数。对系数 k 的选择要合理,太大会使图像中的轮廓边缘产生过冲;太小则锐化不明显。

Matlab 中边缘检测的函数是 edge。

2. 实验内容

(1)利用 Matlab 提供的 edge 函数,选择三种边缘检测算子,分别对图像 Lena. tif 和 baboon. tif 进行边缘检测,显示检测结果。

(2)对 Lena. tif 和 baboon. tif 分别添加高斯和椒盐噪声,然后对有噪声的图像进行边

缘检测,显示检测出的边缘图像。

三、实验报告要求

1. 给出对图像 Lena. tif 和 baboon. tif 进行边缘检测的 Matlab 程序,显示原始图像及其边缘图像。比较三种算子对图像边缘的检测效果。

2. 比较各边缘检测算子对噪声的敏感性,并提出抗噪声性能较好的边缘检测的方法。

四、思考题

拉普拉斯算子为何能增强图像的边缘?

实验六　DCT 域图像数字水印算法

一、实验目的

在学习数字图像处理理论的基础上,设计实现 DCT 域图像数字水印算法,完成给定数字图像水印的嵌入和提取功能。锻炼综合和自学能力,独立编制、调试及运行复杂程序的能力,培养图像处理大型程序设计的实践能力,独立分析、解决技术问题的能力。

1. 了解数字图像水印的概念、特点、分类及其应用。

2. 掌握数字图像水印的原理。

3. 理解数字图像水印嵌入和检测过程。

4. 进一步掌握 Matlab 在图像处理中的仿真功能。

二、实验的原理与内容

1. 实验原理

基于 DCT 的数字水印算法,首先将原始图像分成 8×8 的块,根据 HVS 特性将图像块进行分类。然后,对所有图像块做 DCT 变换。在 DCT 域,根据块分类的结果,不同强度的水印分量被嵌入到图像块的 DCT 系数中。

根据人类视觉系统的特性,水印嵌入到原始载体信号的高频系数中,其视觉不可见性较好,但其鲁棒性较差;反之,由于直流和低频分量携带了较多的信号能量,在图像失真的情况下,仍能保留主要成分,因此,将数字水印嵌入到低频系数中其鲁棒性较好,但是其数字水印的不可见性较差;将水印嵌入到高频系数中,不可见性好,但鲁棒性差。所以,一般的水印算法将水印信号嵌入到原始图像的中频系数中。

最常用的嵌入规则为

$$\begin{cases} X' = X + \alpha W & \text{加法规则} \\ X' = X + \alpha W X & \text{乘法规则} \end{cases}$$

式中,W 为水印信号;X 为被保护的原始图像载体的 DCT 变换系数;X' 为嵌入水印后的载体系数;α 为根据不同情况而变化的比例因子,表示嵌入水印的强度,具体可由试验确定。基于人类视觉系统的自适应数字水印,其基本原理就是利用人类视觉特性中的视觉门限阈值 JND 决定是否加入水印及加入水印的强度。

当图像的各像素间差值较小时,应用乘法准则;否则采用加法准则。一般来说,乘法准则的抗失真性能要优于加法准则。

水印的检测是通过计算相关函数实现的。从嵌入水印的图像中提取 W' 是嵌入过程的逆过程,把提取出来的水印与原水印进行相似性运算,与指定的阈值比较,可确定是否存在水印。

2. 实验内容

(1) 设计一个数字水印算法,实现将给定的图像 logo. tif(大小为 64 像素×64 像素)作为水印图像嵌入到原始图像 lena. tif(大小为 256 像素×256 像素)中,并用提取算法从嵌入水印后的图像中再提取出水印图像。

(2) 对加水印后的图像进行噪声攻击,检测算法的抗攻击能力。

三、实验报告要求

1. 简述 DCT 数字水印算法的基本原理。

2. 叙述算法设计的主要思想和实现步骤。

3. 给出 Matlab 实现算法的程序流程框图和源程序,要求源程序可读性好,必要时须加注释。

4. 给出实验结果,以及原始图像、嵌入水印后图像和提取后的图像。

5. 显示抗噪声干扰后的实验结果,并分析算法对噪声攻击的抵抗性能。(逐渐加大噪声方差,考察提取出的水印图像的降质情况。)

6. 显示算法的抗压缩性实验结果。

四、思考题

1. 在 DCT 不同频段嵌入水印,对水印算法有什么影响?

2. 通过该综合性实验,对图像处理课程有何新的认识和收获?

参 考 文 献

1 李朝晖,张弘. 数字图像处理及应用. 北京:机械工业出版社,2004

2 朱秀昌,刘峰,胡栋. 数字图像处理与图像通信. 北京:北京邮电大学出版社,2002

3 贾永红. 数字图像处理. 武汉:武汉大学出版社,2003

4 霍宏涛,林小竹,何薇. 数字图像处理. 北京:北京理工大学出版社,2002

5 王汇源. 数字图像通信原理与技术. 北京:国防工业出版社,2000

6 陈传波,金先级. 数字图像处理. 北京:机械工业出版社,2004

7 陈书海,傅录祥. 实用数字图像处理. 北京:科学出版社,2005

8 何小海,腾奇志. 图像通信. 西安:西安电子科技大学出版社,2005

9 伯晓晨,李涛,刘路. Matlab 工具箱应用指南——信息工程篇. 北京:电子工业出版社,2000

10 章毓晋. 图像处理和分析. 北京:清华大学出版社,2003

11 章毓晋. 图像工程教学参考及习题解答. 北京:清华大学出版社,2004

12 Gonzalez R C,Woods R E,Eddins S L. 数字图像处理. 阮秋琦,译. 北京:电子工业出版社,2005

13 Castleman K R. 数字图像处理. 朱志刚,林学闾,石定机,译. 北京:电子工业出版社,1999

14 阮秋琦. 数字图像处理. 北京:电子工业出版社,2001

15 托马斯·布劳恩,斯特凡·法伊尔,沃尔夫冈·拉斐,等. 并行图像处理. 李俊山,李新社,焦康,译. 西安:西安交通大学出版社,2003

16 罗军辉,冯平,哈力旦·A. MATLAB 7.0 在图像处理中的应用. 北京:机械工业出版社,2005

17 张兆礼,赵春晖,梅晓丹. 现代图像处理技术及 Matlab 实现. 北京:北京邮电大学出版社,2001

18 胡栋. 静止图像编码的基本方法与国际标准. 北京:北京邮电大学出版社,2003

19 徐飞,施晓红. MATLAB 应用图像处理. 西安:西安电子科技大学出版社,2003

20 王汝言. 多媒体通信技术. 西安:西安电子科技大学出版社,2004

21 章霄,董艳雪,赵文娟,等. 数字图像处理技术. 北京:冶金工业出版社,2005

22 何东健,耿楠,张义宽. 数字图像处理. 西安:西安电子科技大学出版社,2003

23 夏良正. 数字图像处理. 南京:东南大学出版社,1999

24 蔡安妮,孙景鳌. 多媒体通信技术基础. 北京:电子工业出版社,2000

25 Rao K R,Bojkovic Z S,Milovanovic D A. 多媒体通信系统. 冯刚,译. 北京:电子工业出版社,2004

26 乐南. 数据压缩. 北京:电子工业出版社,2000

27 李海雄,刘国清. 活体指纹识别系统及应用. 计算技术及自动化,2003,22(4):68~70

28 曹广忠,谢玉峰,费跃农.指纹识别技术原理及应用研究.深圳大学学报(理工类),2001,18(3):36~42

29 胡新荣.指纹识别系统及应用.武汉纺织工学院学报,1999,12(4):83~88

30 舒乃秋,袁燕玲,孙荣富,等.指纹图像的预处理方法.武汉大学学报(工学版),2005,38(3):134~136

31 王振华.基于指纹识别的指纹考勤机的设计:学位论文.西安:西安建筑科技大学,2005

32 刘智勇,刘迎建.车牌识别中的图像提取及分割.中文信息学报,2000(4)19~23

33 孙兆林.MATLAB6.x图像处理.北京:清华大学出版社,2002:213~279

34 郭勇.行驶车辆的牌照识别系统.电子工程师,2000(11):39~43

35 王明祥.汽车牌照识别的实用方法研究:学位论文,合肥:合肥工业大学,2001

36 王大印.基于数字图像处理的车牌识别系统:学位论文.浙江:浙江大学,2003

37 黄新.汽车牌照自动识别系统中字符的分割和识别:[学位论文].南京:南京航空航天大学,2002

38 厉旭.基于神经网络的车牌识别系统的研究与设计:[学位论文].武汉:武汉理工大学,2002

39 余成波.数字图像处理及MATLAB实现.重庆:重庆大学出版社,2003:148~269

40 卢结成,吴龙标,宋卫国.一种火灾图像探测系统的研究.仪器仪表学报,2001,22(4):437~450

41 罗云林,朱瑞平,王菁华.基于数字图像处理的火警监测系统研究.辽宁工程技术大学学报,2002,21(6):754~756

42 郭键,王汝林,李明.火灾探测技术的现状及发展方向.辽宁工程技术大学学报,2004,23(2):208~210

43 金华彪,夏雨人,张振伟.数字图像处理在火灾探测技术领域的应用.微型电脑应用,2003,19(5):25~27

44 金华彪.基于数字图像处理的火灾探测技术.消防科学与技术,2002,(3):46~47

45 吴龙标,袁宏永.火灾探测与控制工程.合肥:中国科学技术大学出版社,1999:48~132

46 陈南.智能建筑火灾监控系统设计.北京:清华大学出版社,2001:19~61

47 郎禄平.建筑自动消防工程.北京:中国建材工业出版社,2006:12~65

48 杜建华,张认成.火灾探测器的研究现状与发展趋势.消防技术与产品信息,2004,(7):10~15

49 吕普轶.基于普通CCD摄像机的火灾探测技术的研究:[学位论文].哈尔滨:哈尔滨工程大学,2003

50 安志伟.图像型火灾监控技术若干问题的研究:[学位论文].合肥:中国科技大学,2000

51 张敏瑞,高腾.数字图像处理实践指导.西安:西安科技大学出版社,2005

52 王慧琴.频率域图像数字水印的研究与应用:[学位论文].西安:西安交通大学,2002

53 崔福明.数字水印技术的研究及系统的实现应用:[学位论文].西安:西安建筑科技大学,2006

54 孙圣和. 数字水印技术及应用. 北京:科学出版社,2004

55 汪小帆,戴跃伟,茅耀斌. 信息隐藏技术方法与应用. 北京:机械工业出版社,2001

56 Su Guofeng, Xie Qiyan, Wang Jinjun, et al. Experimental study on false alarms of smoke detectors caused by stream. Fire Safety Science. 2005,14(1):29～34

57 Thuillard M. A new flame detector using the lasted research on flames and fuzzy-wavelet algorithms. Fire Safety Journal,2002,37:371～380

58 Vicente J, Guillemant P. An image processing technique for automatically detecting forest fire. International Journal of Thermal Sciences. 2002,41:1113～1120

59 贾雷刚. 火灾图像处理:[学位论文]. 西安:西安建筑科技大学,2006

60 张怡. 车辆牌照识别技术的研究:[学位论文]. 西安:西安建筑科技大学,2005